Wie wir überleben könnten

Meinen Söhnen
Daniel, Konstantin und Fabian
in Sorge um ihre
und ihrer Kinder Zukunft
gewidmet

Dr. Gottfried Briemle

Wie wir überleben könnten

Ökologische Bilanz und
gesellschaftliche Perspektiven

Theophanica

Quellennachweise: Für die freundliche Genehmigung des Abdrucks von Passagen danke ich:

- dem Gondrom Verlag, Bayreuth: „Die Bienenkönigin", ein Märchen der Gebrüder Grimm.
- der Natur & Umwelt Verlags-GmbH, München: „Touristen nicht willkommen", H.3/1989

Foto Erdkugel vom Mond aus: NASA (Internet)

Copyright © 1990 by.
Theophanica-Verlag
Riedweg 8
D – 88 326 Aulendorf

ISBN 3-9802569-0-1

Dritte Auflage als textlich unveränderter Nachdruck 2003
Herstellung und Vertrieb:
Books on Demand GmbH, D – 22 848 Norderstedt

Inhaltsverzeichnis

Vorwort

D er Mensch, insbesondere jener des abendländischen Kulturkreises, hat in seiner 30.000 -jährigen Entwicklungsgeschichte den Erdball erobert, dessen belebte Oberfläche verändert und nach seinen Bedürfnissen umgestaltet. Dabei formte er die in Jahrmillionen gewachsenen Naturlandschaften zu seinen „Kulturlandschaften" um. Der Übergang vom Jäger- und Sammler zum Landbebauer und schließlich zum Industriemenschen vollzog sich in immer schnellerer Geschwindigkeit. Heute steht die Menschheit an einem Punkt, wo sie die Übernutzung der Ökosysteme zu erkennen beginnt. Es ist das Gebot der Stunde, daß wir uns vom bisherigen Lebenswandel trennen, uns neu besinnen und den Umgang mit der einzigen bewohnbaren Oase des Universums radikal ändern, sollen auch künftig Menschengenerationen die Erde bevölkern können.

Daß es für eine solche Verhaltensänderung möglicherweise schon zu spät ist, lassen neue Erkenntnisse über globale Klimaveränderungen befürchten. Sollte es für eine radikale Umkehr noch nicht zu spät sein – was wir alle miteinander hoffen – muß der Homo sapiens unverzüglich damit beginnen, seine anthropozentrische und lebensfeindliche Weltanschauung über Bord zu werfen, sich in materiellem Konsumverzicht zu üben und mit der Natur zu versöhnen. Die Mehrzahl der Menschen wird endlich das befolgen müssen, was die Denker und Naturphilosophen von Lao Tse bis von Weizsäcker uns immer schon mahnend zu sagen hatten, aber nie gehört wurden.

An Stelle von Engstirnigkeit und Kleinkariertheit muß ganzheitliches Denken Platz greifen. Die Wissenschaft muß damit aufhören, die komplexen ökologischen Wirkungsmechanismen in Einzelabläufe zu zerlegen um sie anschließend in fragwürdige Zahlen fassen zu wollen. Politiker und Technokraten müssen ihre Zahlengläubigkeit, Technikhörigkeit und den Wachstumsfetischismus abbauen und den überkommenen Erfahrungsschatz aber auch das Irrationale, das Mystische und das Religiöse wieder mehr zum Zuge kommen lassen. Schließlich muß sich der „Homo consumens" – und damit meine ich besonders die Industriegesellschaften westlicher Prägung – von seiner Maxime „Geld regiert die Welt" trennen, das Anspruchsdenken überwinden und zu neuen Idealen jenseits von Egoismus und Bequemlichkeit finden.

Da solch ein Umdenkungsprozeß aber nicht von heute auf morgen erfolgt, muß zunächst mit aller Kraft und den zur Verfügung stehenden technischen Möglichkeiten versucht werden, die umweltzerstörenden Emissionen der Industrie und deren Produkte zu minimieren. Sollte bereits dieser erste Schritt nicht rasch genug gelingen, stehen der Menschheit schon binnen der nächsten 50 bis 100 Jahre gewaltige Naturkatastrophen mit unzähligen Opfern und unsäglichem Leid und Schmerz ins Haus, die bei kluger und entschlossener politischer Führung zu verhindern gewesen wären.

Im Jahre 1988 stellte der bekannte amerikanische Ökologe THOMAS E. LOVEJOY fest: „Ich bin zutiefst davon überzeugt, daß die meisten Kämpfe um die Erhaltung der Umwelt **in den 1990er Jahren** entweder gewonnen oder verloren werden. Im nächsten Jahrhundert wird es zu spät sein". Die Gretchenfrage lautet also: Sind wir Menschen mit genügender Ein- und Weitsicht, ausreichendem Denkvermögen und der nötigen Flexibilität ausgestattet, um die ökologischen Zeichen der Zeit richtig zu deuten und unverzüglich danach zu handeln? Ob diese Frage mit „Ja" beantwortet werden kann, vermag heute noch niemand zu beurteilen, wir können es nur hoffen.

Mit dem vorliegenden Buch soll nun versucht werden, in einem Querschnitt die Problempunkte anhand zahlreicher Beispiele aus allen ökologisch relevanten Bereichen der menschlichen Gesellschaft und der Natur zu verdeutlichen. Damit möchte ich, als einer unter 5½ Milliarden Menschen, meinen bescheidenen Beitrag dazu leisten, der **Hoffnung** auf ein rechtzeitiges Umdenken zur Erfüllung zu verhelfen.

Aulendorf, im Herbst 1990

Dr. Gottfried Briemle

Das Problem

M it den aufrüttelnden Appellen der im Jahre 1972 erschienenen Studie „Die Grenzen des Wachstums" und der acht Jahre später veröffentlichten amerikanischen Expertise „Global 2000" haben weitsichtige Menschen versucht, einer breiteren Bevölkerungsschicht klarzumachen, daß wir Menschen dabei sind, unsere Erde systematisch zugrunde zu richten. Der rasche Anstieg der Weltbevölkerung, und der verschwenderische Umgang mit den natürlichen Lebensgrundlagen sind die Ursachen, die immer mehr spürbar werdende Umweltkrise das Anzeichen für weltweite Veränderungen.

Spektakuläre Chemie- und Atomreaktorunfälle wie die im italienischen Seveso, im indischen Bhopal oder im russischen Tschernobyl waren in jüngster Zeit Symptom und Beweis dafür, daß wir Menschen unsere technischen Großanlagen – entgegen aller euphorischer Fortschritts- und Technikgläubigkeit – eben doch nicht völlig beherrschen.

Von besonderer weltweit-ökologischer Relevanz ist das rasche Bevölkerungswachstum in den Entwicklungsländern, das zusammen mit den heutigen technischen Errungenschaften und Möglichkeiten einen bislang nie dagewesenen

4

Multiplikator für die Veränderung unseres Lebensraumes darstellt. Landflucht und Verstädterung in der Dritten Welt führen dazu, daß der energetische Aufwand für die Ernährung des größten Teils der Menschheit immer größer wird, ohne daß die landwirtschaftlichen Anbauflächen wesentlich erweitert werden könnten. Das Anwachsen der Ballungsräume und die fortschreitende Industrialisierung verursachen zunehmend größere Abfall- und Entsorgungsprobleme, die zu einer immer stärkeren Luftverschmutzung, Vergiftung der Oberflächengewässer, zu einer gravierenden Verknappung noch trinkbarer Wasservorräte und damit zu einer immer größeren Gefährdung der menschlichen Gesundheit führen.

Globale Umweltveränderungen laufen in so kurzen Zeitspannen ab, daß sie in Relation zur zurückliegende Erd- und Entwicklungsgeschichte nur mit Minuten und Sekunden vergleichbar sind. Meßbare Anzeichen dafür sind z.B. der steile Anstieg des atmosphärischen Kohlendioxidgehaltes mit der Folge einer globalen Erwärmung und die Zunahme der Schwefeldioxid- und Stickoxidgehalte, die im hochindustrialisierten Europa die Wälder absterben lassen.
Ferner sind zu nennen: Die verheerende Wirkung von Industriechemikalien wie etwa der Fluor-Chlor-Kohlenwasserstoffe (FCKW), welche in der Stratosphäre die lebenschützende Ozonschicht angreifen oder das aus einer industriemäßig betriebenen Landwirtschaft stammende Methangas, das den „Treibhauseffekt" auf der Erde verstärkt. Beliebig verlängert werden könnte diese Liste schließlich noch mit industriebürtigen Abfallsubstanzen wie etwa den hochgiftigen Schwermetallen Blei, Cadmium, Kupfer, Quecksilber oder Zink.

Die Alltagsaktivitäten immer größerer und mobilerer Menschenmassen zerstören überdies die letzten, noch verbliebenen Reste naturbelassener Ökosysteme und führen zu einer Übernutzung der Kulturlandschaften. Allgemeiner katastrophaler Rückgang von Pflanzen- und Tierarten ist die Folge einer Vergewaltigung der Natur und letztendlich einer einseitig anthropozentrischen Weltanschauung. Diese hat inzwischen wie ein Virus alle Erdteile erfaßt und ist derzeit dabei, die letzten, noch naturverbundenen Völker einschließlich ihrer Kulturen zu vernichten.

Indikatoren einer globalen Umweltvergiftung

Die ersten wissenschaftlich begründeten Hinweise auf eine Verschlechterung der Lebensbedingungen auf unserem Planeten gab der CLUB OF ROME im Jahre 1972 mit seinem aufsehenerregenden Bericht „Die Grenzen des Wachstums". Seitdem werden umweltrelevante Daten zunehmend von den einschlägigen wissenschaftlichen Disziplinen erhoben, gesammelt und ausgewertet. Seit 1984 veröffentlicht beispielsweise das international bekannte WORLDWATCH INSTITUTE in Washington jedes Jahr einen Bericht über die Lage der Welt.

Erkennbar und meßbar sind Umweltveränderungen vor allem an der stofflichen Zusammensetzung der Luft, der Belastung von Wasser, Boden und Lebewesen mit Chemikalien wie auch an der Artenentwicklung der freilebenden Tier- und Pflanzenwelt.

Änderungen in der stofflichen Zusammensetzung der Lufthülle und ihre absehbaren Folgen

Atmosphärische Spurengase und „Treibhauseffekt"

Das Spurengas **Kohlendioxid (CO_2)** hat einen Anteil von 0,03 Volumen-Prozent an der Luft und befindet sich damit hinter Stickstoff (78,1 Prozent), Sauerstoff (21,0 Prozent) und dem Edelgas Argon (0,9 Prozent) an vierter Stelle. Gerade in diesem relativ geringen Anteil liegt nun aber seine besondere Bedeutung für alle Lebewesen und seine empfindliche Reaktion auf menschliche Aktivitäten aller Art. Durch die Verbrennung fossiler Brennstoffe, wie Stein- und Braunkohle, Erdöl und Erdgas wird nun aber jährlich Kohlenstoff in einer Größenordnung von 5 Milliarden Tonnen freigesetzt. Dies führt dazu, daß sich die Gesamtmenge des in der Atmosphäre enthaltenen Kohlenstoffs von ursprünglich 700 Milliarden Tonnen allmählich vermehrt. Ein Vergleich: Im Jahre 1860 betrugen die CO_2-Emissionen erst 93 Millionen Tonnen. Das heißt, sie haben sich innerhalb von nur 130 Jahren um das 53-Fache! erhöht [1].

Außerdem werden heutzutage durch massive Waldrodungen, vor allem durch die großflächige Abholzung der Tropenwälder jährlich ca. 0,6 bis 2,6 Milliarden Tonnen Kohlenstoff zusätzlich freigesetzt, was einen Anteil von 12-50 Prozent an jener Menge ausmacht, die jedes Jahr durch fossile Brennstoffe entsteht. So nahm die CO_2-Konzentration in der Lufthülle zwischen 1959 und 1985 im Durchschnitt jährlich um 9 Prozent zu, genauer gesagt von 316 ppm auf 346 ppm [2].

Bis zum Jahre 2000 werden infolge der weltweiten Verbrennungsvorgänge 400 Milliarden Tonnen Sauerstoff verbraucht und 550 Milliarden Tonnen Kohlenstoff zusätzlich erzeugt worden sein [3]. Die USA und die Sowjetunion tragen dazu allein mit einem Anteil von 23 beziehungsweise 18 Prozent bei. Zusammen mit der Volksrepublik China haben diese Länder fast die Hälfte der weltweit anfallenden Menge zu verantworten. Die Bedeutung dieser drei Staaten ist aber noch größer, als es ihr Anteil an der CO_2-Emission vermuten läßt, denn sie verfügen auch über fast zwei Drittel der noch vorhandenen Kohlevorkommen. Entscheidungen für eine weitere Ausbeutung dieser Vorräte haben somit schwerwiegende Konsequenzen für das Weltklima [4].

Kohlendioxid besitzt die Eigenschaft, nur die kurzwellige Sonnenstrahlung durchzulassen, die langwellige Strahlung, die von der Erdoberfläche ausgeht aber zu absorbieren. Wissenschaftler haben dieses Phänomen **„Treibhaus-effekt"** genannt. Dabei handelt es sich nicht etwa um ein neues Phänomen auf der Erde seit der Industrialisierung, sondern um eine Verstärkung des Effekts, d.h. einen in relativ sehr kurzer Zeit stattfindenden Anstieg der weltweiten Lufttemperatur. Letztere beträgt zur Zeit etwa 30 Grad Celsius. Wohlgemerkt: Die Erde wäre ohne den natürlichen Treibhauseffekt nicht bewohnbar [5]. Bei einer Verdoppelung der CO_2-Konzentration im Vergleich zu den vorindustriellen Werten (was unter den momentanen Bedingungen Mitte des nächsten Jahrhunderts der Fall sein könnte) wird nun aber die Durchschnittstemperatur auf der Erde um 1,5 bis 4,5 Grad Celsius steigen. Diese vorhersehbare Klima-Änderung wird die Erde stärker erwärmen, als dies je zuvor in der Geschichte der Menschheit der Fall war [6].

Aktualisierter Einschub aus dem Jahr 2000: Nach Ansicht des Wissenschaftsrates der Vereinten Nationen zur Klimaveränderung (IPCC) wird sich die Erde wesentlich stärker erwärmen als bisher angenommen. Die 600 Wissenschaftler prophezeien für die kommenden 100 Jahre einen Temperaturanstieg um bis zu 6° C. Damit werden bisherige Prognosen nach oben korrigiert. Parallel dazu wird der mittlere globale Niederschlag um 3 bis 15 % zunehmen. Generell werden sich die Wetterextreme verschärfen: Sowohl Starkniederschläge wie Trockenperioden werden häufiger auftreten. Die Energie in der Atmosphäre wird wegen des höheren Wasserdampfgehaltes zunehmen und damit alle von ihr abhängigen Phänomene wie Luftbewegungen, Niederschlagsereignisse und Temperatur. Während auf der erdgeschichtlichen Zeitachse die Unterschiede in der globalen durchschnittlichen Temperatur zwischen Eis- und Warmzeiten lediglich 4 bis 5° C betrugen, wird diese Grenze durch die anthropogen verursachte Erwärmung schon binnen 2 Jahrhunderten überschritten (Internet-Information 2003 des Umwelt- und Prognose-Instituts Heidelberg).

Und welche Beobachtungen lassen sich derzeit schon machen? – Laut Britischem Meteorologischen Dienst und der Universität von East Anglia wurden die insgesamt höchsten Temperaturen der letzten 100 Jahre im Jahr 1988 registriert. Sechs der wärmsten zehn Jahre seit Beginn der Klimaaufzeichnung vor 100 Jahren lagen allein in den 80er Jahren. Die oberflächennahen Teile der Weltmeere haben bereits mit einer Temperaturzunahme von einem Viertel Grad Celsius reagiert, was globalklimatisch schon eine ganze Menge bedeutet. Das Goddard-Institut für Weltraumstudien der NASA in New York führt diese Erwärmung eindeutig auf den verstärkten Treibhauseffekt zurück. Das amerikanische Zentrum für Atmosphärenforschung geht davon aus, daß er in den 80er Jahren eingesetzt hat. „Aber", so ein Sprecher des Instituts, „es wird 20 Jahre dauern, bis wir das zweifelsfrei nachgewiesen haben" [7].

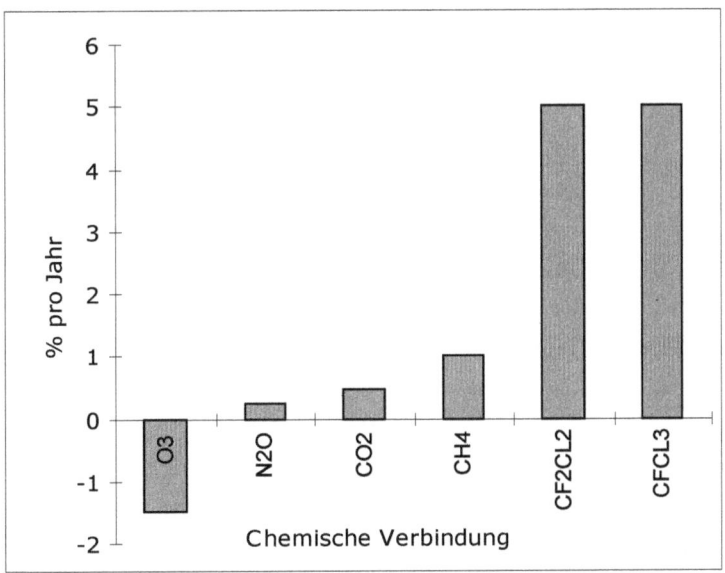

Abb. 1: Die wesentlichen, vom Menschen verursachten „Treibhausgase" und ihre jährliche Veränderung in Prozent. Es bedeuten: O_3 = Ozon; N_2O = Distickstoff-Monoxid; CO_2 = Kohlendioxid; CH_4 = Methan; CF_2CL_2 und $CFCL_3$ = Fluor-Chlor-Kohlenwasserstoffe. (Quelle: GRASSL, 1989)

Außer dem CO_2 nehmen auch andere atmosphärische Spurengase in ihrer Konzentration zu. Dies gilt in erster Linie für Methan, Schwefeldioxid, für synthetische Fluor-Chlor-Kohlenwasserstoffe und Stickoxide. Sie können zusammengenommen genauso viel zum Treibhauseffekt beitragen wie das Kohlendioxid und bei einigen steigt die Konzentration sogar noch schneller an als bei diesem [8].

Was das **Methangas** anlangt, erbrachten Untersuchungen, daß Luft, die viele Jahrtausende im Polareis eingefangen war, stets eine konstante Methan-Konzentration aufwies. Seit ungefähr dem Jahre 1600 aber steigt diese an, hat sich seitdem mehr als verdoppelt und nimmt zur Zeit um 1-2 Prozent pro Jahr zu, wobei der genaue Grund für diese Zunahme noch ungeklärt ist. Methangas verursacht ebenso wie CO_2 den „Treibhauseffekt". Wissenschaftler schätzen, daß die Zunahme von Methan in der Atmosphäre bis zum Jahr 2030 die weltweite Erwärmung, die durch Kohlendioxid verursacht wird, zusätzlich um 20-40 Prozent erhöht [9].

Das Element Schwefel gelangt vor allem durch die Verbrennung von Kohle und Öl sowie durch Einschmelzen schwefelhaltiger Metallerze als **Schwefeldioxid (SO_2)** in die Atmosphäre. Weltweit betragen die jährlichen Schwefel-Emissionen ungefähr 100 Millionen Tonnen, was einer Verdoppelung des jährlichen Schwefelkreislaufs durch natürliche Vorgänge entspricht [10]. Über Regen und Nebel gelangt das SO_2 in Form von schwefliger Säure auf Pflanze und Boden mit all seinen negativen Folge-Effekten wie Waldsterben, Versauerung des Bodens und vermehrte Auswaschung von schädlichen Metallen. Von 1955 bis 1976 versauerte der Regen in Mitteleuropa von pH 5,8 auf pH 4,1 [11]. Den sauren Regen einzuschränken geht vor allem diejenigen Länder an, die viel schwefelreiche Kohle verbrennen und/oder einen hohen Kraftfahrzeugbestand aufweisen, also vor allem die nördlichen Industrieländer, aber auch China [12]. Der dreiwertige Sauerstoff **Ozon (O_3)** kommt sowohl in höheren Luftschichten als auch in Bodennähe vor. In der Stratosphäre hält dieses Gas die für Lebewesen schädliche Ultraviolett-Strahlung (UV) zurück. Durch die Emission der Industriechemikalie **Fluor-Chlor-Kohlenwasserstoff (FCKW)** ist diese Filterfunktion nun aber in Gefahr:

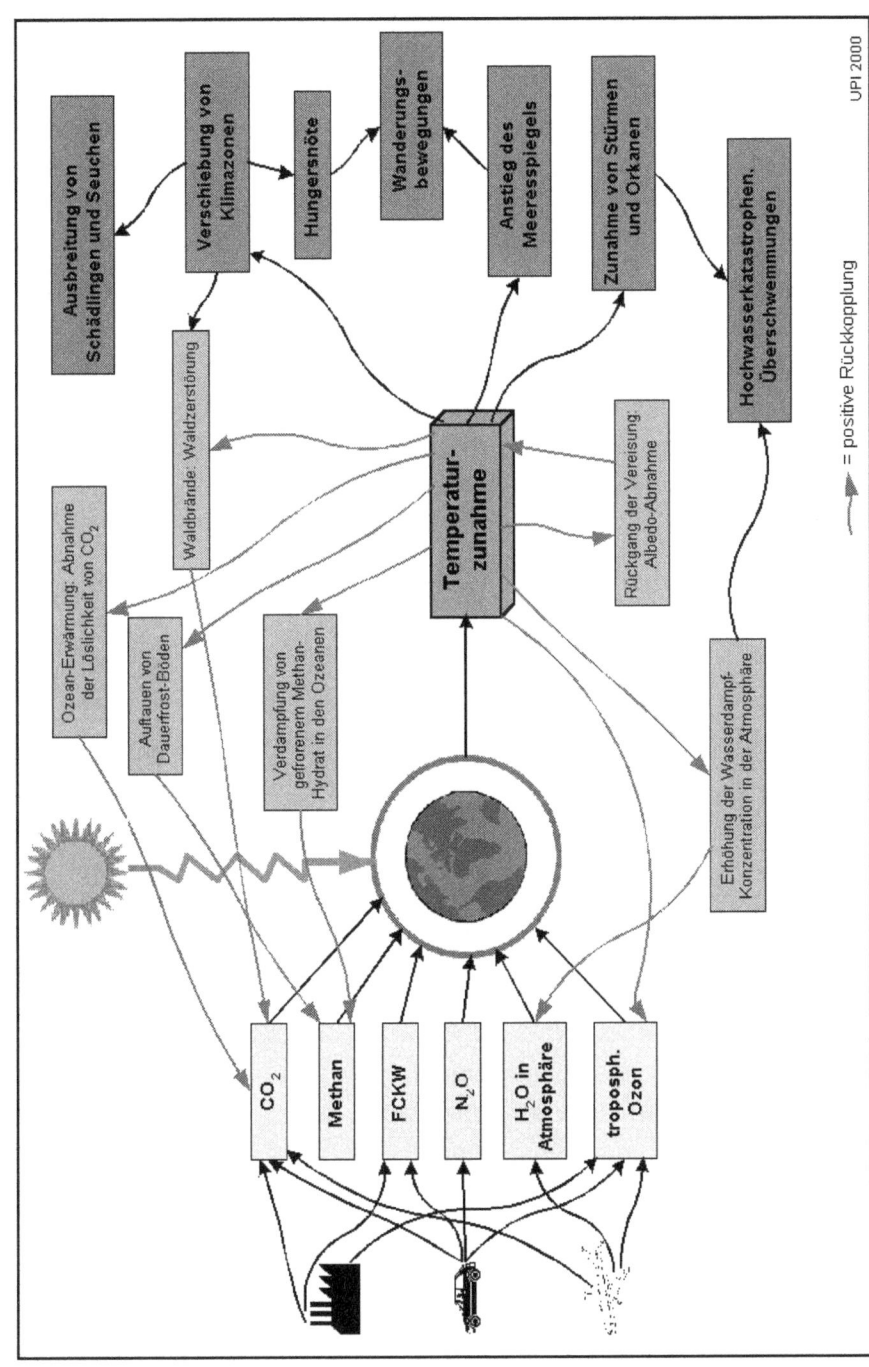

Abb. 2: Entstehungsprinzip des weltweiten „Treibhauseffekts"
(Quelle: Umwelt- und Prognose-Institut e.V., Heidelberg)

Gelangt dieser gasförmige Stoff in die Luft, wandert er zu den oberen Atmosphärenschichten, wo er sich unter Einwirkung der intensiven Sonnenstrahlung chemisch verändert und Chlor-Atome freisetzt. Diese wiederum führen zu einer Reihe von Reaktionen, die das Ozon zerstören. Vermindert sich der Ozongehalt in der Stratosphäre aber, erhöht sich die Strahlung im Wellenlängenbereich von 0,28 bis 0,32 Mikrometer (UV-B). Dieser Spektralbereich verursacht Sonnenbrand, Schneeblindheit, bestimmte Formen von Hautkrebs und schädigt Pflanzen. In der Folge kann das weltweit zu Mißernten und zu genereller Schädigung der Biosphäre führen [13]. Berechnungen haben ergeben, daß eine lediglich 10prozentige Abnahme des Ozons in der Stratosphäre bei den Pflanzen vermehrt bösartige Entartungen hervorrufen und das Wachstum z.T. erheblich behindern würde; zudem wäre das Meeresplankton gefährdet [14;15;16].

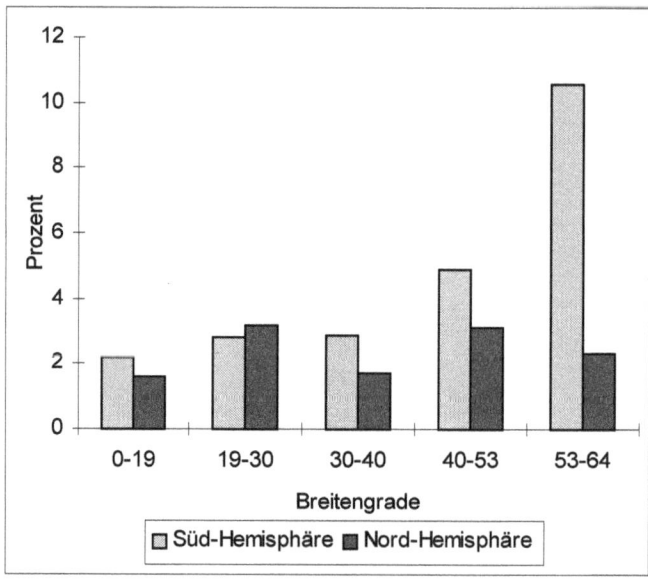

Abb. 3: Mittlere Ozon-Abnahme in der Stratosphäre (in Prozent) zwischen 1969 und 1986 nach Breitengraden, getrennt nach Hemisphären. Quelle: GRASSL (1989)

Ausgehend von einem eher bescheidenen Zuwachs an FCKW von 3 Prozent hat die US-amerikanische Raum- und Luftfahrtbehörde NASA einen Abbau der Ozonschicht um 10 Prozent bis zur Mitte des nächsten Jahrhunderts geschätzt. Nach einer Studie der US-amerikanischen Umweltschutzbehörde könnte dieser Abbau jedes Jahr das zusätzliche Auftreten von annähernd 2 Millionen. Hautkrebsfällen bedeuten [17].

Unerwünscht dagegen ist Ozon in den bodennahen Luftschichten, also in unserer Atemluft: Hier tragen Stickoxide und Schwefeldioxid unter dem Einfluß des Sonnenlichts zur Entstehung von Ozon bei. In vielen Gebieten Europas und Nordamerikas sind die Ozonkonzentrationen im Sommer zwei- bis dreimal höher als die natürliche Grundbelastung[18]. So hat der Ozongehalt der Luft beispielsweise in Deutschland mehrfach den gesundheitlich unbedenklichen Richtwert von 120 Mikrogramm überschritten. In der Industriestadt Mannheim sind Rekordwerte von 233 Mikrogramm über 8 Stunden hinweg gemessen worden. Ozon in der Atemluft bewirkt eine Abnahme der Leistungsfähigkeit, verstärkter Hustenreiz, Hals- und Augenbrennen und Verschlechterung der Lungenfunktion [19].

Die Verbrennung von fossilen Brennstoffen führt neben der Kohlenstoff-Abgabe auch zu beträchtlichen Stickstoff-Emissionen in die Atmosphäre. Kraftwerke, Autos und Industrieanlagen sind dabei die größten Emittenten von **Stickoxiden (NOx)**. Diesem Gas wird eine Schlüsselrolle im Zusammenhang mit dem Waldsterben zugesprochen. Der Stickstoffkreislauf ist aber auch durch die Intensivierung der landwirtschaftlichen Nutzung erhöht worden. Die Bauern haben in den letzten Jahrzehnten große Mengen an synthetischen Stickstoff-Düngemitteln eingesetzt. Zahlreiche Wissenschaftler vertreten die These, daß die Düngung der Böden, die Erhöhung der Viehbesatzstärke, die damit zusammenhängenden höheren Güllegaben, aber auch die Verbrennung der fossilen Energieträger erhebliche Mengen an **Distickstoff-Monoxid (N_2O)**, das auch als Lachgas bekannt ist, freisetzen. N2O gilt ebenfalls als sogenanntes „Treibhausgas". Die hochgerechnete N_2O-Konzentration in der Atmosphäre im Jahre 2030 wird voraussichtlich die Erwärmung der Welt um zusätzlich 10-20 Prozent ansteigen lassen [20].

Auswirkungen auf Klima und Biosphäre

Regelmäßige Messungen des CO_2-Gehalts in der Atmosphäre werden erst seit 1958 vorgenommen. Die Warnungen von Wissenschaftlern über die Auswirkungen eines steigenden CO_2-Gehalts auf das Klima gehen allerdings noch weiter zurück [21].

Die beschriebene Gefahr der Verdoppelung des Kohlendioxids spätestens bis zum Jahre 2050 könnte laut „Global 2000" allein schon eine Erhöhung der Temperatur um 2-3 Grad C in mittleren Breitengraden zur Folge haben. An den Polen würde die Erhöhung 3-4 mal größer sein und die Eiskappen beider Pole zum Schmelzen bringen. Die Erhöhung des globalen Wasserspiegels, die aber auch eine Folge der physikalischen Ausdehnung durch Erwärmung ist, würde dann Teile des bisherigen Festlandes unter Wasser setzen [22]. Akut bedroht wären tiefgelegene Länder wie etwa Bangladesch, das Nil-Delta, das Amazonasbecken und große Teile der Nordseeküste.

Steigt die Konzentration aller Spurengase in der Atmosphäre so an, daß diese einer Verdoppelung des Kohlendioxidgehaltes von 280- (im Jahre 1750) auf 560-Millionstel Volumenanteilen gleichkommt, dann ist wie gesagt eine mittlere globale Erwärmung von etwa 3 Grad Celsius irreversibel angelegt. Bei unverändertem Verhalten der Menschheit ist dieser Ausstoß etwa im Jahre 2030 erreicht. Unglücklicherweise steckt in den heutigen Klimadaten die Reaktion auf die Emissionen bereits aus der Zeit vor 1970! Diese Verzögerung liegt an dem gewaltigen Puffervermögen der Ozeane. Schon jetzt aber ist die Störung einer Erhöhung der Sonnenstrahlung um 1 Prozent gleichzusetzen. Es gibt heute konkrete Anzeichen für eine bereits angelaufene **Klimaänderung**, die mit den Aussagen von Klimamodellen übereinstimmen, nämlich eine Temperaturzunahme in Oberflächennähe um durchschnittlich 0,7 Grad Celsius seit 1860. Auch ein kontinuierlicher Anstieg des Meeresspiegels ist zu registrieren, wobei die gegenwärtige Rate bei 20 Zentimeter pro Jahrhundert liegt. So wird beispielsweise die Ferieninsel Sylt in der Nordsee von Jahr zu Jahr kleiner. Stürme wirken sich zunehmend existenzbedrohend aus. Landverluste bis zu 20 Meter waren im Frühjahr 1990 die Folge schwerer Sturmböen [23]. Laut Fraunhofer-Institut für atmosphärische Umweltforschung wird es wegen der allgemeinen Temperaturerhöhung auf der Erde in 50 Jahren kaum noch Schnee in Deutschland geben. Die Temperatur wird sich in diesem Zeitraum um 3 Grad erhöhen. In den kommenden 70 Jahren wird der Meeresspiegel um 30 bis 50 Zentimeter ansteigen [24].

Ferner ist heute schon ein weltweiter Schwund der Gebirgsgletscher zu beobachten. Auch zeigt sich eine Umverteilung der Niederschläge auf der nördlichen Erdhälfte: Zwischen dem 5. und dem 35. nördlichen Breitengrad (hier liegen Nordafrika, Indien, große Teile Chinas und Mittelamerika) war in den letzten 40 Jahren eine Abnahme der Niederschläge zu beobachten, wogegen zwischen dem 35. und 70. Grad nördlicher Breite (USA, Kanada, Europa, UdSSR) eine Zunahme im Winterhalbjahr während einer Gesamt-Beobachtungszeit von 120 Jahren festzustellen war [25].

In Italien beispielsweise löste der dritte Dürrewinter hintereinander Katastrophenstimmung aus; er verringerte die Ernten und zwang die Regierung in Rom zu einem Notprogramm. Nun wird Wasser aus Frankreich und Albanien importiert, Meerwasser-Entsalzungsanlagen sind in Planung. In Venedig stinkt es, weil viele Dutzende Kanäle fast ausgetrocknet sind und die Abfallhaufen im Schlamm vor sich hin modern.

Abb. 4: Die ungebremste Bodenversiegelung durch Straßen-, Industrie- und Wohnbebauung verursacht von Jahr zu Jahr größere Hochwasserschäden (Foto: H.-G. Oed)

Auch in Spanien fiel der Winter 1989/90 völlig aus dem Rahmen. Über das sonst trockene und sonnige Südspanien fegte zu Winterbeginn ein Sturmtief nach dem andern hinweg. Während Bewohner Andalusiens gegen **Hochwasser** ankämpfen mußten, litt Nordspanien unter Trockenheit. Ausgerechnet in der grünen Zone – in den normalerweise regenreichen Regionen Galicien, Asturien, Kantabrien und im Baskenland – fiel kaum ein Tropfen Regen, mußte das Trinkwasser für Hunderttausende rationiert werden, fand das Vieh kein Gras auf den Weiden und die Flüsse trockneten aus. Während in Südspanien die Talsperren überliefen, waren sie in Nordspanien fast leer. Ähnlich war die Situation in Griechenland [26;26a].

Und was sind die globalen Folgen für das Wetter? – Nach Aufzeichnungen der Münchener Rückversicherungsgesellschaft kam es in den vergangenen 10 Jahren zu einem dramatischen Anstieg **klimabedingter Naturkatastrophen**. Als Folge der sich abzeichnenden Klimaveränderungen auf der Erde würden in Zukunft Zahl und Intensität von tropischen Wirbelstürmen, Tornados, Gewittern, Hagelschlägen und insbesondere Sturmfluten noch weiter zunehmen. Als Ursache wird das allgemeine Wachstum der Weltbevölkerung und ihre Ausbreitung in früher gemiedene Zonen auf der Erde angegeben [27].

Schließlich noch eine Beobachtung am Rande: Daß der Mond bei der totalen Mondfinsternis am 9.2.1990 nicht völlig schwarz und von der Erde aus unsichtbar war, liegt nach Angaben von Fachleuten an den Schmutzteilchen in der Atmosphäre, die durch Einflüsse der Umweltverschmutzung in letzter Zeit deutlich mehr geworden sind [28].

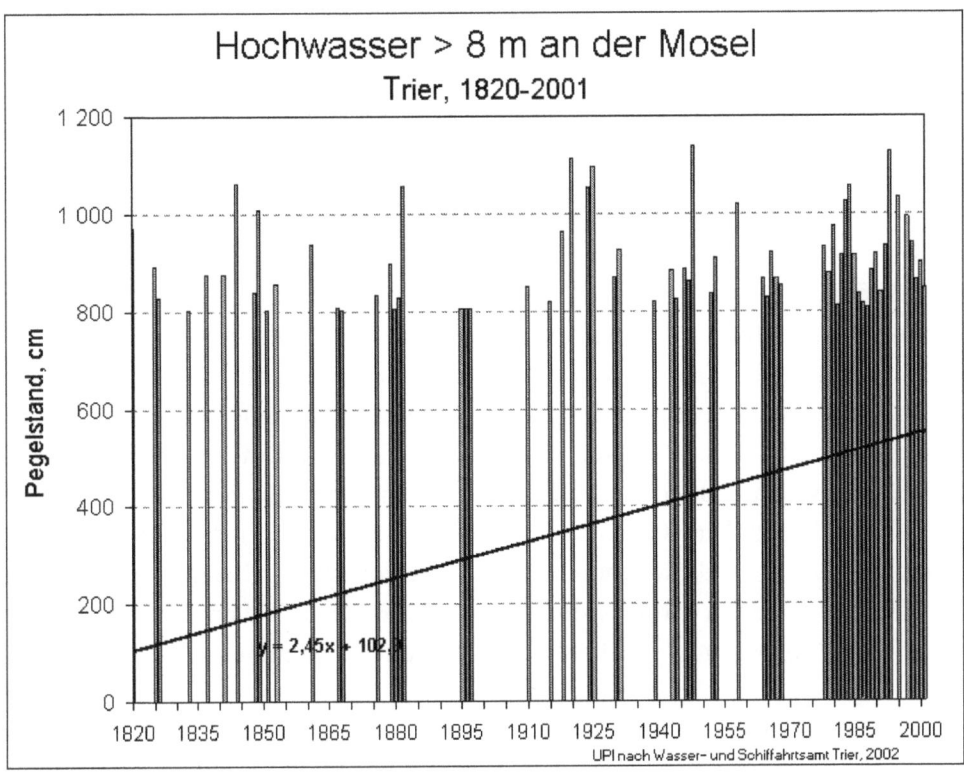

Abb. 5: Die Spitzenhochwässer der Flüsse nehmen ständig zu
(Quelle: Umwelt- und Prognose-Institut e.V., Heidelberg)

Verseuchung durch Industriechemikalien und Industriemüll

Schon seit jeher benutzte der Mensch die Bäche und Flüsse als willkommenes Entsorgungsmedium, um seine Abfälle loszuwerden. Die meisten menschlichen Abwässer, allen voran die nur schlecht klärbaren Industrieabwässer mit ihrer enormen Schadstoff-Fracht gelangen über die Flußsysteme in die Meere.

Weltweit werden jährlich über Flüsse und durch Niederschläge 345 mal mehr Blei, 275 mal mehr Quecksilber, 83 mal mehr Silber, 45 mal mehr Molybdän, 39 mal mehr Antimon, 34 mal mehr Selen, 27 mal mehr Arsen, 23 mal mehr Zink, 19 mal mehr Cadmium und 13 mal mehr Kupfer als vor der Industrialisierung in die Weltmeere geleitet. Hinzu kommen über eine Milliarden Tonnen Eisen über 6 Millionen Tonnen Erdöl und Erdöl-Raffinerie-Produkte sowie beispielsweise 35.000 Tonnen DDT aus Entwicklungsländern. Dort ist dieses hochgiftige Pestizid im Gegensatz zu den Industrieländern bislang noch nicht verboten [29]. Das Umweltbundesamt in Berlin spricht bei der Nordsee von „besorgniserregenden ökologischen Veränderungen". Neben Nährstoffen wie Nitrat und Phosphat aus der landwirtschaftlichen Düngung nennt die Behörde insbesondere die hochgiftigen Schwermetalle Cadmium und Quecksilber als Verursacher der Seewasser-Verseuchung, die u.a. auch zu Krebs bei Fischen führt. Die Abfallbeseitigung von Schiffen aus wird auf 44.000 Tonnen jährlich geschätzt [30].

Das sehr giftige Schwermetall **Cadmium**, kommt heute in den globalen Kreisläufen bereits in bis zu 10 mal und in einzelnen Regionen der Welt gar in bis zu 100 mal höheren Konzentrationen vor als noch vor 200 Jahren [31]. Während 1910 weltweit noch erheblich weniger als 100 Tonnen Cadmium durch industrielle Produktionsprozesse freigesetzt wurden und dann mehr oder weniger rasch in die Umwelt gelangten, sind es heute weltweit bereits 15.000 bis 20.000 Tonnen also 150 bis 200 mal mehr [32]. Jeder Bundesbürger nimmt täglich unfreiwillig 20-30 Millionstel Gramm des giftigen Schwermetalls Cadmium zu sich. Rund 85 Prozent des Cadmiums werden mit der Nahrung, 5-10 Prozent mit dem Trinkwasser und mit Getränken und der Rest über die Atemluft aufgenommen. Laut Bundesregierung sind die zumutbaren Cadmium-Belastungen „bereits erreicht oder überschritten". Cadmium gelangt hauptsächlich bei Verbrennungsprozessen in die Luft [33].

Blei ist zwar weniger giftig als Cadmium, es gelangt aber in noch weit größeren Mengen in die Umwelt, vor allem durch Verbrennungsmotoren.

Die Verbleiung des Benzins, mit der in den 20er Jahren begonnen wurde, hat die Blei-Emissionen weltweit auf jährlich 2 Millionen Tonnen anwachsen lassen – das ist über 300 mal mehr als die Menge, die aus den natürlichen Quellen stammt. Die Blei-Ablagerungsraten sind schon in ausgesprochen ländlichen Gebieten 10 bis 100 mal größer als die im abgelegenen Nordatlantik; in Ballungsräumen sogar um das 100- bis 10.000fache [34].

Durch die Einführung des bleifreien Benzins und den Auto-Katalysator dürfte sich diese Situation zwar allmählich bessern. Sehr problematisch ist jedoch die Tatsache, daß dieses Schwermetall – ähnlich wie Cadmium – über sehr lange Zeiträume im Boden verbleibt und sich neue Kontaminationen laufend zu den bereits bestehenden hinzuaddieren.

Schwermetalle sind heute überall zu finden. So ist der **Kupfer**gehalt im Regen Mitteleuropas rund 10 mal so hoch wie beispielsweise der gesetzliche Grenzwert für Fließgewässer. Überhaupt liegt der Schadstoffgehalt des Regens „für eine Mehrzahl der untersuchten, gelösten Stoffe deutlich über dem Gehalt des Rheins" [35].

Das äußerst toxische Seveso-Gift **Dioxin** ist in unseren Industrielandschaften vor allem in der Umgebung metallverarbeitender Betriebe zu finden. Der Boden im Umkreis einer ehemaligen Metallhütte in der süddeutschen Stadt Rastatt ist derart mit Dioxinen verseucht, daß die oberen Bodenschichten ausgetauscht werden müssen. Dies verursacht hohe gesellschaftliche Kosten. Sie wurden vom Umweltministerium auf zunächst 3,5 Millionen Mark angesetzt. Weitere 6,5 Millionen Mark werden erforderlich sein, um 42 Grundstücke in der Nähe der früheren Metallhütte von dem Gift zu befreien [36].

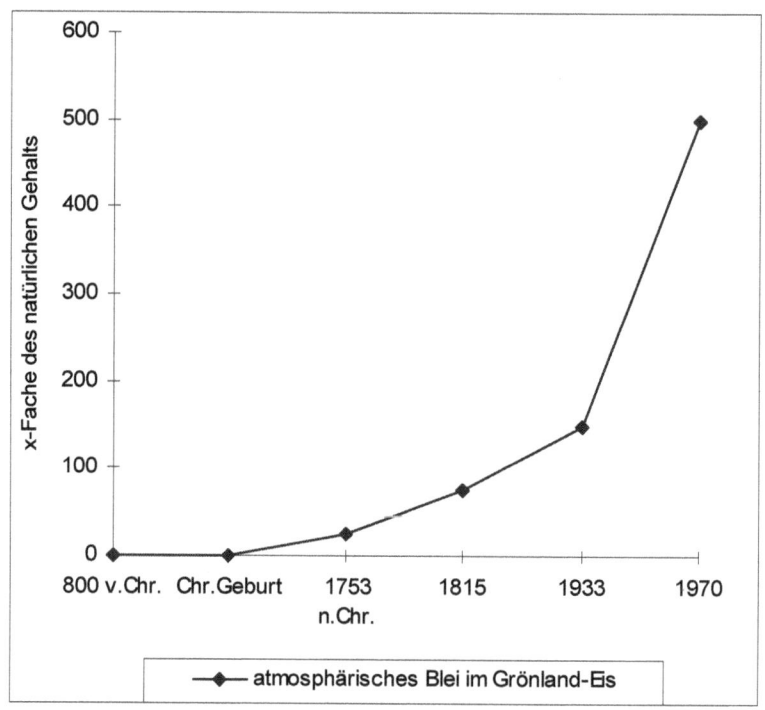

*Abb. 6: Zunahme des Gehaltes an atmosphärischem Blei im Grönland-Eis von
800 vor Chr. bis 1970 mit dem x-fachen des natürlichen Gehaltes.
Quelle: BUCHWALD (1980)*

Als bedeutender Fluß Westeuropas ist der Rhein das wichtigste „Entsorgungsmedium" für Industrieabfälle der Anrainerstaaten. Er gilt neben der Elbe als
Kloake Nummer eins. Noch stets schwemmt er jährlich ca. 30 Millionen Tonnen Abfälle ins Meer, darunter rund 20.000 Tonnen der giftigen Schwermetalle
Chrom, Kupfer, Cadmium, Quecksilber, Blei und Arsen [37]. In den Sedimen-
ten deutscher Flüsse sind heutzutage Konzentrationen an Cadmium, Quecksilber und Blei enthalten, die zwischen dem 30- und 300fachen der natürlichen
Werte liegen [38].

In den Fällen, bei denen diese „elegante Entsorgung" nicht funktioniert, werden Industrie-Abfälle verschifft und auf hoher See „verklappt", wie es bislang bei der Dünnsäure der Fall war. Zu diesen „aktiven Verschmutzungen" gesellen sich immer häufiger **Unfälle**, sei es beim Transport über die Straßen, bei denen beispielsweise Benzin oder Heizöl in Boden und Gewässer gelangt, sei es durch Unfälle der Chemie-Industrie oder aber durch Ölverluste bei Tanker-Havarien auf hoher See. Mit zunehmendem Güterumschlag auf der Welt vergrößern sich verständlicherweise die Gefahren von Unfällen oder gar absichtlichen Verunreinigungen.

So muß die Presse in immer kürzeren Abständen von Tankerunfällen berichten: Allein in den 12 Monaten seit der Havarie des Supertankers Exxon Valdez im Prinz William-Sund vor der Küste Alaskas im Jahre 1989 hat es in den USA mehr als 10.000 Unfälle gegeben bei denen zwischen 15 und 35 Millionen Liter Öl ins Wasser geflossen oder in die Erde gesickert sind. Bei der oben genannten Umweltkatastrophe im Prinz-William-Sund waren rund 42 Millionen Liter Rohöl ins Wasser geströmt. Die Umweltschutzorganisation WILDERNESS SOCIETY betonte, Öl-Unfälle seien keine isolierten Ereignisse. Allein in den USA passierten täglich mehrere. Die Medien würden aber nur über die spektakulärsten Unfälle berichten. Die meisten Unfälle ereignen sich nach den Erkenntnissen der Umweltschützer bei den zahllosen Öl-Pipelines, welche die USA durchziehen. Allein an der Trans-Alaska-Pipeline hat es in den vergangenen 15 Jahren rund 17.000 Lecks gegeben [39]. Doch auch die für uns Menschen unwirtliche Antarktis wird zunehmend verseucht: Aus dem Depot einer amerikanischen Forschungsstation in der Nähe des Südpols sind kürzlich 190.000 Liter Benzin und andere Treibstoffe ausgelaufen. Dies war schon die zweite Ölverschmutzung innerhalb des Jahres 1989, unter der das empfindliche Ökosystem der Antarktis zu leiden hatte [40].

Mit Besorgnis beobachten die Vereinten Nationen die zunehmende **Verschmutzung** vor allem der Küstenregionen **der Weltmeere**. Die industrielle wie touristische Erschließung der Küstengebiete durch den Menschen bringt nach Ansicht von Wissenschaftlern der Universität Aberdeen (Schottland) erhebliche Umweltprobleme. Sie führt zur Zerstörung von Lebensräumen, zur Verseuchung von Fischen und Schalentieren, Verpestung der See durch Plastikmüll, Zunahme von Chlor-Wasserstoffen und zur Verschmutzung der Strände durch Teer. Ein großes Problem ist dabei der Plastikmüll, der einfach in die Meere geworfen wird. Meeressäugetiere, Vögel und Schildkröten, die Plastikteile fressen, gehen daran ein. Kleine und kleinste Kunststoffpartikel werden in den Ozeanen weit verbreitet und dort von solchen Meeresorganismen aufgenommen, welche die Nahrungsgrundlage für andere Lebewesen darstellen. Dies wirkt sich letztlich auf Gesundheit und Wachstum der Tiere aus. Ein Problem stellen auch die Netze für den Fischfang dar. Wenn diese Kunststoffnetze verloren gehen oder von den Fischern weggeworfen werden, treiben sie wie eine Falle im Meer herum und stellen für Tiere aller Art eine tödliche Gefahr dar. Dazu kommt die allgemeine Eutrophierung: Fäkalien von Mensch und Tier, sowie die in der Landwirtschaft verwendeten Nitrate und Phosphate führen den Meeren zu viele Nährstoffe zu. Die Folge ist: Übervermehrung durch Algen mit nachfolgendem Sauerstoffmangel im Wasser. – Im Hinblick auf das anhaltende Wachstum der menschlichen Bevölkerung ist deshalb zu befürchten, daß sich die Meeres-Umwelt im nächsten Jahrzehnt erheblich verschlechtert [41].

In den letzten Jahren bekommen die Menschen die Folgen industriebedingter Umweltverschmutzung am eigenen Leibe zu spüren. So nimmt die Meeresverschmutzung rund um Italiens 8.000 Kilometer lange Küsten immer größere Ausmaße an: Dort ist ein Drittel aller Strandbereiche für den Menschen inzwischen gesundheitsschädlich [42].

Ähnliche Verhältnisse auch in anderen Teilen Europas bewogen kürzlich die EG-Kommission zu der Feststellung, daß sich „die Qualität der Badegewässer in Spanien, Frankreich, Dänemark und Belgien weiterhin insgesamt verschlechtert hat" [43].

Artenschwund und Vergiftung der Mit-Lebewelt

Auf unserer Erde sind derzeit mehr als 1.200 höhere Tierarten vom **Aussterben** bedroht. Die internationale Tier- und Naturschutzorganisation World Wildlife Found (WWF) hat in einem Report die sich verringernde Artenvielfalt dokumentiert. Die namentlich aufgeführten Tierarten stellen nach Einschätzung des WWF lediglich die „Spitze des Eisberges" dar. Der Mensch sei demnach in der Lage, in den nächsten 50 Jahren ein Drittel aller Arten auszulöschen. Die Naturschutzorganisation schätzt, daß 1.000 bis 10.000 oder sogar mehr Arten jährlich aussterben. Zahlreiche Tierarten sind vor allem durch die Zerstörung der Tropenwälder akut in Gefahr.

Es gibt Erhebungen, wonach in den USA 950 Tierarten (unspezifiziert), und in Großbritannien allein 500 Insektenarten bedroht sind. Berechnungen haben ergeben, daß bis zum Jahre 2050 nicht weniger als 60.000 Pflanzenarten vom Aussterben bedroht sein könnten, das wären ein Viertel der Arten auf der Erde [44]. Bei diesen Zahlenangaben muß man sich aber stets vergegenwärtigen, daß es etwa 10 mal mehr Tier- als Pflanzenarten gibt. Dies bedeutet, daß mit 100 ausgerotteten Pflanzenarten an die 1.000, auf deren Nutzung in der Nahrungskette spezialisierte Tierarten zwangsläufig ebenfalls aussterben. Auf dem Gebiet der Bundesrepublik Deutschland mit rund 250.000 Quadratkilometer Fläche kamen im Naturzustand etwa 50.000 bis 100.000 Organismenarten vor. Von dieser Fläche stehen heutzutage vielleicht nur noch 1 Prozent, mit Sicherheit aber nicht mehr als 5 Prozent einer mehr oder weniger unberührten Natur zur Verfügung. Der Rest wird land- und forstwirtschaftlich genutzt oder ist mit Siedlungen, Industrieanlagen und Straßen überbaut. Was die landwirtschaftlich intensiv genutzte Fläche anlangt bedeutet dies, daß auf etwa der Hälfte unseres Landes nur noch knapp zwei Dutzend Pflanzenarten (nämlich Nutzpflanzen) leben, welche Biomasse für uns und unsere Nutztiere erzeugen. Dabei hat der Landbau über 5.000 Jahre lang zur Bereicherung unserer Landschaft an Arten und Biotopen beigetragen: Durch Rodung der Wälder, durch kleinräumige Bewirtschaftung, durch beabsichtigte und unbeabsichtigte Einbringung von Arten wie auch durch extensive Bewirtschaftungsformen (z.B. Streuwiesen). Überall, wo der Wald von Menschen gelichtet und durch Weiden, Wiesen, Äcker und

Wegraine ersetzt wurde, wuchs die Zahl der Arten beträchtlich, nämlich beispielsweise bei den Pflanzen von etwa 200 auf über 500 pro 25 Quadratkilometer.

Der durch die moderne Landwirtschaft verursachte Artenschwund kann in den tropischen Teilen der Welt noch ganz andere Dimensionen annehmen. Dort ist nämlich die allgemeine **Artenvielfalt** beträchtlich größer als bei uns. So wurden auf einer nur 15 Quadratkilometer großen Tropeninsel nicht weniger als 1.360 Arten höherer Pflanzen gefunden. Vergleich: In Mitteleuropa kommen auf einer Fläche, die 17.000 mal größer ist, lediglich 2.350 Arten vor! An dieser Relation kann man ermessen, welche Auswirkung die Anlage von Monokulturen auf das biologische Wirkungsgefüge haben kann, wenn sie großflächig an Stelle von vielfältig strukturierten Landschaften treten [45].

Viele glauben nun, die Natur dadurch erhalten zu können, wenn in Großaktionen spektakuläre Seltenheiten von hohem Symbol- und Publizitätswert, wie etwa Seeadler oder Pandabär, vom Menschen in Intensivpflege genommen werden. Will man aber bedrohte Tierarten wirklich der Zukunft erhalten, ist etwas ganz anderes erforderlich, nämlich sehr viel Platz. Eine Population von beispielsweise nur 500 Tigern oder Wölfen braucht an die 50.000 Quadratkilometer **Lebensraum**. Der Yellowstone-Nationalpark in den USA, einer der größten der Welt, ist nur ganze 9000 Quadratkilometer groß. Lediglich 3,5 Prozent der insgesamt noch 1,6 Millionen Quadratkilometer „Natur" – das sind etwa 1 Prozent der gesamten Landfläche der Erde – umfassen Naturparks über 10.000 Quadratkilometer Flächengröße. Wie gravierend und endgültig Artenschwund und Ausrottung sind, wird deutlich, wenn man sich den zeitlichen Aspekt der evolutionären Entwicklung vergegenwärtigt: Die meisten Pflanzen- und Tierarten benötigen für ihre Entstehung und Entwicklung 100.000 Jahre. Bei einer Gattung, also der nächst höheren systematischen Stufe, sind es sogar 1 Million Jahre [46;47].

Es ist also heute schon abzusehen, daß vor allem große Gebiete durchziehende Tiere wie die Steppenbewohner Afrikas (Elefanten, Nashörner, Gazellen usw.), aber auch die dschungelbewohnenden Großkatzen mit ihren weiträumigen

Jagdrevieren vom landhungrigen Menschen immer mehr eingeengt und bald schon vom Erdball verdrängt sein werden.

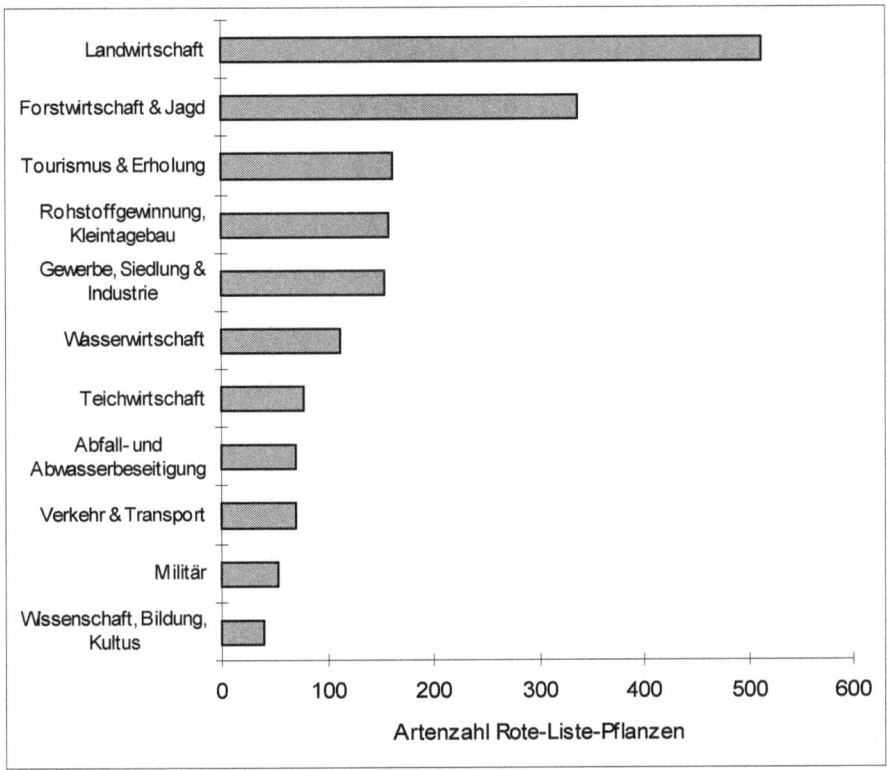

Abb. 7: Verursacher (Landnutzer und Wirtschaftszweige) des Artenrückgangs einheimischer Pflanzen, angeordnet nach Zahl der betroffenen Pflanzenarten der „Roten Liste" in der BR Deutschland.
Quelle: KORNECK & SUKOPP (1988)

Zu den Ursachen des Artensterbens zählen nicht nur menschliche Expansion, Biotopzerstörung, Meliorationen, Standortnivellierung und aktive Verfolgung. Auch die weltweite **Biozid**-Ausbringung trägt ihren Teil dazu bei: Im Jahre 1980 wurden weltweit noch 96.000 Tonnen des Insektizids DDT auf landwirtschaftliche Nutzflächen ausgebracht. Dabei muß man wissen, daß allein aus den USA, wo die Anwendung von DDT wie übrigens auch in den meisten europäischen Ländern seit Mitte der 70er Jahre verboten ist, jährlich 18.000 Tonnen in die Dritte Welt exportiert werden. Seit Beginn der DDT-Anwendung haben sich in den Böden insgesamt 280.000 Tonnen diese Giftes angereichert, und 324 Tonnen sind bisher über die Meere in die Fische gelangt. DDT findet sich mittlerweile fast überall auf der Welt, sogar im Fettgewebe antarktischer Pinguine [48;49].

Die **Tierwelt der Meere** ist verständlicherweise durch den allgemeinen Schadstoff-Eintrag besonders betroffen. Schließlich besitzen die Ozeane keinen Abfluß! – Hier einige Beispiele:

In Gebieten, wo Dünnsäure verklappt wird, haben die Fischbestände empfindlich abgenommen. Es werden zudem immer mehr Fische gefangen, die von Geschwüren bedeckt, und deren Flossen zerfressen sind. An den Küsten beispielsweise von New York und New Jersey werden jedes Jahr 9 Millionen Tonnen Abwässer ins Meer geleitet, was auf einer Fläche von 12.000 Quadratkilometern nachweislich zu einer erheblichen Verarmung des Wasserlebens und zur völligen Ausrottung vieler Fischarten führte [50;50a;51].

Oder: In der Nordsee sind bei bis zu 50 Prozent Embryonen wichtiger Nutzfische Mißbildungen festgestellt worden. Wie dreijährige Untersuchungen der Bundesforschungsanstalt für Fischerei ergaben, gab es die höchste Mißbildungshäufigkeit beim Wittling, gefolgt von Embryonen der Kliesche, des Kabeljau, der Flunder und der Scholle. Bei ihnen lag die Schadenshäufigkeit zwischen 5 und 20 Prozent [52].

Oder:

Im Bottnischen Meerbusen, also im nördlichen Teil der Ostsee, waren statt der normalen 80 bis 90 Prozent nur noch 27 Prozent der Ringelrobben-Weibchen trächtig, wobei sich bei der Hälfte der nichtträchtigen Weibchen pathologische Veränderungen der Gebärmutter zeigten [53].

Im Körperfett und im Nervengewebe von Wasservögeln findet sich heutzutage oft eine bis zu 30.000fache Anreicherung chemischer Schadstoffe. In Greifvögeln, die als Fleischfresser ja bekanntlich am Ende der Nahrungskette stehen, sind gewisse Gifte gar eine Million mal stärker konzentriert als in der Umgebung [54].

26

Aber auch die niedrigeren Lebewesen der Meere, das sogenannte Phyto- und Zooplankton, ist von der chemischen Verseuchung betroffen. Sollte das Meeresplankton durch die Schadstoff-Akkumulation in größerem Umfang selbst absterben, so würden dadurch dem Leben auf der Erde weitgehend die Grundlagen entzogen, da dem Plankton neben den tropischen Regenwäldern die global bedeutendste Rolle als Sauerstoff-Lieferant zukommt [55]. Im Übrigen gehört ausgerechnet das Meeresplankton auch zu derjenigen Organismengruppe, die von einer zunehmenden UV-Strahlung durch Ozonschwund besonders stark geschädigt werden würde.

In unseren **Flüssen** sieht es nicht besser aus: Neben der aktiven Gewässerverschmutzung durch Industrien und Haushalte bewirken die sauren Niederschläge, daß in den Gewässern Schwermetalle stärker gelöst werden als sonst üblich. Sie reichern sich dann in Fischen an. Viele Flüsse haben daher keine intakte Fauna mehr; Flohkrebse, wichtige Wirbellose in der Nahrungskette von Flüssen und Bächen leben in den Oberläufen nur noch inselartig in einzelnen Nebenbächen. Die Forellenbestände sind reduziert, die Tiere unterernährt. Schnecken fehlen völlig. Der Laich von Amphibien überlebt häufig nicht den Säurestoß, der zusätzlich durch die Schneeschmelze in die Gewässer getragen wird [56].

Zitate zu diesem Kapitel

[1] vergl. BRAUN & WOLF, 1987:299; [2] vergl. POSTEL,S. 1987:256f; [3] GLOBAL 2000, 1980:84f; [4] BRAUN & WOLF, 1987:309; [5] vergl. GRASSL,H. 1989:36; [6] vergl. POSTEL,S. 1987:258; [7] dpa, 16.1.90; [8] vergl. BROWN & WOLF, 1987:303; [9] POSTEL,S. 1987:259; [10] ebenda:260; [11] WINGERT,E. 1983:46; [12] BROWN & WOLF, 1987:311; [13] vergl. GRASSL,H. 1989:37; [14] vergl. WWF et al. 1984:14ff; [15] VESTER,F. 1985:333; [16] KOCH,E. & VAHENHOLT,F 1980:166ff, 319f; [17] POSTEL,S. 1987:264; [18] ebenda: 261; [19] SZ, 24.5.89; [20] POSTEL,S. 1987:260; [21] BROWN & WOLF, 1987:300; [22] GLOBAL 2000, 1080:84f; [23] ap, 25.1.90; [24] ap, 15.2.90; [25] GRASSL,H. 1989:37; [26] SZ, 12.12.89; [26a] dpa, 20.3.90; [27] dpa, 21.7.89; [28] dpa, 9.2.90; [29] WWF, et al 1984:19; [30] dpa, 9.2.90; [31] WWF, et al 1984:4; [32] STUDER,H.P.

1987:97; [33] ap, 21.2.90; [34] POSTEL,S. 1987:262; [35] WWF et al. 1984:135,180; [36] SZ, 20.9.89; [37] JORDI,B. 1985:12; [38] VESTER,F. 1985:299; [39] dpa, 21.3.90; [40] ap, 14.10.89; [41] dpa, 20.3.90; [42] SZ, 28.8.89; [43] dpa, 19.6.89; [44] dpa, 1.88 in: SÜDDEUTSCHE ZEITUNG; [45] vergl. MARKL,H. 1986:327ff; ELLENBERG,H. 1973:25; [46] vergl. SCHWAAR,J. 1988:335; [47] MARKL,H. 1986:316,337; [48] WWF et al. 1984:7f,208; [49] MYERS,N. 1985:85,123; [50] GRIEFAHN,M. 1983:30; [50a] WWF et al. 1984:264; [51] MYERS,N. 1985:86; [52] dpa, 5.1.90; [53] WWF et al. 1984:287f; [54] ebenda: 5; [55] STRAHM,R. 1986:75; [56] dpa, 26.1.1988.

Das derzeitige Ausmaß der Vernichtung unserer Lebensgrundlagen

Während im Kapitel 2 mehr die zwangsläufig in Erscheinung tretenden Symptome der umweltrelevanten menschlichen Aktivitäten behandelt wurden, soll in diesem Kapitel auf die „aktive" Seite der Zerstörungsmaßnahmen eingegangen werden. Diese hängen sehr eng mit Ausmaß und Art menschlichen Wirtschaftens bzw. dem selbstverständlichen Umgang mit der Mitwelt zusammen, der dann im Kapitel 4 näher analysiert werden soll.

Im Laufe der letzten zwei Jahrhunderte haben die Industriegesellschaften die chemischen Kreisläufe auf der Erde in einer Weise verändert, die nicht wiedergutzumachende ökologische und ökonomische Konsequenzen nach sich ziehen werden, und zwar zu unseren und unserer Kinder Lebzeiten. Hierfür sind vor allem drei Ursachen verantwortlich: Die unsichere Nahrungsmittelversorgung für den überwiegenden Teil der Weltbevölkerung aufgrund von Klimaveränderungen, die Schädigungen des Pflanzenreiches durch planmäßiges Vernichten (z.B. Tropenwälder), durch Luftverschmutzung und sauren Regen (z.B. Wald-sterben) und die Gefährdung der menschlichen Gesundheit durch chemische Verseuchung. Diese Ursachen resultieren vor allem aus Alltagsaktivitäten einer stetig wachsenden Weltbevölkerung. Sie alle haben zusammen inzwischen ein Tempo erlangt, das ausreicht, um die im Laufe von Millionen von Jahren ent-standenen natürlichen Lebensgrundlagen nachhaltig zu stören [1].

Für diese, heutige Situation gibt es kein historisches Beispiel und damit auch kein probates Gegenkonzept, weil sie sowohl im Hinblick auf Ausmaß als auch auf Geschwindigkeit der Veränderungen in der Geschichte des Menschen erst-malig ist.

So treten in den Großstädten der **Dritten Welt** die Umweltprobleme heute of-fen zutage: Smog oder Rauch verursachen Augenreizungen, die Vorkehrungen für die Müllbeseitigung sind mangelhaft. Wenn überhaupt, gibt es nur offene Kanalisation, die Entwässerung ist unzureichend. Flüsse, Seen und Küsten sind verschmutzt und voller Schadstoffe [2].

Während nun die armen Länder wegen galoppierender **Landflucht, Verstädte-rung** und allgemeiner **Verelendung** technisch und finanziell überfordert sind, um die Probleme anzugehen, hatte man in den Industriestaaten die Umwelt-schäden lange Zeit negiert, verdrängt oder einfach geleugnet. So wurden diese zum Beispiel in der Bundesrepublik Deutschland schon zu Beginn der 80er Jahre auf jährlich 70 Milliarden DM veranschlagt, das waren immerhin 8 Pro-zent des Bruttosozialprodukts. Für Maßnahmen zu ihrer Beseitigung wurden dagegen nur knapp 17 Milliarden, also 2 Prozent des Sozialprodukts, ausgege-ben [3]. Zwar bemühten sich dann die Regierungen Ende der 80er Jahre – unter dem politischen Druck ökologischer Parteien – durch Schaffung von Umwelt-ministerien optisch eine Gleichstellung der Ökologie mit der Ökonomie herzu-stellen; in Wirklichkeit regieren aber nach wie vor die Interessen der Wirtschaft und der Wachstumsgedanke.

Beispiele aus der ganzen Welt

Waldrodungen

Mehr Menschen auf der Welt brauchen mehr Platz, mehr landwirtschaftliche Produktionsflächen, mehr Nahrung, mehr Energie. Die Folge: Die scheinbar unnützen und unproduktiven Wälder müssen weichen. Großflächige **Rodung von Waldgebieten** wird aus zweierlei Gründen vorgenommen. Zum einen, damit die Menschen Brennholz zum Kochen oder Weideland für das Vieh bekommen, zum andern um devisenbringende Edelhölzer in die wohlhabenden Industrieländer exportieren zu können.

Bis 1976 wurden bereits 40 Prozent der ursprünglichen **Tropenwald**-Bestände abgeholzt und abgebrannt, in West- und Ostafrika gar 72 Prozent, in Südasien 63 Prozent. Seither betragen die jährliche Verluste 150.000 Quadratkilometer, was ungefähr der Fläche eines Fußballfeldes pro Sekunde entspricht! Sofern dieser Entwicklung nicht Einhalt geboten werden kann, wird dies dazu führen, daß es bereits in 50 Jahren keine tropischen Regenwälder mehr geben wird. Diese Vernichtungsorgie würde nicht nur die Auslöschung ganzer Lebensgemeinschaften (auch menschlicher) bedeuten und vielerorts die labilen und flachgründigen Urwaldböden durch Erosion unwiederbringlich zerstören, sondern es ginge auch ein Ökosystem verloren, das alljährlich riesige Mengen von Kohlendioxid in Sauerstoff umwandelt. Durch die mutwillige Zerstörung der „Lunge der Erde" und die damit verbundene Störung des Wasserhaushaltes sind noch katastrophalere Auswirkungen auf das Klima zu erwarten als durch das Absterben der Wälder in den Industrieländern [4;5;6]. Weltweit existieren von den ursprünglich 16 Millionen Quadratkilometern aller tropischen Regenwälder heute nur noch ca. 8 Millionen [7].

Vier Fünftel der tropischen Regenwälder liegen in 9 Entwicklungsländern, nämlich in Bolivien, Brasilien, Kolumbien, Peru, Venezuela, Indonesien, Malaysia, Gabun und Zaire. In ihrem Bereich leben rund 1 Milliarde Menschen. Etwa 150 Millionen davon ernähren sich von einem primitiven Brandrodungs-Wanderackerbau. Wegen der Nährstoffarmut der Tropen-Waldböden einerseits, und aus Mangel an Mineraldünger, geeigneten Zuchtsorten, Landbaumaschinen, und nicht zuletzt auch aus Mangel an agrarwissenschaftlichen Kenntnissen andererseits werden sie dazu gezwungen, pro Familie und Jahr etwa 1 Hektar Wald neu zu roden [8].

Allein In Brasilien, Indonesien und Zaire steht die Hälfte der geschlossenen Waldfläche in den Tropen. Brasilien und Indonesien betreiben immer noch Umsiedlungsprogramme, die zu einer weiteren Verringerung dieser Flächen führen; und die Regierung von Zaire zeigt wenig Interesse an der Erhaltung der größten tropischen Waldgebiete in Afrika [9]. Berechnungen des brasilianischen Instituts für Weltraumforschung gehen davon aus, daß bei der gegenwärtigen Abholzungsrate von 10 Prozent das 4 Millionen Quadratkilometer umfassende Waldareal des Amazonas-Beckens sogar schon in ca. 20 Jahren verschwunden sein wird [10;11]. Im Falle einer vollständigen Vernichtung der Amazonas-Regenwälder könnte das riesige Gebiet nach einer neuen Studie amerikanischer Wissenschaftler – anders als normale Waldgebiete in gemäßigten Zonen – niemals wieder aufgeforstet werden. Grund: Die Temperaturen würden im Amazonasgebiet nach der völligen Beseitigung der Urwälder um durchschnittlich 1 bis 3 C steigen, da die Bäume das Licht nicht mehr absorbieren würden. Das würde aber bewirken, daß die jährlichen Regenfälle um 650 Millimeter (entspricht 650 Liter pro Quadratmeter) zurückgehen würden. Die Folge davon: Eine Wiederaufforstung wäre so gut wie ausgeschlossen [12].

In den Entwicklungsländern ist das **Brennholz** vielfach die einzige erreichbare Energiequelle. Deshalb muß damit gerechnet werden, daß bis zum Jahre 2000 der Wald in Südamerika, Afrika, Asien und Ozeanien allein wegen der Brennholzgewinnung um 40 Prozent zurückgeht. 1166 Millionen Kubikmeter Holz wurden beispielsweise im Jahre 1977 verbrannt, während der gesamte Einschlag weltweit nur 2538 Millionen Kubikmeter ausmachte [13].

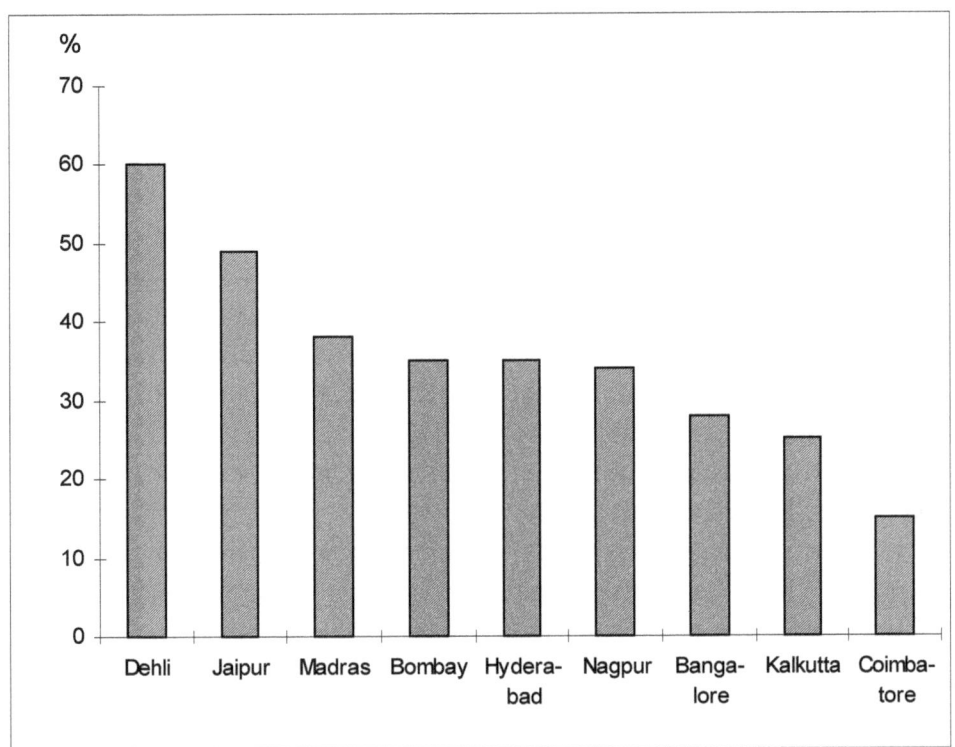

Abb. 8: Veränderungen der Waldflächen in der Umgebung großer Städte Indiens von 1972/75 bis 1980/82 (Abnahme der Wälder in Prozent) Quelle: BROWN *&* JACOBSON *(1987)*

Steigende Brennstoffpreise und knappe Devisen für den Öl-Import haben buchstäblich Hunderte von Städten in der Dritten Welt dazu gezwungen, sich ihr Holz zum Kochen in der näheren Umgebung zu suchen, mit der Folge, daß die Wälder in immer größeren Kreisen rings um die Ballungsräume verwüstet werden. Da sich nun aber der Holztransport wegen der immer größer werdenden Entfernung zum Wald verteuert, hat es sich in manchen Entwicklungsländern (z.B. Indien) als einträglicher erwiesen, das Holz vorher in Holzkohle umzuwandeln. Das spart Treibstoff für den Transport. Andererseits enthält aber Holzkohle nur halb soviel Energie, so daß vermehrt Wald eingeschlagen werden muß! Damit schließt sich der Teufelskreis und beweist, wie die Verstädte-

33

rung den Energieverbrauch in die Höhe treibt, und die Vernichtung der Wälder beschleunigt [14].

Ferner ist kommerzieller Kahlschlag zur **Edelholzgewinnung** für die alljährliche Vernichtung von mindestens 50.000 Quadratkilometer Tropenwaldes verantwortlich. Zum Vergleich: Das ist die Fläche beispielsweise der deutschen Bundesländer Nordrhein-Westfalen und Hessen zusammen. Dabei wird folgendermaßen vorgegangen: Zum Fällen und Abtransport der tropischen „Edelholzstämme" werden breite Schneisen in die Wälder geschlagen. Beim Zugriff auf die wenigen wertvollen Hölzer werden bei dieser Methode bis zu 55 Prozent der Vegetation pro Hektar durch Raupenfahrzeuge usw. zerstört. Auf den Hunderte von Kilometern langen Wegen und Schneisen, welche die Holzkonzerne in den Regenwald treiben, dringen dann Brandrodungsbauern und Plantagenbesitzer in die Wälder vor, um sie für ihre Zwecke, nämlich für die Land- und Viehwirtschaft abzubrennen. Somit wird zur Gewinnung der jährlich 36 Millionen cbm Tropenholz die gesamte oben genannte Waldfläche zerstört [15]. Sind die Wälder erst einmal abgeholzt, verfallen die an sich unfruchtbaren tropischen Böden sehr schnell, werden erodiert, so daß keine produktive landwirtschaftliche Nutzung mehr möglich ist. Bei schonender Waldbewirtschaftung dagegen, wie sie beispielsweise bei uns in Deutschland üblich ist, geht die Waldfläche bei einem Einschlag von jährlich 30 Millionen Kubikmeter nicht verloren. Wir haben hier eine auf nachhaltige Nutzung bedachte Forstwirtschaft, und die Humusdecke unserer Wälder ist außerdem wesentlich dicker [16].

Das Verhängnisvolle an dieser Raubbau-Politik ist nun aber, daß man in diesen Ländern gar nicht registriert, wann die ökologischen Belastungsgrenzen überschritten, die biologischen Kreisläufe irreversibel unterbrochen werden und der wirtschaftliche Niedergang eingeleitet wird. Wenn mehr Holz eingeschlagen wird, als nachwächst, sind die Auswirkungen zunächst kaum sichtbar, weil nur ein geringes Ungleichgewicht vorliegt. Im Laufe der Zeit wird es größer und verstärkt sich, je mehr die Bevölkerung wächst und der Wald verschwindet. Wenn dann der Verlust an Waldfläche deutlich zu erkennen ist, hat das Bevölkerungswachstum bereits eine solche Dynamik erreicht, daß es nicht mehr aufzuhalten ist [17].

Waldverluste können aber noch ganz andere Ursachen haben. Vor allem in trockenen, von Natur aus waldarmen Gebieten der Erde, wo sich der Mensch viel Mühe gibt, Wald neu zu etablieren. Es vergeht kein Jahr, in dem nicht in irgendeinem Land des Mittelmeergebietes riesige Waldgebiete dem Feuer zum Opfer fallen. Betroffen davon sind besonders Italien, Südfrankreich, Spanien und Griechenland. So hat beispielsweise 1989 der schlimmste **Waldbrand** in der Geschichte Israels den größten Naturwald des kleinen jüdischen Staates fast völlig zerstört. Die Ursache ist hier nicht etwa Unachtsamkeit, sondern die Politik: Der Brand war von israelisch-arabischen Extremisten zur Unterstützung des Palästinenser-Aufstandes gelegt worden, und vernichtete mehr als 800 Hektar [18]. In Nordamerika hat die jüngste Dürreperiode riesige Waldbrände entfacht, denen nicht weniger als 11.500 Quadratkilometer Wald zum Opfer fielen. Dies entspricht nahezu der Fläche des deutschen Bundeslandes Schleswig-Holstein [18a]. – Oder: Kürzlich wurden von US-Satelliten in den brasilianischen Waldgebieten außerhalb der Regenwaldzone innerhalb nur eines Monats sage und schreibe 37.000 Waldbrände gezählt. Auch diese Feuer werden mit den ungewöhnlich langen Trockenperioden in Verbindung gebracht [18b].

Waldsterben

Die **Wälder Europas** sind zu 42 Prozent krank. Laut EG-Waldschadensbericht sind vom Waldsterben nach Deutschland, Österreich, der Schweiz und der Tschechoslowakei jetzt auch weite Teile der übrigen EG-Länder betroffen. Seit Beginn der regelmäßigen Untersuchungen im Jahre 1980 sind schwere Schäden auch in Schottland, im Norden und Südosten Frankreichs, in Nord- und Mittelgriechenland, in Südspanien und im Nordwesten Italiens festgestellt worden. Im Jahre 1988 waren im EG-Durchschnitt lediglich 58 Prozent der Wälder noch als gesund zu bezeichnen [19].

*Abb. 9: Waldsterben: Die immergrünen Nadelbäume sind besonders betroffen
(Foto: H.-G. Oed)*

Am stärksten betroffen sind die Nadelbäume, wobei folgende Merkmale auftreten: Gelbfärbung der Nadeln, Abwurf älterer Nadeln, Schädigung der zarten
Wurzeln, über welche die Bäume ihre Nährstoffe aufnehmen. In der Alpenre-
gion treten die schwersten Schäden auf. Offizielle Stellen in der Schweiz warnen vor Lawinen und Erdrutschen infolge des fehlenden Baumbestandes und
weisen auf mögliche Evakuierungen hin. Laut Waldschadensbericht 1989 der
Bundesrepublik Deutschland sind 53 Prozent des bundesdeutschen Waldes
krank. Das ist gegenüber dem Vorjahr eine Steigerung um 0,6 Prozent. Und
dies, obwohl jedes Jahr die toten Bäume herausgeschlagen werden und nicht
mehr in die Bilanz eingehen. Während sich der Krankheitszustand von Tanne,
Fichte und Kiefer auf unverändertem Niveau befindet, ist der Anteil geschädig-
ter Buchen von 63,4 Prozent (1988) um 2,3 Prozent auf 65,7 Prozent und der
Eichen von 69,6 Prozent (1988) um 0,3 Prozent auf 69,9 Prozent gestiegen.
Aber auch in Nordamerika siechen die Wälder dahin. Vergleichende Untersuchungen ergaben, daß Pinien im Südosten der USA von 1972-1982 ein um
20-30 Prozent geringeres Wachstum hatten als in den Jahren 1961-1972
[20;21].

Und was sind die **Ursachen**? – Die meisten Wissenschaftler stimmen darin überein, daß Luftschadstoffe – wahrscheinlich in Kombination mit natürlichen Faktoren wie Insekten, Kälte oder Trockenheit – die Ursachen sind. Der saure Regen ist eine Hauptursache. Er entsteht dadurch, daß sich die in der Luft enthaltenen Schwefeldioxide und Stickoxide mit Wasser zu ätzenden Säuren verbinden. Diese dringen oberirdisch über Blätter und Nadeln und unterirdisch über die Wurzeln in den Baum ein. Zusätzlich setzt die Säure das für die Pflanzen giftige Aluminium sowie Schwermetalle im Boden frei, welche die Wurzeln schädigen. Auch werden durch die Versauerung des Bodens lebenswichtige Nährstoffe wie Kalzium und Magnesium ausgewaschen. die Folge ist eine Mangelernährung, die an der Verfärbung der Nadeln und Blättern zu erkennen ist.

Aber auch andere Luftschadstoffe greifen den Baum an. Hierzu gehören vor allem das bodennahe Ozon, das aus Stickoxiden und Sauerstoff unter Einwirkung von UV-Strahlen und Kohlenwasserstoffen entsteht.

Viren und andere Mikroorganismen sind für das Entstehen der Waldschäden primär nicht verantwortlich. Nachdem aber die Bäume durch das Zusammenwirken mehrerer Gifte geschwächt sind, werden sie anfällig gegen Insekten- und Pilzbefall und verkraften Frost und Trockenheit nicht mehr [22;23;24;25].

Die **volkswirtschaftlichen Verluste** durch das Waldsterben werden beispielsweise in der Bundesrepublik Deutschland auf 1,7 Milliarden DM jährlich geschätzt. Die gesunden Wälder aber liefern nicht nur das monetär bewertbare Holz, sie schützen auch die Qualität von Flüssen und Grundwasservorräten, verhindern Bodenerosion und ermöglichen Anwohnern wie auch Touristen Naherholung. Werden diese gesamtökologischen Funktionen – als Verluste – dazugerechnet, dann sind die Gesamtkosten der Waldschäden in der Bundesrepublik Deutschland auf im Schnitt jährlich über 4 Milliarden DM für die nächsten Jahrzehnte zu veranschlagen [26].

Ausrottung von Mitgeschöpfen

Wie schon in Kapitel 2 angedeutet, ist in den nächsten zwei Dezennien durch die allgemeine wirtschaftende Tätigkeit des Menschen ein Verlust von annähernd einem Fünftel aller biologischen Arten unseres Planeten zu erwarten. Das sind mindestens ca. 500.000 Pflanzen- und Tierarten. Ein gewaltiges Gen-Potential für Forschung und Technik und ein ökologischer Stabilitätsfaktor ersten Ranges werden dadurch leichtfertig vernichtet. Ein Potential, das der Menschheit in Zukunft von großem Nutzen sein könnte [27].

Man schätzt, daß zur Zeit bereits mindestens 1 Art, vielleicht sogar 10 Arten pro Tag ausgerottet werden. Dies entspricht größenordnungsmäßig bereits jetzt dem vermutlich höchsten Artensterben während der Erdgeschichte.
Die bei uns in Deutschland geführte „Rote Liste" der gefährdeten einheimischen Arten weist zur Zeit etwa 1.800 Tierarten (darunter mehr als die Hälfte aller Wirbeltiere) und etwa 800, und damit fast ein Drittel einheimische Farn- und Blütenpflanzen als schon ausgestorben oder vom Aussterben bedroht aus. Ein Hauptverursacher für den Schwund von Pflanzen- und Tierarten in den letzten Jahrzehnten ist die Landwirtschaft. Alles in allem ist sie am Rückgang von knapp 400 der insgesamt 580 Gefäßpflanzen der Roten Liste der Bundesrepublik Deutschland beteiligt. Das sind 68 Prozent der gefährdeten Arten [28]. Diese Zahlen kennzeichnen möglicherweise nur die Spitze eines Eisberges drohender Artenvernichtung, zumal ja viele Tier- und Pflanzensippen noch gar nicht auf die Möglichkeit des Überlebens geprüft und entsprechend beschrieben werden konnten.

Soweit die Situation in einem europäischen Industrieland. In den Entwicklungsländern, vor allem in den **Tropen**, sieht es nicht viel besser aus, im Gegenteil: Hier wird beispielsweise durch die oben beschriebenen Waldrodungen ein ungleich artenreicheres Ökosystem als es wir in den gemäßigten Breiten kennen, mutwillig vernichtet. Bei realistischer Abschätzung der Folgen dieses Geschehens kommt man zu dem Schluß, daß von den etwa 3 Millionen Organismenarten, die in diesen tropischen Feuchtwäldern auf nur 6 Prozent der Landfläche der Erde leben (= 2/3 des Weltbestandes), wahrscheinlich die Hälfte verloren sein wird, wenn diese Waldvernichtung ihr Ende gefunden hat. Darunter sind zahllose Arten, die nicht nur der Wissenschaft, sondern auch hinsichtlich möglicher medizinischer, pharmazeutischer und wirtschaftlicher Nutzung unbekannt sind und leider auch bleiben werden [29].

Am **Beispiel** des Philippinischen Affenadlers möchte ich die Ernstheit der Situation einmal vor Augen führen:

„In den Regenwäldern der Philippinen lebt mit dem Affenadler eine der eindrucksvollsten und leider auch in ihrer Existenz bedrohtesten Greifvogelarten der Erde, deren Gesamtpopulation auf weniger als nur 300 Exemplare geschätzt wird. Artenreiche tropische Regenwälder bedeckten noch vor 2 Jahrhunderten fast alle Inseln des philippinischen Archipels (299.400 Quadratkilometer, 59 Millionen Einwohner). Drastische Eingriffe des Menschen haben das ursprüngliche Bild seither jedoch überall stark verändert. Zwischen 1969 und 1988 ging zum Beispiel die Waldfläche von 10,5 Millionen auf 6,5 Millionen Hektar zurück. Dies entspricht einem durchschnittlichen Verlust von 2.100 Quadratkilometer primären Regenwaldes pro Jahr oder 2 Hektar alle 5 Minuten, und zwar durch legale und illegale Rodungen. Dabei macht dieser Raubbau an der Natur nicht einmal vor Nationalparks halt. Im Anschluß daran kommt es häufig zu Erosion und Verkarstung der Landschaft. Weite Gebiete der Philippinen sind deshalb heute mit kaum mehr kultivierbaren Grasland (Cogon) bedeckt. Die Menschen berauben sich damit nicht nur selbst ihrer Lebensgrundlagen für die Zukunft, auch die gesamte Tier- und Pflanzenwelt mit einer ungeheuer großen Zahl von endemischen Arten, gerät damit immer näher an den Rand des Aussterbens.

Der Affenadler, auch Philippinenadler genannt kann heute als „Flaggschiff" im Naturschutz des Landes bezeichnet werden. Man hat erkannt, daß man damit auch die meisten anderen Wirbeltiere retten würde, wenn es gelänge, ihn auf Dauer zu erhalten. Aufgrund seiner Lebensweise benötigt nämlich jedes Adlerpaar eine sehr große Regenwaldfläche (ca. 100 Quadratkilometer) als Revier, und die Verbreitungsgebiete vieler anderer bedrohter Arten decken sich weitgehend mit dem dieses Greifvogels. Alle bisherigen Versuche, sein Habitat und ihn selbst damit zu schützen, müssen jedoch als weitgehend gescheitert betrachtet werden. Die Philippinen befinden sich leider ziemlich am oberen Ende der Skala der tropischen Länder, was die Entwaldungsrate und die Größe der bereits gerodeten Fläche anbelangt. Jährlich werden heute etwa 2,5 Prozent der Waldfläche zerstört, das entspricht dem dreifachen der durchschnittlichen Rate anderer tropischer Länder. Es ist nur noch eine Frage weniger Jahre, bis der Regenwald überall bis in die Höhen von 1.500 m über dem Meer, bis in die der Adler existieren kann, verschwunden sein wird. Zwar gibt es einige ganz wenige Nationalparks, in denen auch der Affenadler vorkommt, der Nationalparkstatus garantiert aber leider noch lange nicht den Schutz dieser Gebiete, wie besonders am Beispiel des berühmten Mount Apo Nationalparks deutlich wurde: Weite Teile desselben wurden von Eindringlingen besiedelt, so daß er zu den bedrohtesten Reservaten der Erde gerechnet werden muß" [30].

Ein anderes **Beispiel** menschlicher Profitgier bietet die gnadenlose Tötung des Afrikanischen Elefanten sowie des Nashorns, die lediglich wegen der Stoßzähne aus Elfenbein bzw. des Horns intensiv verfolgt werden:
Fast unbehelligt durch Wildhüter, ziehen schwerbewaffnete Banden auf der Jagd nach Elfenbein und dem Horn des Nashorns durch den schwer zugänglichen Selous-Wildpark im Süden Tansanias (übrigens viermal größer als die ungleich bekanntere Serengeti). Seit 1980 haben sie den Bestand an Elefanten von 110.000 Tieren auf heute rund 50.000 mehr als halbiert und die Nashörner bis auf wenige Exemplare ausgerottet. Die Wilderer gehen überaus brutal und immer raffinierter vor. Ihre neuste Methode ist, vergiftete Kürbisse auf den Elefantenpfaden auszulegen und den verendeten oder auch nur betäubten Dickhäutern die Stoßzähne abzusägen.

Dabei muß man wissen, daß diese Elefantenjäger Verbindungen zu höchsten gesellschaftlichen Kreisen haben. Ein Abgeordneter wurde beispielsweise ertappt, als er 105 Stoßzähne in einem Regierungsfahrzeug transportierte. In einem anderen Fall bewahrte ein katholischer Priester 224 Stoßzähne in seinem Haus auf.

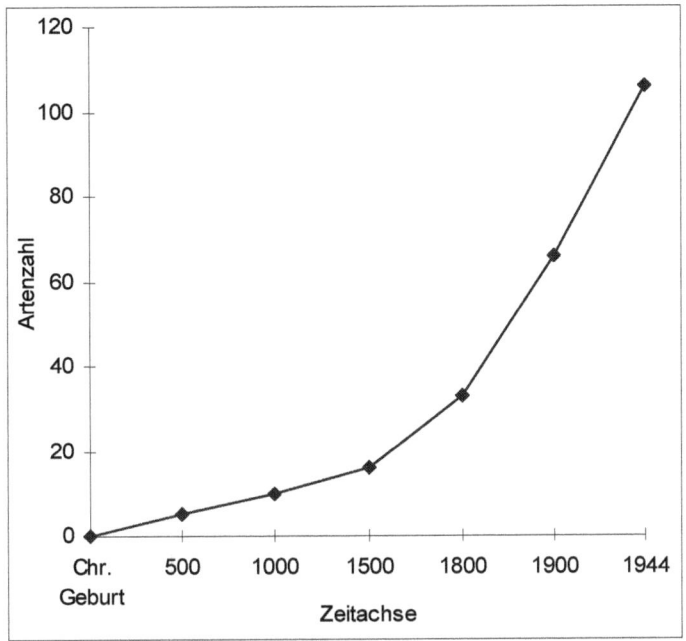

Abb. 10: Anzahl der während der letzten 2000 Jahre ausgestorbenen Säuge-
tierarten und -rassen. Quelle: BUCHWALD (1980)

Oder: Es wollte ein früherer indonesischer Botschafter bei seinem Abschied
176 Stoßzähne im Umzugscontainer in seine Heimat schmuggeln. Dies alles
wäre nicht profitträchtig, wenn die reichen Europäer, Amerikaner und Japaner
nicht so scharf auf Elfenbein wären und dafür horrende Summen zahlten. Aber
hier gibt es Gott sei Dank einen kleinen Lichtblick: Die USA, Frankreich, die
Bundesrepublik Deutschland, Großbritannien und die Schweiz haben den Handel mit Stoßzähnen und bearbeitetem Elfenbein verboten. In Genf veranstalte-
ten internationale Naturschutzorganisationen sogar ein „Tribunal" gegen jene,
die als Hauptverantwortliche der Elfenbeinmassaker gelten. „Angeklagt" waren
Japan (einer der größten Elfenbein-Abnehmer der Welt), ferner die Regierungen von Südafrika, Äquatorialguinea, Dubai sowie der Gouverneur von Hong-
kong [31].

Als weiteres Beispiel für die Ausrottung der Tierwelt sei die **Plünderung der Fischgründe der Meere** genannt. Dabei gräbt sich der Mensch in seiner Profitgier sogar selbst das Wasser ab. Der Fischreichtum etwa des Pazifischen Ozeans wird nämlich durch die Fischerei mit dem sogenannten „Treibnetz" bedroht. Diese Netzart wird wegen den verheerenden Folgen für den Fischbestand nur noch „Wand des Todes" genannt. Die Treibnetz-Fischerei ist eine Technik, die ausgerechnet von den Vereinten Nationen propagiert wird. Damit soll ärmeren Ländern zu mehr Gewinn aus dem Fischfang verholfen werden. Jetzt aber klagen die Anrainer des Pazifiks, daß mit den Treibnetzen die Schätze der Meere geplündert werden. Im Nordpazifik lassen täglich 1.500 Fischfangschiffe Treibnetze in einer geschätzten Gesamtlänge von 37.000 Kilometer ins Wasser. Im Südpazifik hat sich die Treibnetz-Fischerei als wirtschaftlich so attraktiv herausgestellt, daß die Flotte dort von 30 auf 160 Schiffe angewachsen ist. Nach dem Abschluß der Fangsaison im Norden wechseln viele Schiffe in den Süden, wo die besten Fänge in den dortigen Sommermonaten zwischen Dezember und Mai anfallen. Mit dieser Fangmethode besteht auch die zusätzliche Gefahr, der „Geisterfischerei", dann nämlich, wenn sich Teile von Treibnetzen selbständig gemacht haben und unkontrolliert durchs Meer treiben. In den bis zu 64 Kilometer langen Netzen für den Thunfischfang verheddern sich laut Umweltschutzorganisation GREENPEACE jedes Jahr Zehntausende Delphine, Robben und Wale und ertrinken qualvoll. Obendrein verfangen sich rund 800.000 Seevögel pro Jahr bei der Suche nach Beute in den Netzen. Viele Netze gehen in den Weiten des Ozeans verloren. Sie sinken oft erst nach Wochen auf den Meeresboden, wenn die toten Fische und Meeressäuger der tödlichen Falle genug Gewicht aufgeladen haben ... [32;32a].

Dergleichen Berichte über die indirekte oder direkte Ausrottung von Mit-Lebewesen könnten an dieser Stelle beliebig fortgesetzt werden. Die genannten Beispiele sollen zur Verdeutlichung der Lage jedoch genügen.
Für jeden naturverbundenen Menschen sind solche Nachrichten niederschmetternd. Geradezu absurd ist diese Verhalten auch deswegen, weil die Wissenschaft kaum ein Drittel der auf der Erde lebenden Organismenarten kennt. „Aber es ist so gut wie sicher, daß diese in den nächsten Jahrzehnten schneller dahinschwinden werden, als man sie selbst mit besten Kräften erforschen könn-

te. Alle diese dem Untergang geweihten biologischen Spezies sind in ihrer Art einmalig und unwiederbringlich; ein Verlust, den also weder wir noch unsere Nachfahren selbst mit größten Anstrengungen je wieder rückgängig machen können. Dabei ist absolut sicher, daß unter diesen dem Fortschritt geopferten Hekatomben unzählige sind, die uns und kommende Menschengenerationen in mannigfacher, jetzt noch ganz unvorstellbarer Weise nützlich sein könnten" [33].

Offenbar haben wir völlig vergessen, daß wir Menschen uns an der Spitze der biologischen Entwicklungspyramide befinden und wir für unsere eigene Existenz die vorbereitende Tätigkeit aller pflanzlichen und tierischen Zwischenstufen benötigen. Um langfristig überleben zu können sind wir nämlich von den niedersten Organismen ebenso abhängig wie von den höchstentwickelten Arten.

Bodenerosion und Verlust der Bodenfruchtbarkeit

Die abnehmende Vielfalt an Pflanzengesellschaften kennzeichnet in vielen Teilen der Erde zudem den Anfang einer Verödung, die sich im Verlust organischer Bodensubstanz, dem Verfall der Bodenstruktur und einer geringeren Wasserspeicherfähigkeit fortsetzt. Diese Entwicklung senkt insgesamt die Bodenfruchtbarkeit. Sie wird durch **Wind- und Wassererosion** weiter reduziert. Das typische Endergebnis vor allem in den subtropischen und tropischen Teilen unseres Planeten ist die Wüste: Eine Bodenstruktur nur aus Sand ohne Krümel, ohne Tonminerale und ohne organische Substanz. Ist dieses Stadium erst einmal erreicht, ist der Prozeß nicht mehr rückgängig zu machen. Eine Wiederbegrünung oder Aufforstung ist dann – auch wegen veränderte lokalklimatischer Verhältnisse – zum Scheitern verurteilt.

Die Humusschicht der Böden auf der Erde ist im Durchschnitt nur 25-30 cm dick. Eine mächtigere Humusauflage, wie sie in den humiden Klimabereichen der gemäßigten Zonen anzutreffen ist, ist also keine Selbstverständlichkeit, vor allem nicht in den warmen Ländern. Bis eine Schicht von nur 2,5 cm Mutterboden neu gebildet worden ist, dauert es je nach Bodentyp zwischen 100 und

2.500 Jahre! Auf der ganzen Erde werden aber derzeit durch land- und forst-wirtschaftliche Monokulturen jährlich schätzungsweise 22 Milliarden Tonnen Humuserde mehr zerstört, als neue entsteht [34]. Erosion und Vergiftung des Bodens mit Chemikalien haben zusammen mit der Umwandlung in nicht land-wirtschaftlich genutztes Land inzwischen Ausmaße angenommen, die erwarten lassen, daß bis zum Jahr 2000 weltweit rund 275 Millionen Hektar Ackerland, das sind 18 Prozent der heute verfügbaren fruchtbaren Fläche, verloren sein werden [35;36;37].

Welche gravierenden ökologischen Folgen politische Entscheidungen – in die-sem Fall die Agrar-Preispolitik – für ganze Landstriche haben kann, zeigt fol-gendes **Beispiel aus den USA**: Die amerikanischen Landwirte reagierten auf den Preisanstieg bei Getreide in den Jahren 1972-74, indem sie Weideland in den westlichen Great Plains umpflügten, um dort Weizen anzubauen, obwohl bekannt war, daß dieses Land besonders winderosionsgefährdet ist. Das Ergeb-nis: Ende der 70er Jahre verloren sie fast soviel Mutterboden wie zuvor schon in den 30er Jahren. Die Erosion durch Wind und Wasser betraf ein Drittel des US-amerikanischen Ackerlandes, vor allem das landwirtschaftliche Kernland im mittleren Westen. Allein im US-Bundesstaat Iowa wurde im Verlauf der letzten 25 Jahre mehr als die Hälfte der Humusschicht durch Auswaschungen abgetragen. Im amerikanischen Getreidestaat Illinois verringert sich der Bo-denwert Jahr für Jahr um 1 Prozent, und in Wisconsin wird der jährliche Bo-denverlust unter dem Einfluß der modernen Agrartechnik allein durch Wasser-erosion auf 15 Tonnen pro Hektar geschätzt – 3 mal soviel, wie bei bester Pfle-ge wiederaufgebaut werden könnte. **In den tropischen Ländern** sind aber hauptsächlich die umfangreichen Waldrodungen Ursache der Bodenerosion. Besonders in den mittelamerikanischen Staaten hat der Bodenabtrag nach Auf-fassung dortiger Ökologen bereits „krisenhafte" Ausmaße angenommen [38;39;40].

Werden größere Landstriche ihrer schützenden Baum- und Strauchschicht be-raubt, kommt es zu Bodenerosion. Bei dem durch Winderosion abgetragenen Bodenmaterial lagern sich die mineralischen Bestandteile (Sand) an anderen Stellen wieder an. In großen Teilen der Dritten Welt verringert deshalb die

Versandung zunehmend die Vorratskapazität oberflächiger Wasserspeicher, also der Seen und Flüsse. Dadurch wird es immer schwieriger, neue Flächen zu bewässern. Noch immer wird dort bei der Planung von Bewässerungssystemen der Aspekt der Waldrodung nicht beachtet. In wasserarmen Gebieten der Welt, in denen die Felder bewässert werden müssen, zwingen andererseits Staunässe und **Versalzung** die Bauern zunehmend dazu, ihr Land aufzugeben. Wenn die Dränagen nicht richtig funktionieren, staut sich das Sickerwasser und läßt den Wasserspiegel allmählich um einige Dezimeter ansteigen mit der Folge, daß tiefwurzelnde Pflanzen geschädigt werden. In Trockengebieten verdunstet das angestaute Wasser durch die darüberliegende Bodenschicht, läßt dort Salz zurück und verringert so die Fruchtbarkeit des Bodens. „Fliegt man mit dem Flugzeug beispielsweise über Pakistan und den mittleren Osten, kann man weiß glitzernde Flächen von aufgegebenem Ackerland sehen. Trotz vielerlei technischer Bemühungen breitet sich die Versalzung immer weiter aus" [41].

Die Folgen für uns Menschen

Laut Weltgesundheitsorganisation der Vereinten Nationen (WHO) sind 20 Prozent der Weltbevölkerung krank. Allein in Afrika sind 160 Millionen Menschen krank oder dramatisch unterernährt. In Asien – vor allem in Indien, Bangla Desch, Indonesien und Sri Lanka – sind etwa 600 Millionen Menschen nicht gesund. In Mittel- und Südamerika leidet ein Viertel der Bevölkerung unter einer Krankheit. Obwohl die WHO seit Jahrzehnten Erfolge bei der Bekämpfung mancher Krankheiten erreichen konnte, haben die Bemühungen nach eigenem Bekunden der Gesundheitsorganisation nicht ausgereicht [42].

Erkrankung durch Luftschadstoffe

Die US-amerikanische Behörde für Technologiefolgenabschätzung vermutet, daß die allgemeine Verschmutzung der Atemluft in den USA jedes Jahr 50.000 vorzeitige Todesfälle unter den Menschen verursacht – das macht ungefähr 2 Prozent der jährlichen Todesrate aus. Besonders anfällig sind die mehr als 16 Millionen Menschen, die ohnehin schon an Lungen-Emphyse, Asthma oder anderen chronischen Atemwegsstörungen leiden [43].

Auch bei uns in Europa rufen Schwefeldioxid- und Stickoxidkonzentrationen, wie sie heute mancherorts auftreten, erwiesenermaßen chronische Schädigungen der Atemorgane hervor. So mußten die Statistiker bei Lungenerkrankungen für den Zeitraum von 1970 bis 1983 als der einzigen Krankheit eine massive Zunahme verzeichnen, und dies, obwohl der Zigarettenkonsum im selben Zeitraum nicht zunahm [44]. „Seit 1973 erkranken 10 mal mehr Menschen an Bronchialhusten, 10 mal mehr an Lungenblähung, 3 mal mehr an Bronchial-Asthma. Bei allen drei Krankheiten nahm die Zahl der Todesfälle sogar um 20 Prozent zu" [45]. So überschritten die Schadstoffe beispielsweise in der Athener Luft insgesamt 125 Mal innerhalb eines einzigen Jahres die zulässigen Grenzwerte. Bei Smogalarm müssen dort die Schulen geschlossen, die Innenstadt für Autos gesperrt werden. Die Industrie wird angewiesen, die Verbrennung von fossilen Brennstoffen zu halbieren. Hunderte von Menschen klagen über Atem- und Kreislaufbeschwerden [46].

In Deutschland wies eine Ärzteinitiative aus Kehl (Baden-Württemberg) auf einen „schockierenden" Anstieg der **Krebssterblichkeit** im südbadischen Ortenaukreis innerhalb der letzten 5 Jahre hin. Danach hat sich die Krebssterblichkeit in einer untersuchten Gemeinde seit 1983 bei Männern wie Frauen nahezu verdoppelt. „Wären die Verhältnisse in ganz Baden-Württemberg so wie dort, gäbe es statt 20.000 Krebstoten im Jahr rund 5.000 Tote mehr". Die höchste Krebssterblichkeit innerhalb dieses deutschen Bundeslandes gibt es seit langem in den besonders stark industrialisierten Landkreisen der nördlichen Oberrheinebene [47].

Blicken wir in andere Erdteile: In Shanghai (Volksrepublik China) wird die Luftverschmutzung ebenfalls als die primäre Ursache der dort vergleichsweise höheren Rate von Todesfällen durch Lungenkrebs angesehen [48]. Und in Indien nimmt man an, daß ungefähr 60 Prozent der Einwohner Kalkuttas an Erkrankungen der Atemwege leiden, die mit der Luftverschmutzung in Verbindung gebracht werden [49].
Und wie sind die Aussichten für die Menschheit angesichts der Ozon-Abnahme in der Stratosphäre? – Berechnungen haben ergeben, daß eine lediglich 10prozentige Abnahme dieser Schutzschicht wegen der damit einhergehenden

verstärkten Ultraviolett-Strahlung eine Zunahme der Zahl der Hautkrebsfälle um 20 bis 30 Prozent zur Folge hätte [50;51;52]. Bei uns in Deutschland hat kürzlich das Stuttgarter Sozialministerium auf die steigende Zahl der Hautkrebserkrankungen aufmerksam gemacht. Die jährliche Zunahme der Neuerkrankungen beträgt 10 Prozent. Zwischen 1975 und 1988 hat sich die Zahl der Toten infolge von Hautkrebs mehr als verdoppelt. Der überwiegende Teil der Hautkrebse wird auf die schädigende Wirkung von UV-Strahlung zurückgeführt [53].

Erkrankung durch Schwermetall-Vergiftung

Werden die giftigen Schwermetalle Blei, Cadmium und Quecksilber vom Körper in genügend großen Mengen aufgenommen, kommt es dort zu Organschädigungen unterschiedlicher Art. Dazu gehört auch die Krebsbildung sowie die Erkrankung von Leber, Nieren und zentralem Nervensystem.

Was das **Blei** anlangt, verträgt unser Körper im Blut nur die winzigsten Dosen, nämlich 0,5-0,8 ppm (parts per million), also ein halbes Millionstel Teil. Was darüber hinausgeht verursacht die klassische Bleivergiftung, welche Gehirn und Nerven schädigt und schließlich den Tod herbeiführt. Die Belastung des menschlichen Körpers mit Blei liegt heute bei 0,25 ppm und ist damit 100 Mal höher wie die natürliche (0,002 ppm). Sie befindet sich damit schon sehr nahe am akut toxischen Schwellenwert von 0,5-0,8 ppm [54].

Von den Bleibelastungen sind vor allem Kinder betroffen. Es hat sich erwiesen daß dadurch ihre Lernfähigkeit beeinträchtigt werden kann. Die Zunahme verhaltensgestörter, konzentrationsschwacher Klein- und Schulkinder ist durch eine erhöhte, frühkindliche Bleiaufnahme – vor allem aufgrund von Autoabgasen – mitverursacht [55]. Ungefähr 675.000 Kinder in den USA haben heute schon erhöhte Bleigehalte im Blut [56]. Bleikonzentrationen, wie sie vor allem an verkehrsreichen Wohnorten auftreten, können zudem mit ein Grund für Krankheitssymptome unspezifischer Natur sein wie etwa Kopfschmerzen, nervöse Störungen, Müdigkeit, Magen-Darm-Störungen und depressive Zustände.

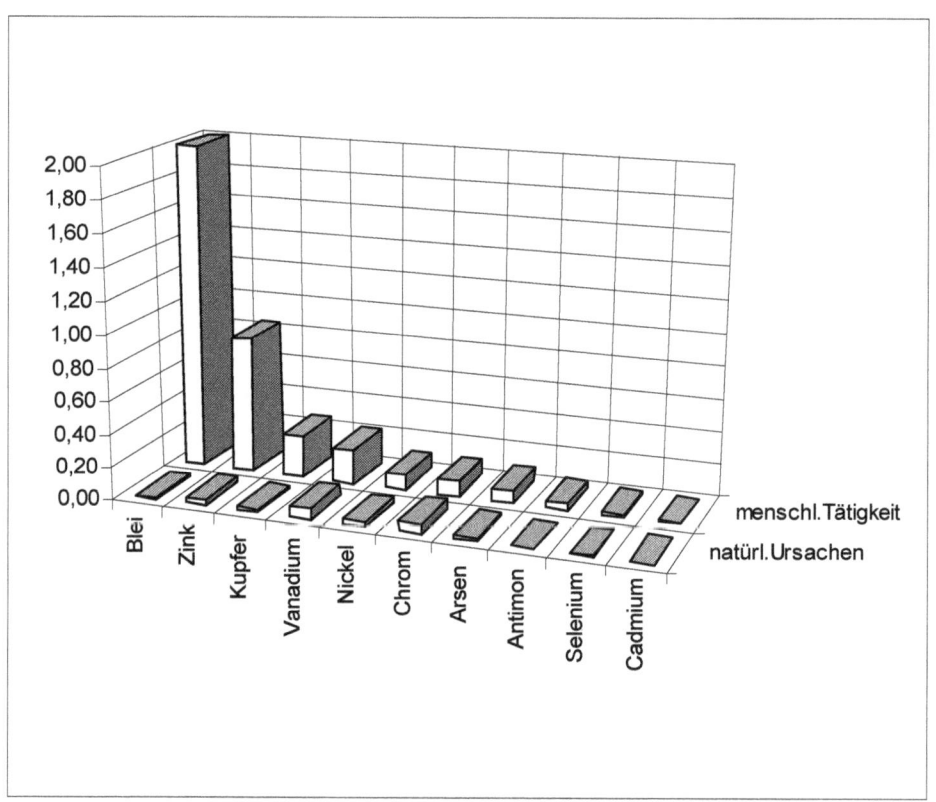

Abb. 11: Geschätzte Emissionen für ausgewählte Schwermetalle, die weltweit durch menschliche Tätigkeit bzw. natürliche Ursachen in der Atmosphäre gelangen (in Millionen Tonnen pro Jahr, Stand 1980)
Quelle: POSTEL (1987)

Cadmium, das sich ebenfalls in der Nahrungskette anreichert, kann sich beim Menschen im Laufe seines Lebens vor allem in Lunge und Nieren zu immer höheren Konzentrationen akkumulieren. In der Bundesrepublik Deutschland führte dies bereits dazu, daß heute schätzungsweise zwischen 10.000 und 100.000 Personen – mit einem Alter von in der Regel über 50 Jahren- wegen hoher Cadmiumbelastung nierenkrank sind. Wie schwer die Schädigungen durch eine Cadmiumvergiftung beim Menschen im Extremfall sein können haben die Vorfälle im japanischen Fuchu in den 50er- und 60er Jahren gezeigt:

Dort waren die täglichen, von einem Bergwerk stammenden und vor allem über Reisnahrung aufgenommenen Cadmiumrückstände derart hoch, daß bei vielen Menschen – vor allem bei Frauen – schwere, durch Calciumverlust bedingte Schädigungen der Knochen die Folge waren („Itai-Itai-Krankheit"). Die betroffenen Personen schrumpften durch Verformungen des Skeletts um bis zu 30 cm, zogen sich bei den geringfügigsten Gelegenheiten Knochenbrüche zu und litten , sofern sie nicht durch den Tod erlöst wurden, unsägliche Schmerzen [57;58;59].

Vergiftung durch Industriechemikalien (z.B. Pestizide)

Chemikalien können in 4 Kategorien eingeteilt werden: Pestizide, Kosmetika, Drogen und Lebensmittelzusätze. Nach Erkenntnissen der Weltgesundheitsorganisation (WHO) spielen Umweltchemikalien eine entscheidende Rolle unter den Ursachen chronischer Erkrankungen; entweder indirekt, daß z.B. der Mensch anfälliger gegenüber Krankheitskeimen wird, oder direkt durch krebsauslösende Substanzen. Schätzungen über die Zahl von Krebstodesfällen, die auf das Konto von Industriechemikalien gehen, schwanken; man geht aber im allgemeinen davon aus, daß es 1 bis 10 Prozent sind. Wegen der langen Zeitverzögerung – oft vergehen 20 bis 40 Jahre zwischen der Berührung mit einer krebserregenden Chemikalie und dem Auftreten der Krankheit – ist zu erwarten, daß die Zahl der Krebserkrankungen in den kommenden Jahrzehnten zunehmen wird. Die WHO nimmt an, daß bis zum Jahr 2000 mehr als doppelt soviel Menschen an Krebs sterben werden als heute [60]. Neuere Erkenntnisse legen auch nahe, daß **Dioxine** das Immunsystem schädigen. Gestillte Babies scheinen besonders gefährdet zu sein. Wissenschaftler haben festgestellt, daß durch das dioxinbelastete Fett in der Muttermilch ein Säugling, der 1 Jahr lang gestillt wird, das 18fache von der „zulässigen Menge" für das ganze Leben aufnehmen kann. Bekannt ist außerdem, daß die Krebssterblichkeit bei Chemiearbeitern rund 5 mal so hoch ist wie bei einer Berufsgruppe, die mit Chemie nichts zu tun hat. Zwischen 5 und 10 Prozent aller Krebstodesfälle sind auf Chemie am Arbeitsplatz zurückzuführen. Ein deutsches Gericht hat erstmals eine Krebserkrankung als Folge einer Dioxin-Vergiftung anerkannt. Es befand, daß zwischen der Belastung mit Dioxin in einem Chemie-Werk und der späteren Erkrankung ein ursächlicher Zusammenhang bestehe. Der Arbeiter, der

während des Prozesses gestorben war, gehörte zu einer Reihe von Beschäftigten, die bereits Anfang der 50er Jahre unter Chlor-Akne litten. Sie ist nach heutigen Erkenntnissen äußeres Zeichen einer Dioxin-Vergiftung [61;62;63].

Bis vor kurzem wurde das Insektenbekämpfungs- mittel DDT noch in einer
Größenordnung von weltweit 100.000 Tonnen auf landwirtschaftliche Kultur-
flächen ausgebracht. Neben der bekannten Schädigung der gesamten Biosphäre
durch lange Verweildauer in den Ökosystemen, ist auch der Anwender selbst
stets in Gefahr, sich zu vergiften: Jährlich werden weltweit rund 750.000 Fälle
von akuten **Pestizidvergiftungen** und 10.000 Todesfälle verzeichnet, wobei die
Hälfte der Vergiftungen und gar drei Viertel der Todesfälle auf Länder der
Dritten Welt entfallen – und dies, obwohl sie lediglich einen Anteil am Welt-
verbrauch von 15 Prozent haben [64;65;66].

Abb. 12: Großflächige Biozid-Ausbringung per Hubschrauber auf Rebhänge
(Foto: H.-G. Oed)

Polychlorierte Biphenyle (PCB) werden heute wesentlich für die Dezimierung
oder gar das Aussterben vieler Vogel- und Fischarten verantwortlich gemacht.
Fütterungsversuche an weiblichen Affen mit PCB-Konzentrationen, denen
auch der Mensch heute schon vielerorts ausgesetzt ist, zeigten bei den Nachkommen Intelligenzminderung und Hyperaktivität. Weiterhin ist bekannt, daß
die Wirkstoffe DDT, DIELDRIN und PCB schon bei Konzentrationen, bei de-

nen noch keine sichtbaren toxischen Effekte auftreten, die Infektionsabwehr des Körpers schwächen [67].

Die ständige Aufnahme kleiner Schadstoffmengen spielt aber auch eine Rolle bei zahlreichen Erkrankungen mit unspezifischen Symptomen wie Migräne, Müdigkeit, Muskelschmerzen, Unwohlsein, Schlaf- und Verdauungsstörungen, Nervosität usw. Oft tritt die Erkrankung – wie im Falle von Krebs – erst Jahre nach dem Beginn einer Schädigung auf und hängt dann meist von vielen Faktoren gleichzeitig ab. Die zunehmende Verbreitung der Augenkrankheit „Grauer Star" ist teilweise ebenfalls auf die Einwirkung von Umweltchemikalien zurückzuführen. Sehr bedenklich ist weiterhin, daß die Zahl der Allergie-Fälle immer mehr zunimmt. In den westlichen Industriestaaten reagiert bereits jeder fünfte krankhaft empfindlich auf irgend einen Stoff seiner Umgebung [68].

Unfälle in Chemiefabriken können sich auch Jahre danach lokal noch erheblich auswirken: So sterben auch heute noch Menschen an den Folgen der Chemie-Katastrophe von 1984 in der indischen Stadt Bhopal. Rund 250.000 Menschen leiden an den Spätschäden dieses bisher größten Chemie-Unfalls. 40 Tonnen des hochgiftigen Gases Methyl-Isocyanat entwichen und brachten mehr als 3.400 Menschen den Tod. Noch 6 Jahre nach dem Unglück sterben 30 bis 50 Menschen im Monat an den Spätfolgen. Mehr als 70.000 Inderinnen und Inder sind so stark verletzt worden, daß sie ihrer ursprünglichen Tätigkeit nicht mehr nachgehen können [69].

Die Vergiftung der Süßwasservorräte

Der Trinkwasserbedarf in einem hoch entwickelten Industrieland wie der Bundesrepublik Deutschland liegt – bezogen auf die Haushalte und das Kleingewerbe – derzeit bei 130 Liter pro Kopf und Tag. Wird das Brauchwasser der Industrie hinzugerechnet, steigt der Verbrauch auf 230 Liter pro Einwohner und Tag [70].

Obwohl also der moderne und im Wohlstand lebende Mensch einen sehr hohen Wasserbedarf hat, verdirbt er sich gerade diese wertvolle Ressource immer mehr: So werden heute weltweit über zwei Drittel der im menschlichen Abfall vorhandenen Substanzen mit Nährstoffcharakter über des Wasser in die Umwelt geleitet; mit der Konsequenz, daß **Flüsse und Seen** zunehmend verschmutzt und eutrophiert werden [71].

Aber bleiben wir zunächst einmal in Europa: In der (ehemaligen) DDR sind 30 Prozent der Oberflächengewässer ökologisch tot. 45 Prozent der Wasserläufe sind für die Trinkwassergewinnung auch mit aufwendigster Technologie nicht mehr nutzbar. In weiten Bereichen erfüllen die Gewässer nicht einmal mehr die Qualitätsanforderungen für Brauchwasser und Bewässerungssysteme. Aus der DDR und der Tschechoslowakei stammen nahezu 100 Prozent der Gesamtbelastung der Elbe mit Blei, Cadmium, Zink und Quecksilber, wodurch die Nordsee stark verseucht wird. Bei der Elbe-Belastung durch sauerstoffzehrende Substanzen liegt der gemeinsame Anteil von DDR und CSFR bei 88 Prozent [72]. In der Elbe gelten Schwermetalle wie Quecksilber, Cadmium, Blei, Chrom, Kupfer, Nickel und Zink als „fast schon abbauwürdig". Allein an der Meßstelle „Elbe-Magdeburg" werden jährlich 25 Tonnen Quecksilber und 3.300 Tonnen Zink registriert. Die Wurzel des Übels liegt zum einen bei der Industrie und zum andern im „Düngewahn" einer industriemäßig betriebenen Landwirtschaft, heißt es in einem Bericht der „Berliner Zeitung". Die Abwasserbelastung der Elbe auf dem Gebiet der DDR ist so groß, als gäbe es dort 36 Millionen Einwohner, es sind aber nur 16 Millionen [73].

Aber auch beim Rhein ist die Situation nicht viel besser: Obwohl beispielsweise die Holländer das Wasser dieses, für 3 Länder wichtigen „Industrievorfluters" durch bis zu 10 Reinigungsstufen schicken, um es trinkbar zu machen, bleibt dennoch ein beträchtliches Gesundheitsrisiko bestehen. Jedoch auch die heute oft notwendig werdende Trinkwasserchlorung birgt Gefahren in sich. Wissenschaftliche Studien haben nämlich ergeben, daß starke Chlorung zu einer signifikanten Zunahme von Magen-, Darm- und Blasenkrebs führt [74]. Davon abgesehen melden die Zeitungen landauf und landab fast täglich Fälle von industrie- oder gewerbebürtigen Verseuchungen von Flüssen und Bächen, die meist immer erst dann erkannt werden, wenn ein Fischsterben einsetzt.

Für die Bevölkerung ungleich schwerwiegendere und darüber hinaus ökologisch äußerst bedenkliche Schäden am irdischen Süßwasserpotential sind neuerdings aus der Sowjetunion bekannt geworden. So das allmähliche Sterben des Aralsees: In den vergangenen 25 Jahren ist dieser Süßwassersee, in dem alle drei Benelux-Staaten Platz gehabt hätten, um die Größe Belgiens geschrumpft. Ursache: Die Zuflüsse, die eigentlich die Verdunstung ausgleichen sollten, wurden zur Bewässerung von Baumwollkulturen in Usbekistan umgeleitet. Dort wird jetzt auch das 15 bis 20fache der ortsüblichen Menge an Handelsdünger eingesetzt. Das Wasser der beiden abgeleiteten Flüsse weist mittlerweile bis zu 2½ Gramm Stickstoff- und Phosphorkonzentrationen pro Liter auf (mit dieser Menge düngt die Hausfrau ihre Zimmerpflanzen). Die Trinkwasserprobleme für die Bevölkerung sind dadurch enorm geworden. Man spricht in sowjetischen Fachkreisen nicht mehr allein von einer ökologischen, sondern bereits von einer gesundheitspolitischen Krise [75].

Der Binnensee selbst trocknet wegen der ausgedehnten Wassernutzung für besagten Baumwollanbau rapide aus. Die Folge ist, daß jedes Jahr Millionen Tonnen von aggressiven Salzen, Staub und Sand in die Luft geweht werden. Sie bedecken bereits Tausende von Quadratkilometern. Allein dadurch hat sich der Salzgehalt der Niederschläge in der UDSSR und die Verschmutzung der Erdatmosphäre um 5 Prozent erhöht! Verheerende Bodenfröste und Schneefälle im Frühjahr bei Taschkent und in der Republik Kasachstan sind eine direkte Folge der Austrocknung des Aralsees. Die in der Umgebung des Binnenmeeres ausgebrachten Mengen an Herbiziden, Pflanzenschutzmitteln und Düngern schädigen die Gesundheit der Bevölkerung zusätzlich, und es gibt weite Regionen, wo jedes neunte Baby nicht einmal ein Jahr alt wird. „Es kommen immer mehr Krüppel zur Welt. 83 Prozent der Kinder haben ernste Krankheiten und in der Muttermilch findet man Pflanzenschutzmittel. Zwei Drittel der Bevölkerung leidet an Hepatitis, Typhus und Speisenröhrenkrebs", heißt es in einer medizinischen Verlautbarung [76].

Oder, ein anderer Fall, auch aus der Sowjetunion: Im Laufe der letzten 20 Jahren wurde in den, in Ostsibirien gelegenen Baikal-See, worin nicht weniger als 22 Prozent aller Trinkwasservorräte der Erde gespeichert sind, über eine Million Tonnen industrielles Abwasser aus riesigen Zellulose-Kombinaten eingeleitet. Damals, also vor 20 Jahren, wollte man nur 70 Hektar belastetes Seeufer dulden, inzwischen sind 6.000 Hektar Uferfläche, also fast das 90-Fache, verschmutzt. Zur Hälfte ist die für Selbstreinigung wichtige Wasserflora im unmittelbaren Einzugsgebiet der Abwässer schon abgestorben [77].

So gehen wir Menschen mit einer der lebenswichtigsten Ressourcen, dem Süßwasser um!

Abb. 13: Sauberes Trinkwasser ist heute keine Selbstverständlichkeit mehr
(Foto: H.-G. Oed)

Nun aber wieder zurück nach Deutschland, und zur Qualität unseres **Grund- und Quellwassers**: In knapp 10 Jahren mußten beispielsweise in Baden-Württemberg über 250 Wassergewinnungsanlagen geschlossen werden, weil das Grundwasser zu stark mit Giftstoffen belastet ist. In der nächsten Zeit droht einigen weiteren Hundert der noch verbliebenen 2.500 Brunnen dasselbe Schicksal [78]. Das Trinkwasser von über 100 Wasserversorgungen ist in diesem Bundesland so stark mit giftigen Pflanzenschutz- und Schädlingsbekämpfungsmitteln belastet, daß der EG-Grenzwert nicht mehr eingehalten werden kann. Die Vergiftung des Trinkwassers wird auf Verunreinigungen des Grundwassers als Folge der Anwendung von **Bioziden** in der Landwirtschaft und im Gartenbau, insbesondere im Mais-, Zuckerrüben- und Getreideanbau im Einzugsgebiet der Trinkwasserfassungen zurückgeführt. Zu den Giftstoffen, die sich im Grundwasser befinden, gehören, wie gesagt, in erster Linie Rückstände von Herbiziden und anderen Pflanzenschutzmitteln aus der Gruppe der chlorieren Kohlenwasserstoffe. Dazu kommt der durch Überdüngung aus dem Boden ausgewaschene **Nitratstickstoff** [79]. Verursacher ist eine Landwirtschaft, die seit etwa 30 Jahren bestrebt ist, sich von einer vormals kleinbäuerlichen Struktur hin zu agrarischen Großbetrieben zu „mausern". Aber auch aus Frankreich kommen Meldungen über Nitratverseuchung des Trinkwassers. Schuld daran ist nach Ansicht der Regierung auch dort der allzu große Einsatz von Handelsdünger und Viehmist in der Landwirtschaft. Die Bevölkerung mußte deshalb dazu aufgerufen werden, auf Mineralwasser umzusteigen. Innerhalb von nur 40 Jahren hat sich der Nitratgehalt im Elsaß verdoppelt, in der Bretagne sogar verfünffacht. Es wird befürchtet, daß dort bis zum Jahr 2020 die Hälfte der Brunnen und Quellen nicht mehr brauchbar ist [80].

Zu diesen „landbaubürtigen" Grundwasservergiftungen gesellen sich natürlich – wie bei den oberirdischen Gewässern auch – allerlei **toxische Substanzen aus industriellen und gewerblichen Unfällen**, angefangen von Öl und Benzin über Kühlmittel bis hin zu Schwermetallen wie etwa Kupfer. So nimmt es nicht Wunder, daß in derart übernutzten Stadtlandschaften wie in der Bundesrepublik Deutschland schon so mancher Mineralwasserbrunnen wegen zu großer Schadstoffgehalte geschlossen werden mußte [81].
Es könnten an dieser Stelle noch Dutzende von Beispielen aufgezählt werden; ich möchte jedoch darauf verzichten, um noch einen Satz über die volkswirtschaftlichen Kosten der anstehenden Gewässersanierung zu verlieren:
Über 100 Milliarden Mark müssen in den nächsten Jahren für frisches Trinkwasser und besser geklärte Abwässer in der Bundesrepublik Deutschland ausgegeben werden. Allein die Entfernung von Phosphat und Stickstoff macht Investitionen von 14 Milliarden DM erforderlich. Rund 25 Milliarden Mark wird die öffentlichen Hände der Bau von Auffangbecken für die Behandlung von Regenwasser kosten [82].

Dies ist der Zustand der Lebensgrundlage „Wasser" im Jahre 1990 nach Christus. – Und wie war die Qualität des Trinkwassers im Mittelalter? – Unlängst wurde eine Wasserprobe von heute nicht mehr vorkommender Reinheit unter dem Kölner Dom gefunden, die dort als Grabbeigabe rund 1.450 Jahre unbeschadet überdauert hat. Nach Ansicht von Wissenschaftlern ist die Qualität dieses „antiken" Wassers so gut, „daß sie mit heutigen Mitteln nicht einmal in künstlicher Herstellung erreicht werden könnte" [83].

Schädigungen durch den Verkehr, oder: Mobilität um jeden Preis

Die wachsende Geschwindigkeit im Personentransport, welche die Schallgeschwindigkeit überschritten hat, läßt die Erddimensionen für den Reisenden stark schrumpfen. Kraftfahrzeug und Flugzeug steigerten wesentlich die Beweglichkeit des Menschen im 20. Jahrhundert. Bis 1830 war sie über Jahrtausende unverändert. Das Eisenbahnnetz der Erde überschritt im Jahre 1910 die Schwelle von 1 Million Kilometer. Danach vergrößerte es sich nur wenig und nimmt seit 1950 langsam ab. Dafür stieg aber der Individualverkehr mit dem Automobil auf eine Größenordnung an, die bislang unvorstellbar war. Beispiel Bundesrepublik Deutschland als das auto- und verkehrsreichste Land Europas: Hier hat rechnerisch jeder zweite Bürger ein Auto und man kommt nicht mehr ohne es aus. Die Schattenseite dieser Mobilität lieg nun aber in der zunehmenden Belastung von Natur, Landschaft und nicht zuletzt des Menschen selbst durch den Verkehr und den rasch wachsenden Tourismus. Eine Begleiterscheinung menschlicher Mobilität sind die Unfälle. Nach Schätzungen der Weltgesundheitsorganisation der Vereinten Nationen (WHO) waren es in den 70er Jahren weltweit und jährlich bereits 250.000 Tote und 7 Millionen Verletzte [84].

Ende der 80er Jahre ist es nun schon soweit, daß die Verkehrswissenschaftler in der Bundesrepublik Deutschland ein „Verkehrschaos ohne Ende" erwarten; und dies bei weiter schrumpfender Bevölkerung. Die **Zahl der Autos** wird von derzeit 30 Millionen auf etwa 34 Millionen im Jahre 2005 ansteigen. Da gleichzeitig die Stadtflucht zunimmt, bedeutet das vermehrten Straßenverkehr zwischen ländlichen Wohn- und städtischen Arbeitsstätten. Hinzu kommt, daß der Straßen**güterverkehr** weiterhin stark ansteigt [85].

*Abb. 14: Die fortgesetzte Förderung des Straßenverkehrs auf Kosten der um-
weltfreundlicheren Bahn ist ein politischer Fehler von größter ökologischer
Tragweite (Foto: H.-G. Oed)*

Der Auto- und Lkw-Verkehr verursacht durch Straßenbau, Lärm, Unfälle und
Abgase in der Bundesrepublik Deutschland jedes Jahr Gesamtkosten von etwa
117 Milliarden Mark. Dem stehen aber – nach einer volkswirtschaftlicher Bilanz – nur Einnahmen aus Mineralöl- und Kraftfahrzeugsteuer in Höhe von 32
Milliarden Mark gegenüber. Das bedeutet, daß der motorisierte Straßenverkehr
heute von der Allgemeinheit Jahr um Jahr mit 85 Milliarden Mark subventio-
niert wird. Das sind umgerechnet 1.400 Mark pro Bundesbürger und Jahr [86].
Fast parallel zum Verkehrsaufkommen steigen aber auch die Unfallzahlen und
mit ihnen das menschliche Leid und gewaltige Verluste beim Volksvermögen.
Allein die **Straßenverkehrsunfälle** kosteten die bundesdeutsche Volkswirtschaft im Jahre 1985 nicht weniger als 45 Milliarden Mark, was fast der Hälfte
des Wertes der gesamten Automobilproduktion von damals 105 Milliarden

Mark entsprach. 17 Milliarden Mark der Unfallkosten entfielen auf Personen-
schäden.

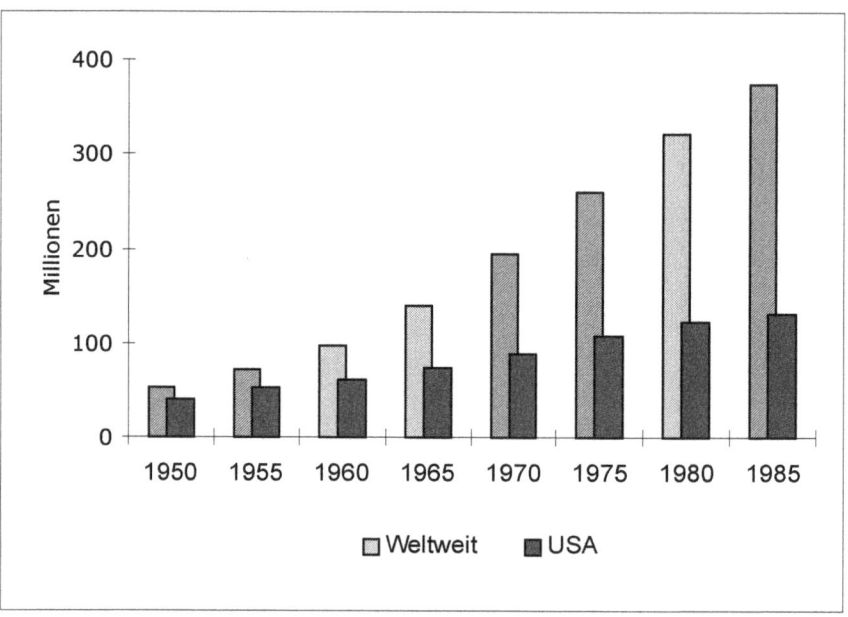

Abb. 15: Anzahl der Personenkraftwagen (PKW) in Betrieb: Weltweit und USA
(in Millionen) Quelle: Worldwatch Institute Report 1989: Zur Lage der Welt
89/90

Die Unfallforscher beziffern die gesamtwirtschaftlichen Kosten für einen Getö-
teten auf 1,2 Millionen, für einen Schwerverletzten auf 52.000 und einen
Leichtverletzten auf 4.100 Mark [87;88]. Dabei bleibt nachzutragen, daß in der
Bundesrepublik Deutschland jährlich zwischen 8.000 und 10.000 Menschen im
Straßenverkehr den Tod finden.

Damit noch nicht genug: Die volkswirtschaftlichen Kosten allein durch Ver-
kehrsstau schätzt die Bundesanstalt für Straßenwesen auf jährlich 15 Milliarden
Mark. Die Autoschlange, die sich so alljährlich Stoßstange an Stoßstange fest-
fährt, ist 80.000 Kilometer lang und reicht somit zweimal um den Globus. Re-
gelmäßig zur Urlaubszeit gibt es zum Beispiel an den Grenzen zu den Alpen-
ländern enorme Staus, in Einzelfällen bis zu 120 Kilometer Länge, die der
Wohlstandsbürger offenbar ohne weiteres hinnimmt [89;90].

Verkehrsalltag: Verstopfte Innenstädte, blockierte Autobahnen, geplatzte Fluganschlüsse und überfüllte Intercity-Züge. Daran haben sich viele Bundesbürger inzwischen mehr oder weniger zähneknirschend gewöhnt. Doch ihr Mobilitätsdrang hat darunter offenbar nicht gelitten. Im Gegenteil, der Verkehr zu Lande und in der Luft nimmt unaufhaltsam zu. In den Ballungsgebieten ist der „Verkehrsinfarkt" nach Ansicht von Fachleuten nur noch eine Frage der Zeit. Trotzdem ist das Auto immer noch das liebstes Kind der Menschen. Jahr für Jahr peilen die deutschen Automobilhersteller einen neuen Produktionsrekord an. Von den Fließbändern rollen derzeit jährlich knapp 4,5 Millionen PKW und Kombifahrzeuge [91].

Die zunehmende Konzentration von Industrie und Handel ließ Stadtlandschaften entstehen, in denen sich die Abstände zwischen Wohnen und Arbeiten immer mehr vergrößerten. So wurde aus dem ursprünglichen Luxusartikel Automobil eine dringende Notwendigkeit. Mit der **Zunahme des Individualverkehrs**, also des Straßenverkehrs, wurden die Städte immer unwirtlicher und lebensfeindlicher. Das Ergebnis war, daß auch aus diesem Grunde immer mehr Städter in die Randzonen der Ballungsräume abwanderten und damit die täglichen Verkehrsströme zusätzlich vergrößerten. Als Reaktion darauf mußten immer mehr, immer breitere und autogerechtere Straßen her, die das städtische Umfeld zerschnitten und die letzten Naherholungsgebiete vernichteten. Heute müssen die Menschen, die in Ballungsräumen leben weit fahren, um noch ein Stück Natur mit halbwegs sauberem Wasser und frischer Luft zu finden. Immer mehr ist man auf das Auto als Transportmittel angewiesen, mit dem sich die Leute immer stärker gegenseitig behindern und auf die Nerven gehen. Damit schließt sich der Teufelskreis einer Wachstumswirtschaft um jeden Preis, die sich heute und jetzt ganz massiv gegen uns selbst richtet.

„Dem König der Maschinen, dem Automobil, wird das Leben von Pflanzen, Tieren und auch Menschen geopfert", stellt der Schweizer Philosoph MAX THÜRKAUF dazu lapidar fest [92]. Laut Berliner Umweltbundesamt sind zwei Prozent aller Umzüge in der Bundesrepublik Deutschland heute schon Fluchten vor dem **Krach** durch den Verkehr. Obwohl es leise Flieger, leise Autos und leise Lastwagen gibt, schwillt der Lärmpegel immer weiter an. Jedes zweite

Moped ist frisiert, jeder dritte Bürger kann sein Fenster nicht mehr öffnen, und nur noch jedes zehnte Bett steht in einem ruhigen Wohngebiet [93]. Dazu kommt, daß die Verlärmung durch Straßenverkehr vergleichsweise höher ist als jene durch Schienenverkehr. So sind ca. 42 Prozent aller Haushalte durch Straßenverkehrslärm im Wohnumfeld belastet, dagegen nur 6 Prozent durch Eisenbahnlärm. Während der Eisenbahnlärm nur einzelne Spitzen jedoch mit zwischenzeitlichen Ruhepausen zeigt, weist der Straßenverkehrslärm über längere Zeit hohe Werte auf [94].

Abb. 16: Tagtägliche Selbstvergiftung durch Auto-Abgase (Foto: H.-G. Oed)

Auch der **Landschaftsverbrauch** durch Straßenbau ist enorm: So liegt der durchschnittliche Flächenverbrauch beispielsweise für eine 4spurige Autobahn (Fahrbahnbreite: 29 Meter) bei ca. 3 Hektar pro Kilometer (ha/km). Mit Einschnitten und Dämmen steigt der Durchschnittsverbrauch auf 6-7 ha/km an. Dazu kommt noch eine Fläche von 0,3 ha/km dadurch, daß zerschnittene landwirtschaftliche Wege wieder verbunden werden müssen, also zusammen: 7,3 ha/km [95]. Der durch Straßenbau zusätzlich verursachte Flächenbedarf für Wohnen, Industrie, Gewerbe und innerörtliches Straßennetz betrug von 1960 bis 1980 9,4 ha/km Neubaustrecke, das sind 3.500 Quadratkilometer (betrifft BR Deutschland, bezogen auf die Verhältnisse und die Einwohner des Jahres 1960; [96;97;98]. Die Erschließung der Landschaft mit Straßen führt generell dazu, daß sich Industrie und Siedlung auf immer neue, noch gesunde und unverbrauchte Landschaftsteile und Regionen ausdehnen können. Erst durch die

„Pionierarbeit „ der Straßenbauer werden die landschaftsökologisch nachteiligen Folgeeffekte überhaupt erst möglich. Dazu gehören: Versiegelung der Landschaft, Störung des Gebietswasserhaushalts, Zunahme der Überschwemmungen und dadurch vermehrte Schäden an bestehenden Siedlungen und Bauwerken flußabwärts, Vergiftung der Böden durch Benzinrückstände und Straßenabrieb, und und und....

Die Zerschneidung und immer kleinere Parzellierung der Landschaften durch Verkehrswege entwertet darüber hinaus die Natur als Erholungsraum des Menschen. Straßenbau und Folgezersiedlung führen außerdem zu einem Identitätsverlust des Menschen mit Heimat und landschaftsgebundener Kultur. In der Bundesrepublik Deutschland sind unzerschnittene Flächen von mehr als 5 Quadratkilometern Ausdehnung bereits zur Seltenheit geworden. Die fortschreitende Isolierung von Tierbeständen zwischen Straßen bedroht unsere heimische Tierwelt weit mehr als der Verkehrstod, dem jährlich über 200.000 Stück Wild und mehr als 1 Million Igel zum Opfer fallen. So werden Laufkäfer, Kröten, Mäuse, Füchse, Hasen, Rehwild und andere Tierarten, die wandernd mehr als einige Meter zurücklegen, in ihrer Bewegungsfreiheit eingeschränkt und bei Überquerungsversuchen stark gefährdet [99].

Mit der autogerechten Welt kommt der **Tourismus**. Über 46 Milliarden Mark gaben allein die deutschen Bundesbürger im Jahre 1989 für Auslandsreisen aus. Im Jahre 1990 werden es nach Schätzungen schon knapp 50 Milliarden Mark sein, womit die Deutschen Weltmeister sind [100]. Lange Zeit ging man davon aus, daß gerade der Tourismus Glücksbringer Nummer 1 für alle „unterentwickelten" und von den Industriegebieten abgelegenen Landesteile ist. Doch auch dieser „Segen" richtet sich so langsam gegen den Menschen. So bekommen auch die Ferienländer Europas das zweischneidige Schwert der Mobilität zu spüren. Die klassischen Urlaubsgegenden Europas ertragen Verkehr und Massentourismus nicht mehr: Überfüllte Skipisten, Verkehrstaus in Touristikzentren des Alpengebietes und randvolle Wandergebiete im Sommer haben viele Fremdenverkehrsgemeinden im Alpenraum bereits zum Nachdenken über die Eindämmung des Massentourismus gebracht. „Wir werden selbst in schneearmen Wintern von einer Lawine überrollt", beschreibt ein Verkehrsdirektor die Situation" [101]. Die österreichische Regierung verwies bereits auf gesundheitliche Schäden bei der Bevölkerung entlang der Transitstrecken, wie auch auf Schäden an den Schutzwäldern, deren Zerstörung – wegen akuter Lawinen- und Erdrutschgefahr – Unbewohnbarkeit für weite Teile des Alpenraumes bedeuten würde [102]. Neuerdings findet in deutschen wie in österreichischen und Schweizer Urlaubsgebieten und Kurorten ein Aufkleber mit dem Text: „Bin kein Tourist, ich wohne hier!", reißenden Absatz. Dies ist der vorerst noch verhaltene Protest der einheimischen Bevölkerung gegen den an vielen Orten überhandnehmenden Tourismus, der einhergeht mit einer unübersehbaren Zerstörung der Natur [103]. Auch auf dem Wasser geht es nicht viel ruhiger zu. Dort sind es die Motorboote. Der Zweckverband Bodensee- Wasserversorgung, der die Aufgabe hat, 4 Millionen Bürger mit Trinkwasser aus dem „Schwäbischen Meer" zu versorgen, hält es für unerträglich, daß die Zahl der Motorboote auf dem Bodensee ständig weiter zunimmt. Abgase werden dort in das Wasser eingewaschen, und die Liegeplätze beeinträchtigen die Ufersäume und Schilfzonen. Letztere sind aber gerade für die Regeneration des Wassers so wichtig [104].

Und wie steht es um den **Luftverkehr**?

Der Welt-Luftverkehr wird von gegenwärtig fast 2 Billionen geflogenen Kilometern im Passagierverkehr auf etwa 4,5 Billionen Kilometer im Jahre 2005 anwachsen, sich also mehr als verdoppeln! Dies verursacht gewaltige Emissionen an Kohlendioxid und anderen klimatisch relevanten Schadstoffen. Man weiß aber heute schon, daß die Emissionen nur zum Teil mit der Entwicklung neuer, schadstoffärmerer Flugzeugtriebwerke aufgefangen werden können. Vor allem die Überschallflugzeuge mit ihren sehr kräftigen Triebwerken tragen zur Verschmutzung der hohen Luftschichten bei. Die jetzt beobachteten Störungen in der Atmosphäre haben ihre Ursache nicht etwa in den derzeitigen Belastungen, sondern sind das Ergebnis bereits der 60er Jahre. Und – was noch viel schlimmer ist – die Wissenschaftler halten die atmosphärischen Störungen jetzt schon für irreparabel! Laut Institut für Bioklimatologie und angewandte Meteorologie der Universität München läßt sich beispielsweise in Bayern seit 1955 eine signifikante Abnahme der Globalstrahlung um durchschnittlich 12 Prozent beobachten. Da sich die Gesamtstrahlung der Sonne aber nicht verringert hat, wird die Abnahme auf eine höhere Lufttrübung und diese wiederum auf die vermehrte Entstehung von Kondensstreifen durch Verkehrsflugzeuge zurückgeführt [105].

Die wichtigsten, von den Flugzeugen ausgestoßenen umweltrelevanten Substanzen sind: Stickoxide, Kohlenmonoxid, Ruß, Kohlenwasserstoffe und Wasserdampf. Letzterer wirkt schädlich, weil er in großen Höhen kondensiert und zur Bildung der ohnehin vorhandenen Zirrus-Wolken beiträgt. Diese wiederum verstärken den Treibhauseffekt. Die amerikanische Raumfahrtbehörde NASA hat errechnet, daß bei einer Zunahme dieser Zirrus-Bewölkung um lediglich 2 Prozent die mittlere Erdtemperatur um rund 1 Grad ansteigen wird. Dieses entspricht immerhin einem Drittel des Effekts, den eine Verdoppelung des Kohlendioxidgehaltes mit sich brächte. In geringeren Höhen entsteht aus den emittierten Kohlenwasserstoffen und den Stickoxiden Ozon, das für Menschen, Tiere und Pflanzen schädlich ist und den Treibhauseffekt ebenfalls anheizt. Die Folgen sind sattsam bekannt: Anstieg des Meeresspiegels, Verschiebung der Klimazonen und Ausbreitung der Wüsten. Schließlich trägt der Luftverkehr durch komplizierte chemische Reaktionen seiner Abgase auch zum gefährlichen „photochemischen Smog" (Sommersmog) bei, der giftig für die gesamte Biosphäre ist [106].

Und die Aussichten?
Wegen des weiter stark ansteigenden Auto- und Flugverkehrs wird es nach Auffassung von Experten auch in den nächsten Jahrzehnten nicht gelingen, die Schadstoffbeseitigung in Europa deutlich zu verringern. Diese Prognose wurde bei einer Anhörung der ENQUETE-KOMMISSION zum Schutz der Erdatmosphäre in Bonn abgegeben. Die technischen Verbesserungen werden nämlich fatalerweise durch die Zunahme des Straßen- und Luftverkehrs wieder ausgeglichen!! Nach Berechnungen des Deutschen Instituts für Wirtschaftsforschung (DIW) wird der Autoverkehr bis zum Jahr 2000 in der Bundesrepublik Deutschland bis zu 25 Prozent zunehmen. Die Lufthansa geht sogar von einer Verdoppelung des Luftverkehrs bis zum Jahr 2000 aus [107].

Verseuchung durch radioaktive Strahlung

Die „friedliche Nutzung der Kernenergie" birgt, wie wir alle spätestens seit der Reaktor-Katastrophe von Tschernobyl im Jahre 1986 wissen, erhebliche Gefahren sowohl für den Menschen, als auch für die übrige Lebewelt der Erde. Die Katastrophe hat die gesamte Menschheit zum Nachdenken veranlaßt. Natürlich hoffen wir alle, daß der damalige Unfall ein Einzelfall bleibt. Vor allem aber ist zu fordern, daß sich die Regierungen baldmöglichst vom **Atomstrom** abwenden und mit aller verfügbarer Intelligenz alternative Energiequellen erschließen lassen.

Trotzdem sei an dieser Stelle nochmals in Erinnerung gerufen, daß durch die radioaktive Verstrahlung mehr als 250 Menschen gestorben sind, und zwar heimtückischerweise an den verschiedensten Krankheiten, so daß wohl nie die genaue Zahl der Todesopfer ermittelbar ist. Nicht weniger als 20 Prozent des Territoriums von Weißrußland wurden nach dem Unfall von Tschernobyl radioaktiv verseucht. In den nächsten Jahren müssen deshalb 100.000 Menschen aus den vom Unglück betroffenen Zonen umgesiedelt werden. Dies allein wird umgerechnet rund 51 Milliarden DM kosten. Außerdem wird das Gebiet in der Ukraine für 1000 Jahre nicht mehr bewohnbar sein. Zur Bekämpfung der Langzeitfolgen der Atomreaktorkatastrophe sind nach Angaben des Umwelt- und Atomenergieausschusses des Obersten Sowjet der UdSSR bis zur Jahrtausendwende sogar Mittel in Höhe von 300 Milliarden Rubel (= 540 Milliarden Mark) erforderlich. Zur Bewältigung dieser Aufgabe müsse ein internationaler Hilfsfonds eingerichtet werden. Auch 4 Jahre nach der Katastrophe sind in weißrussischen, ukrainischen und russischen Gebieten noch immer 4 Millionen Menschen erhöhter radioaktiver Strahlung ausgesetzt [108;109].

Abb. 17: Dem Energiehunger unserer Wohlstandsgesellschaft wird die staatliche Gesundheitsvorsorge ohne weiteres untergeordnet (Foto: H.-G. Oed)

Dabei ist Weißrußland noch relativ dünn besiedelt. Welche Folgen aber hätte ein solcher Unfall in einem Ballungsraum? – Studien der amerikanischen Regierung machten deutlich, daß ein atomarer Großunfall in der Nähe einer Großstadt unter ungünstigen Windverhältnissen 140.000 Todesfälle unter der Bevölkerung und „Schäden" von 150 Milliarden US-Dollar zur Folge haben könnte [110].

Ich möchte an dieser Stelle die unkalkulierbare Gefahr, der sich die Menschheit mit einer weiteren Einlassung auf die Kernenergie aussetzt, nicht weiter vertiefen. Die Folgen mehrerer Reaktorkatastrophen würden alle Bemühungen der Menschheit um das Meistern der „normalen" Umweltprobleme von vornherein sinnlos erscheinen lassen.

Zitate zu diesem Kapitel

[1] POSTEL,S. 1987:255; [2] BROWN & JACOBSON, 1987:73; [3] Süddeutsche Zeitung, 21.11.81; [4] KAESER,P. 1983:59f; [5] MYERS,N. 1985:30f,42ff; [6] STRAHM,R. 1986:73ff; [7] ROBBIN WOOD 1989 b; [8] MARKL,H. 1986:330; [9] BROWN & WOLF 1987:310; [10] dpa, 9.5.89; [11] BACH,W. 1989:5; [12] dpa, 17.3.90; [13] vergl. BASLER 1973:47; [14] BROWN & JACOBSON 1987:55ff; [15] vergl. Deutscher Naturschutzring

(DNR) 1989; [16] ebenda; [17] BROWN,R. 1987:40; [18] vergl. dpa, 21.9.89; [18a] dpa, 14.8.90; [18b] dpa, 20.8.90; [19] ap, 9.11.89; [20] POSTEL,S. 1987:270f; [21] ROBBIN WOOD 1989 b; [22] Institut für Forstbotanik und Holzbiologie der Universität Freiburg, 1989: [23] ROBBIN WOOD 1989 b; [24] LOCHER,R. 1985:81; [25] WWF et al 1984:17,185ff; [26] POSTEL,S. 1987:270f; [27] DYLLICK,T. 1982:103; [28] SUKOPP,H. & D.KORNECK 1988; [29] MARKL,H. 1986:321ff; [30] Weltarbeitsgruppe Greifvögel (WAG) 1989 Nr.10; [31] dpa, 13.6.89; [31a] dpa, 24.11.89; [32] ap, 13.1.90; [33] MARKL.H. 1986:316; [34] STRAHM,R. 1986:79; [35] MYERS,N. 1985:40f; [36] MÜLLER,E. 1985:19,27; [37] HEUSSER,H. 1984:17; [38] BROWN,R. 1987:24,197; [39] VESTER,F. 1985:238; [40] CAPRA,F. 1983:283; [41] BROWN R. 1987:202; [42] epd, 26.9.89; [43] POSTEL,S. 1987: 274; [44] STUDENR,H.P. 1987: 101; [45] KURT,F. et al 1986:7; [46] dpa, 3.11.89; [47] SZ, 25.8.89; [48] POSTEL,S. 1987:275; [49] BROWN & JACOBSON 1987:72; [50] vergl. WWF et al 1984:14ff; [51] VESTER,F. 1985:333; [52] KOCH,E. & VAHRENHOLT;F. 1980:166ff,319f; [53] lsw, 9.2.90; [54] MU-ROZUMI,M. et al 1969; [55] STUDER,H.P. 1987:99; [56] POSTEL,S. 1987:276; [57] vergl. KOCH & VAHRENHOLT 1980:108ff,132; [58] ap, 21.2.90; [59] WWF et al 1984:242ff,295,598; [60] POSTEL,S. 1987:278f; [61] WHO zit. in WWF et al 1984:233; [62] KOCH & VAHRENHOLT 1980:99ff; [63] dpa, 7.4.89; [64] MYERS,N. 1985:123; [65] KASCH,V. et al 1985:124; [66] WWF et al 1984:78; [67] ebenda:247ff; [68] ebenda: 242ff, 306ff; [69] Naturschutz heute 1/1990:11; [70] Landesanstalt für Umweltschutz Baden-Württ. (LfU) 1983; [71] BROWN & JACOBSON 1987:62; [72] ap, 30.3.90; [73] ap, 5.4.90; [74] WWF et al 1984: 132,164,309; [75] SZ, 15.4.88; [76] dpa, 9.11.89; [77] SZ, 17.12.86; [78] SZ, 12.8.89 & 23.1.90; [79] SZ, 30.3.90; [80] dpa, 23.2.90; [81] lsw, 23.8.88; [82] dpa, 13.9.89; [83] ap, 23.2.88; [84] STEIN,W. 1981:1525; [85] SZ, 6.10.86; [86] TEUFEL,D. 1988:20; [87] dpa, 16.8.86; [88] SZ, 18.8.& 18.9.87; [89] dpa, 18.9.89; [90] SZ, 26.6.89; [91] dpa, 18.9.89; [92] THÜRKAUF,M. 1975:86; [93] ap, 17.8.89; [94] ANU, BUND & GdED, o.J.; [95] Universität Stuttgart, Institut für Landschaftsplanung, 1981; [96] vergl. HEINZE,W. 1977; [97] VOIGT,F. & H. WITTE, 1978; [98] PATSCHKE,W. 1978; [99] ELLENBERG,H. et al 1982; [100] SZ, 25.1.90; [101] SZ, 30.3.90; [102] SZ, 27.9.89; [103] SZ, 2.9.89;

[104] SZ, 30.1.90; [105] dpa, 25.11.89: [106] ROBIN WOOD 1989 a; [107] dpa, 1.8.89; [108] ap, 9.11.89 & 7.4.90; [109] dpa, 14.8.89 & 27.10.89; [110] FLAVIN,C. 1987:110.

Die Ursachen des Problems

D ie Ursachen weltweiter Umweltzerstörung sind so vielfältig, wie die Wechselbeziehungen in der Biosphäre – einschließlich der menschlichen Aktivitäten – vielschichtig sind. Die Zerstörungsprozesse werden sich nie auf nur ein Merkmal oder eine Bestimmungsgröße zurückführen lassen. Vielmehr reicht des Spektrum von der weltweiten Bevölkerungsexplosion über den Fortschritt in der Technik bis hin zu den tief in der Gesellschaft verwurzelten Denkweisen und Weltanschauungen, aber auch dem Unvermögen der Regierenden.

Die Zunahme der Weltbevölkerung und die Folgen

Heute leben ca. 5½ Milliarden Menschen auf der Erde. Während es vor 2000 Jahren, also um Christi Geburt noch 100 Millionen waren, stieg die Zahl um das Jahr 1850 auf über 1 Milliarde an. In der Folgezeit wuchs die Weltbevölkerung mit ungeheuren Zuwächsen in immer kürzeren Zeiträumen. Als Bilanz aus der Differenz zwischen Geburten und Sterbefällen ergibt sich weltweit ein jährlicher Zuwachs von 76 Millionen; das sind täglich 209.000 oder 2,4 Menschen pro Sekunde. Der Zuwachs entspricht also vergleichsweise einem großen Staat pro Jahr, zwei Großstädten pro Tag oder einem Haushalt pro Sekunde [1].

Der Mensch braucht für seine Aktivitäten und zum täglichen Leben Energie, die er sich seit alters her über die rezenten Energieträger (Holz, Torf) und seit jüngerer Zeit über die fossilen Brennstoffe (Braunkohle, Steinkohle, Erdöl, Erdgas) beschafft. Steigt die Zahl der Menschen, steigen auch die Verbrennungsprozesse an und mit ihnen der Ausstoß an Kohlendioxid (CO_2) in die Atmosphäre.

Bevölkerungswachstum

Aus ökologischer Sicht muß man feststellen, daß die gewaltige Zunahme von nur einer Art der höheren Lebewesen unserem Planeten fremd ist, richtet sich doch die Anzahl – sowohl bei den Tieren als auch bei den Pflanzen – stets nach dem vorhandenen Nahrungsangebot und nach dem zur Verfügung stehenden Lebensraum. Nahrungsangebot und Lebensraum wurden seit jeher aber durch die Anwesenheit und die Konkurrenz anderer Arten in Grenzen gehalten. So kam es nie zu einer permanenten Übervermehrung, nie zu einem vollständigen Verdrängen anderer Lebewesen. Im Gegenteil: Durch die ungeheure Vielfalt an Standortbedingungen unterschiedlichster Qualität ergaben sich im Laufe der irdischen Entwicklungsgeschichte und des evolutionären Entwicklungsprozesses immer neue Möglichkeiten, diese Plätze – „Ökologische Nischen" genannt – für Einzelorganismen zu nutzen. Dies hatte zur Folge, daß die Zahl der Organismenarten unter zunehmender Spezialisierung stetig anwuchs. – Bis der Mensch auftauchte! Als einziges Lebewesen war er in der Lage, aufgrund seines größeren Gehirns, der damit zusammenhängenden höheren Kreativität, vor allem aber der Fähigkeit des Nachdenkens Werkzeuge und technische Hilfsmittel zu benutzen, die es ihm erlaubten, die „Ökologische Nische" für seine Art auszuweiten und fortan immer mehr Raum zu besetzen.

Während der ersten Phase der Menschheitsgeschichte, die auf jene Zeitepoche datiert wird, in der die Primaten sich anschickten, den aufrechten Gang zu lernen und als **Sammler und Wildbeuter** zu leben, vergingen rund 1 Million Jahre. Damals hatte das menschliche Gehirn noch weniger als 1.000 Kubikzentimeter Volumen [2]. Diese Phase beginnt mit dem Zeitpunkt, als die Frühmenschen der Oldowai-Schlucht in Ostafrika erstmals selbstgefertigte Steinwerkzeuge verwendeten und endet mit den „Cromagnon-Menschen", die am Ende der Altsteinzeit die Höhlen beispielsweise von Altamira in Nordspanien ausmalten (ca. 25.000 v. Chr.). Bis dahin hatte die Weltbevölkerung die Zahl von 3 Millionen erreicht [3]. Viel später dann, vor ungefähr 10.000 Jahren benutzte der Mensch zwar bereits technische Werkzeuge, konnte damit aber noch kaum in das ökologische Wirkungsgefüge eingreifen und der Natur auch kaum Schaden zufügen. Das immer wieder viel zitierte Aussterben der eiszeitlichen Großsäuger, wie etwa des Mammuts, hatte grundsätzlich andere Ursachen als den Menschen. Erst mit der Erfindung von Ackerbau und Viehzucht und mit dem Übergang zur Seßhaftigkeit, also zu Beginn der sogenannten **„Neolithischen Revolution"** vor etwa 5.000 Jahren begann er, seine natürliche Umgebung in größerem Umfang umzugestalten. Es kam durch die Urbarmachung und die Siedlungstätigkeit zu Rodungen, Bodenabschwemmungen, unwiederbringlichen Veränderungen in der Zusammensetzung der Wälder, also zur Umwandlung der Naturlandschaft in Kulturlandschaften und schließlich zu Stadt- und Industrielandschaften [4]. Erst vor ca. 5.000 Jahren setzte also eine Beschleunigung der menschlichen Entwicklung durch die intensivierte kulturelle Evolution ein. Der nächste, dem neolithischen an Bedeutung vergleichbare Umbruch erfolgte durch die erste **industrielle Revolution** in Mitteleuropa in der zweiten Hälfte des 19. Jahrhunderts. In ihr wurde dann die Agrargesellschaft von der Industriegesellschaft abgelöst [5].

Seit Mitte dieses Jahrhunderts wird die Welt im Wesentlichen geteilt in Länder mit langsamem, oder nicht vorhandenem **Bevölkerungswachstum** bei sich stetig verbessernden Lebensbedingungen und in solche Länder, in denen die Zahl der Menschen schnell wächst und die Lebensbedingungen sich rapide verschlechtern. Zwar ist weltweit in 12 Ländern – 10 in Westeuropa und 2 in Osteuropa – ein Gleichgewicht zwischen Geburten- und Sterberate, gelungen. In diesen Ländern leben aber nur 247 Millionen Menschen oder 5 Prozent der Weltbevölkerung! Dutzende von Ländern der **Dritten Welt** haben die entscheidenden ökologischen Schwellen bereits überschritten. Dort muß man nun feststellen, daß das Volkseinkommen sinkt und daß man eigentlich das Bevölkerungswachstum bremsen müßte, um nicht in die sogenannte „demographi-

sche Falle" zu geraten. Dies wird aber zunehmend schwieriger, da die ökonomischen wie die sozialen Rezepte, welche normalerweise die Familiengröße
verringern, nicht mehr greifen. Es lassen sich dabei drei Entwicklungsstufen
unterscheiden: In der ersten Stufe hält sich der wachsende menschliche Bedarf
innerhalb der Grenzen des biologischen Kreislaufsystems. In der Zweiten überschreitet er diese Grenzen und dehnt sich auf Kosten der natürlichen Lebensgrundlagen weiter aus. Im Endstadium schließlich führt der Zusammenbruch
des biologischen Systems dazu, daß der Konsum der Menschen radikal eingeschränkt werden muß. Der Versuch, das Bevölkerungswachstum ausgerechnet
bei sinkendem Lebensstandard zu bremsen ist ein sehr schwieriges Unterfan-
gen. Viele Nationen stehen deshalb vor einem akuten Notstand. Es ist heute
schon abzusehen, daß ein Scheitern in dieser Frage zur Zerstörung der Lebensgrundlagen, zu wirtschaftlichem Niedergang und letztendlich zum Zerfall der
menschlichen Gesellschaft führt [6;7].

Bei der Analyse der Ursachen stößt man nun zwangsläufig auf das System
stofflicher Kreisläufe, das über Jahrmillionen auf unserem Planeten funktio-
nierte. 95 Prozent allen Lebens auf der Erde – also die Masse der organischen
Substanz – setzt sich aus lediglich sechs chemischen Elementen, nämlich Kohlenstoff, Sauerstoff, Stickstoff, Wasserstoff, Phosphor und Schwefel zusammen. Da diese Elemente aber nicht unbegrenzt zur Verfügung stehen, sind sie
in chemische Kreisläufe eingebunden, die auf natürliche Weise funktionieren
[8].

Seit der ersten industriellen Revolution haben die Industriegesellschaften nun
aber dieses natürliche System auf der Erde in einer Weise verändert, die un-
übersehbare ökologische und ökonomische Konsequenzen nach sich ziehen
wird, möglicherweise schon zu unseren, sicher aber zu unserer Kinder Lebzeiten. Hierfür sind vor allem drei Ursachen verantwortlich: Die weltweit unsichere Nahrungsmittelversorgung aufgrund von sich abzeichnenden Klimaveränderungen, das Erkranken und Absterben der Wälder infolge Luftverschmutzung
und sauren Regens und schließlich die unmittelbare Bedrohung der menschlichen Gesundheit durch chemische Umweltbelastungen. Diese Ursachen resultieren vor allem aus Alltagsaktivitäten von inzwischen mehr als 5 Milliarden

Menschen auf dieser Erde. Alltagsaktivitäten, die in ihrer Summe ein Maß und ein Tempo erreicht haben, die das Funktionieren der Ökosysteme dieser Erde nachhaltig stören [9].

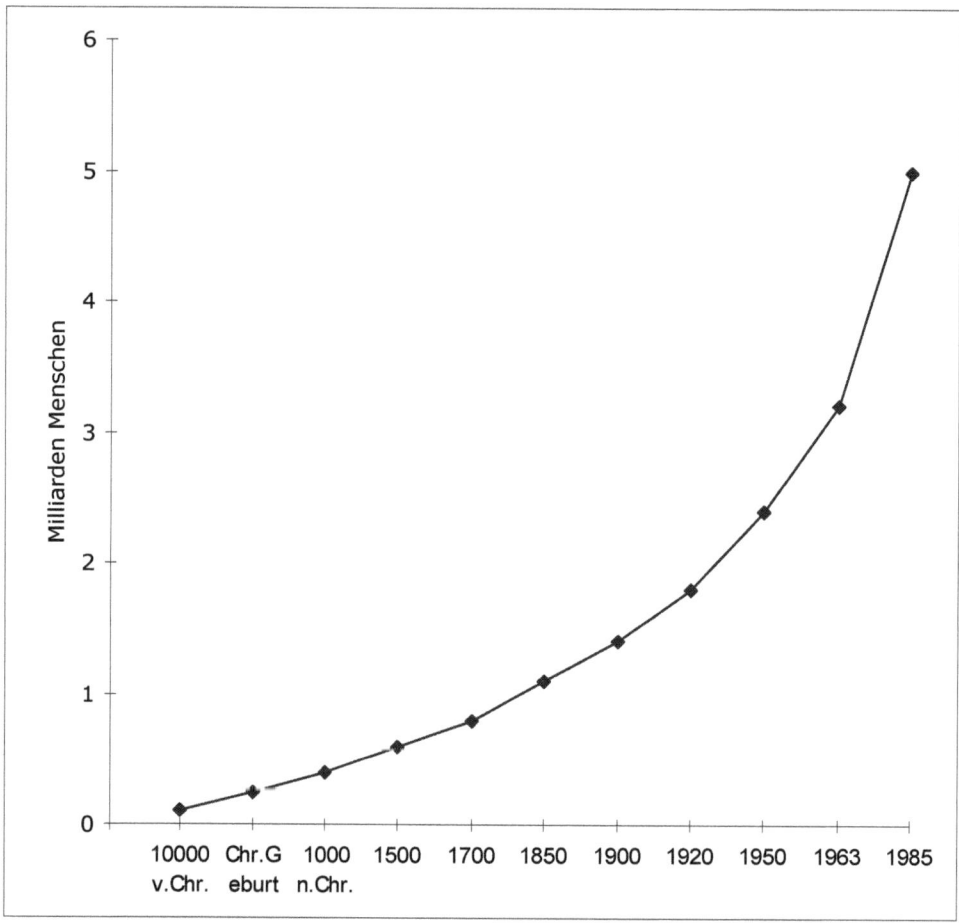

Abb. 18: Das Bevölkerungswachstum der Erde von 10.000 vor Christi Geburt bis heute. Quelle: BUCHWALD 1980, ergänzt

Dabei gibt es für die heutige Lage kaum Rezepte zur Abhilfe, weil die jetzt erkennbaren Schäden in Ausmaß und Tragweite in der Geschichte der Menschheit erstmalig sind.

Neben der allgemeinen Zunahme der Weltbevölkerung ist die **Verstädterung** die auffallendste Erscheinung unserer Zeit. Die Zahl der Stadtbewohner stieg zwischen 1950 und 1986 von 600 Millionen auf über 2 Milliarden. Wenn diese Entwicklung so weitergeht, wird kurz nach der Jahrhundertwende mehr als die Hälfte der Menschen in Großstädten wohnen. Noch im Jahre 1900 lebten weniger als 14 Prozent aller Menschen in Großstädten. Bei der gegenwärtigen Wachstumsrate von 2,5 Prozent wird sich die Zahl der Großstadtbewohner in den nächsten 28 Jahren verdoppeln. Diese Steigerung wird sich zu fast 90 Prozent in der Dritten Welt abspielen, wo die jährliche Wachstumsrate in den Städten 3,5 Prozent beträgt, und damit 3 mal so hoch ist wie in den Industriestaaten. In Afrika beispielsweise, wo der Verstädterungsprozeß bislang noch am wenigsten ausgeprägt war, nimmt die Zahl der Stadtbewohner jährlich um 3 Prozent zu. Dies nur deshalb, weil Millionen von Afrikanern auf der Flucht vor Armut und Umweltzerstörung vom Lande in die Ballungsräume wandern. So ist in der ägyptischen Hauptstadt Kairo die Zahl der Menschen auf ca. 15 Millionen angestiegen. Diese Zusammenballung bringt es mit sich, daß die Sicherstellung der städtischen Infrastruktur (z.B. Verkehrswesen, Trinkwasserversorgung und Abwasserentsorgung) nicht mehr gewährleistet werden kann [10]. Eine falsche Wirtschaftspolitik und die Bevölkerungsexplosion sind zudem die Ursachen für ein krasses **Ungleichgewicht der Einkommen**, welches wiederum zu anhaltender Landflucht führt. Aber dies nicht ohne Grund: Von wenigen Ausnahmen abgesehen, haben die Regierungen der Dritten Welt die Großstädte zu Lasten des ländlichen Raumes bevorzugt [11].

Der größte Konflikt in den armen Ländern ist heute nicht jener zwischen Arbeit und Kapital (oder denen, die es kontrollieren); es ist auch nicht der zwischen ausländischen und nationalen Interessen, sondern der zwischen den ländlichen und den städtischen Klassen. Im Agrarsektor findet sich die **größte Armut**, wogegen sich in den Städten Bildung, Macht aber auch Kriminalität sammeln. Dazu muß man wissen, daß in Afrika und Lateinamerika, wo ein großer Teil der Bevölkerung noch unterernährt ist und demzufolge die Produktion von landwirtschaftlichen Erzeugnissen oberstes politisches Ziel sein müßte, ausgerechnet die Pro-Kopf- Nahrungsmittelproduktion sinkt [12;13]. Jedes Jahr sterben weltweit 15 Millionen Kinder unter 5 Jahren!! Dies geht aus dem Jahresbericht der Weltgesundheitsorganisation (WHO) hervor. Häufige Todesursache in der Dritten Welt sind neben dem Verhungern Infektionskrankheiten, Durchfall oder Lungenerkrankungen. Viele Kinder hätten dem Bericht zufolge nicht sterben müssen, wenn sie geimpft oder sonst medizinisch behandelt worden wären [14].

Bekanntlich ist das Einkommen (Welt- Bruttosozialprodukt) extrem ungleich verteilt: 75 Prozent aller Menschen müssen sich 15 Prozent des Welt-Einkommens teilen. Es sind dies in erster Linie die Einwohner der Entwicklungsländer. Auf der anderen Seite haben 17 Prozent der Menschen 66 Prozent des Welt-Einkommens für sich. Dies sind die Bewohner der westlichen Industrieländer. Am Beispiel der Bundesrepublik Deutschland läßt sich verdeutlichen, wie groß die Einkommenskluft ist: Wäre das Privateinkommen bei uns ähnlich ungleich verteilt wie in der Welt insgesamt, dann hätten 10 Millionen Bundesbürger (= 17 Prozent) pro Kopf über 10.000 Mark im Monat zu verjubeln, während 46 Millionen (= 75 Prozent) mit 480 Mark monatlich auskommen müßten! [15]

Innerhalb der armen Länder geht es den Bauern und Landarbeitern besonders schlecht. Es braucht einen deshalb nicht zu wundern, daß die Menschen massenweise in die Ballungsräume strömen. Dort aber droht ihnen erst recht die Hölle. Dies sei am Beispiel einer brasilianischen Großstadt einmal verdeutlicht: Die Fluhminenseh-Niederung in Rio de Janeiro mit ihren 3 Millionen Menschen gilt laut Darstellung der UNO als gewalttätigste Region der Erde ohne Krieg. Viele Kinder erleben in Rios Baixada nicht ihren ersten Geburtstag, weil sie an Krankheit und Unterernährung sterben. Nur jeder zehnte Haushalt ist an die Kanalisation angeschlossen. Es fehlen 400.000 Plätze in Schulen. Arbeitslosigkeit und Unterbeschäftigung verurteilen Hunderttausende zu einem Dasein am Rande der Gesellschaft [16]. Aber das Elend haust auch in allen anderen Millionenstädten der Welt. So ist beispielsweise Mexiko City für eine Unzahl von Notbehausungen auf Müllkippen bekannt, in denen Menschen auf erbärmlichste Weise ihr Dasein fristen und die wenige Nahrung mit den Ratten teilen müssen. Anblicke wie diese finden sich aber überall in den Hüttenstädten und „illegalen Ansiedlungen" (= offizielle Sprachregelung) rings um die Großstädte der gesamten Dritten Welt [17].

Menschliches Elend erzeugt **Kriminalität** und Verbrechen. Etwa alle 90 Minuten wird in Rio de Janeiro ein Mensch ermordet! Selbst Drogenhändler genießen Ansehen, weil sie dann und wann Kranke ins Krankenhaus transportieren und unglücklich Verschuldeten aus der Klemme helfen. Das organisierte Verbrechen ist zum sozialen Dienstleistungsbetrieb der Armen und Elenden geworden, die der Staat im Stich läßt [18].

Um das Resultat von Verstädterung und menschlicher Zusammenpferchung zu beklagen brauchen wir nun aber nicht unbedingt bis nach Südamerika zu gehen. Wir haben es auch bei uns, mitten in Europa. So wüten beispielsweise in Frankfurt am Main jugoslawische „Gangs" mit brutalster Gewalt. Ihre Killerkommandos lehren laut Polizeiangaben deutschen Gangstern, Ganoven und Zuhältern das Fürchten. Sogar die berüchtigten italienischen Mafiosi halten sich im Hintergrund. Die Polizei spricht in diesem Zusammenhang von „organisiertem Verbrechen im Stil einer kriminellen Industrie" [19].

Zunehmender Energie- und Rohstoff-Verbrauch

Das Ausmaß von Verbrennungsprozessen, deren Energie der Mensch nur zum Teil zu nutzen imstande ist, hat innerhalb weniger Jahrzehnte einen gewaltigen Anstieg erfahren. Jährlich werden heute insgesamt rund 3 Milliarden Tonnen Erdöl, 1,7 Milliarden Tonnen Erdöl-Äquivalente Kohle und 1,1 Milliarden Tonnen Erdöl-Äquivalente Erdgas (zusammen. 5,8 Milliarden Tonnen Erdöl-Äquivalente) verbrannt. Einschließlich der Verbrennung von Stein- und Braunkohle werden auf der Welt 5 Milliarden Tonnen Kohlenstoff pro Jahr freigesetzt [20]. Man hat errechnet, daß bis zum Jahr 2000 als Folge der Verbrennungsvorgänge 400 Milliarden Tonnen Sauerstoff verbraucht und 550 Milliarden Tonnen Kohlendioxid erzeugt sein werden. [21]. Zu den fossilen Brennstoffen kommt noch ein Jahresverbrauch von über 3 Milliarden Tonnen Holz hinzu, das über kurz oder lang ebenfalls in Verbrennungsprozesse eingeht. Dabei sind die Holzverluste durch Brandrodungen noch gar nicht mitgezählt

[22;23]. Einen guten Teil des geschlagenen Holzes benötigen die Industrienationen zur Produktion von Papier: Jährlich werden fast 200 Millionen Tonnen Papierbrei hergestellt. Der Pro-Kopf-Verbrauch an Papier ist bei uns mit rund 150 kg/Jahr etwa 30 mal so hoch wie in den Entwicklungsländern [24].

Wenn man nun aber bedenkt, daß die **Brennstoffe,** die der Mensch für die Energieerzeugung braucht, von den ehemaligen Wäldern unserer Erde in vielen Jahrmillionen erzeugt wurden, ist die Abholzung der rezenten Wälder besonders kurzsichtig und in ihren Auswirkungen folgenschwer. Schließlich handelt es sich letzten Endes bei Erdöl, Erdgas, Kohle und Holz um nichts anderes als um gespeicherte Sonnenenergie, die wir nun wieder in Wärme und Kohlendioxid umwandeln.

In diesem Zusammenhang muß auch einmal festgestellt werden, daß Stadtbewohner bei gleichem Lebensstandard mehr Energie benötigen als Landbewohner. Diese Tatsache wird dann globalökologisch relevant, wenn man sich vor Augen führt, wie rasch die Verstädterung in den Staaten der Dritten Welt fortschreitet. Die perfekte Arbeitsteilung in den Ballungsräumen bringt ein hohes Maß an ständiger Güterbewegung und damit auch viel **Energieverbrauch** mit sich. Ein interessanter Aspekt bildet dabei dessen Verteilung innerhalb des Postens „Lebensmittelbereitstellung"; er schlägt bei der Versorgung der Großstädte besonders zu Buche. Am Beispiel der USA mit seiner hochgradig urbanisierten Gesellschaft verteilt sich der Energieverbrauch jeweils zu einem Drittel auf Produktion, auf Transport / Verteilung / Verarbeitung und schließlich auf die Zubereitung der Lebensmittel [25].

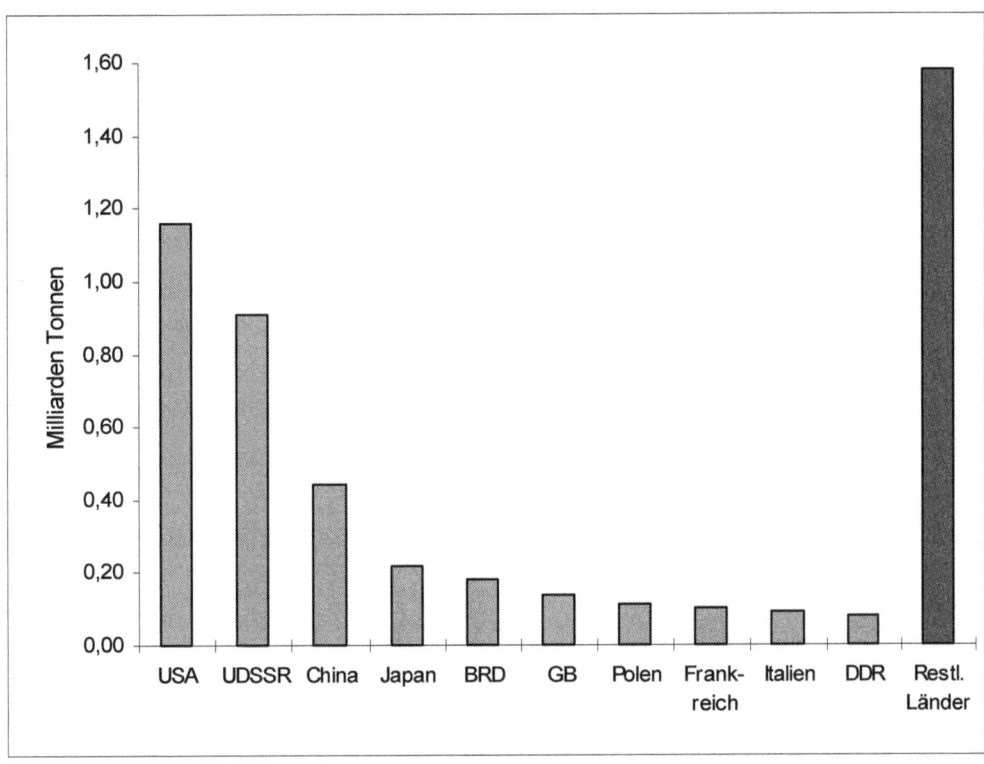

Abb. 19: Ausmaß des Kohlenstoff-Ausstoßes durch die Verbrennung fossiler Brennstoffe im Ländervergleich (in Milliarden Tonnen). Quelle: BROWN & WOLF (1987)

Der gewaltige Anstieg des Energieverbrauchs vollzieht sich aber nicht nur in den Bereichen Industrie, Verkehr und Haushalt, sondern in gleicher Weise auf dem Agrarsektor. Ebenso, wie es bisher die Industrieländer taten, fördern die Dritte-Welt-Länder den Einsatz von mineralischen Düngemitteln. Dies, um zum Einen die Akzeptanz einer neuen Technologie zu erleichtern, zum Andern einen hohen Selbstversorgungsgrad im Nahrungsmittelbereich zu erreichen. Schließlich soll dadurch auch die Produktion von Exportfrüchten angekurbelt werden. Diese Ziele machen nun aber die Landwirtschaft allgemein energieintensiver und führen gleichzeitig auch zu einer reduzierten Verwendung des heimischen organischen Düngers. Die Tatsache, daß die Anzahl der weltweit eingesetzten Traktoren von 5,6 Millionen im Jahre 1950 auf 23 Millionen Fahrzeuge bis 1986 angewachsen ist, kennzeichnet diese Entwicklung im Besonderen. Für die USA gelten beispielsweise folgende Zahlen: die Anzahl landwirtschaftlicher Schlepper stieg von 3,4 Millionen im Jahr 1950 auf 4,7 Millionen im Jahre 1985. Im gleichen Zeitraum wuchs auch die PS-Stärke, und zwar in ihrer Summe von unter 100 Millionen auf über 300 Millionen PS.

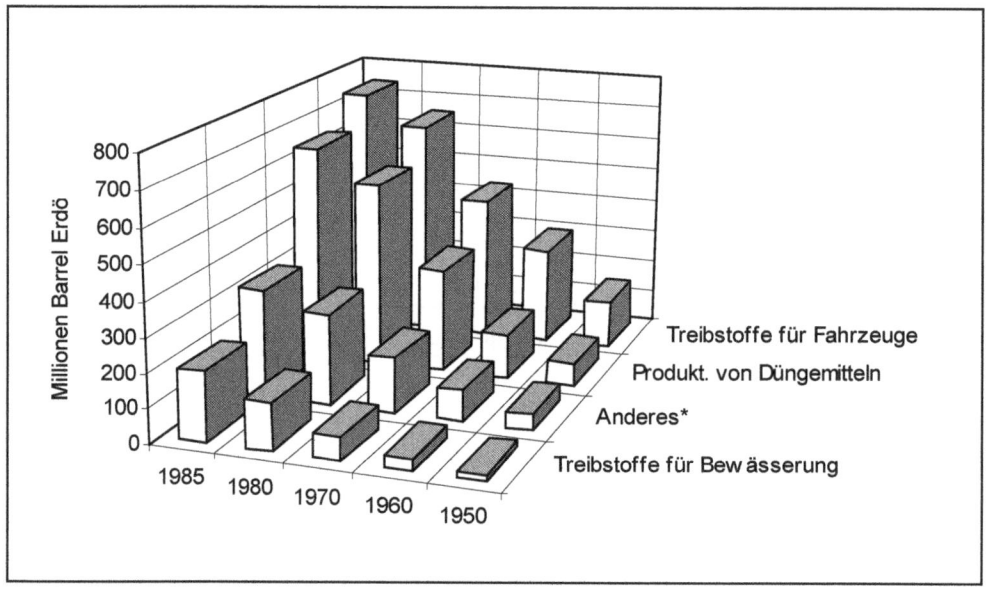

Abb. 20: Weltweiter Energieverbrauch durch die Landwirtschaft 1950 bis 1985
in Millionen Barrel Erdöl (1 Barrel = 159 Liter). Getrennt nach Treibstoffen
für Fahrzeuge, Düngemittel und Bewässerung sowie Anderes (z.B.: Energie-
aufwand bei der Pestizidherstellung, der Maschinenproduktion, beim Dünger-
transport, bei der Getreidetrocknung).
Quelle: BROWN & WOLF (1987)

Die Tendenz in der Landwirtschaft geht weltweit eindeutig in Richtung eines höheren Energieeinsatzes. Dazu trägt schließlich auch die allgemeine Zunahme des Anbaus von Ackerfrüchten bei: Im Zeitraum von 1950 bis 1976 wurde beispielsweise die Getreidefläche, die weltweit zwei Drittel aller Ackerflächen ausmacht, von 590 Millionen auf 720 Millionen Hektar und damit um 22 Prozent erweitert [26].

Der allgemeine Wachstums- und Fortschrittsglaube

Wirtschaftliches Wachstum ist nicht nur unnötig,
sondern auch ruinös.

Alexander Scholzenizyn

Die Ursache für die allgemeine und weltweite Verschlechterung der Lebensbedingungen für Mensch und Mit-Lebewelt liegt nicht nur in Bevölkerungswachstum und zunehmendem Energie- und Rohstoffverbrauch. Die Ursachen gehen viel tiefer. Sie sind in unserer Grundhaltung, unserem Selbstverständnis, unserer Weltanschauung zu sehen.

Jeder Mensch sehnt sich natürlicherweise nach einem glücklichen, sozial gesicherten und – aus subjektiver Sicht – erfolgreichen Leben. Aber schon der römische Philosoph und Stoiker LUCIUS ANNÄUS SENECA erkannte: „Glückselig zu leben, wünscht jedermann, aber die Grundlagen des Glücks kennt fast niemand".

Hinter diesen wahren Worten verbirgt sich nun aber ein großes Problem für uns Menschen: Zumindest in den Gesellschaften der Ersten und Zweiten Welt besteht ein allgemeiner Konsens darüber, daß der Mensch mit Hilfe der Technik die Natur erobern soll, um dadurch zu einem immer bequemeren Leben zu gelangen. Die Gründe für diese, von der Masse der Menschen akzeptierten und auch im Alltag praktizierten Grundhaltung nennt der amerikanische Wirtschaftswissenschaftler und Nobelpreisträger PAUL SAMUELSON sehr treffend, wenn er u.a. schreibt: „Der Glaube, daß – selbst wenn materielle Güter an sich noch nicht das Wichtigste im Leben sind – eine Gesellschaft glücklicher ist, wenn es bergauf geht, und unglücklicher, wenn es stagniert, ist weit verbreitet" [27]. Mit großer Selbstverständlichkeit geht man in den heutigen Konsumgesellschaften davon aus, daß das **Glück** käuflich ist. Es herrscht allgemein die Ansicht, daß, wenn man für etwas kein Geld bezahlen muß, es einen auch nicht glücklich machen kann. Schließlich wird uns von den Politikern ständig eingeredet, daß man mit den gestiegenen Prozent-Ziffern eines Wirtschaftswachstums wieder entsprechend glücklicher geworden sei, oder doch sein sollte [28].

Folgerichtig wurde beispielsweise in der Bundesrepublik Deutschland stetiges wirtschaftliches Wachstum im Jahre 1967 kurzerhand mit dem „Gesetz zur Förderung der Stabilität und des Wachstums der Wirtschaft" zur Staatsaufgabe erklärt. Damit wurde etwas gesetzlich verankert, was es aus ökologischer Sicht auf Dauer in unserer endlichen Welt überhaupt nicht geben kann. Für einen begrenzten Zeitraum mag es wirtschaftliches Wachstum geben, aber nur solange wie es möglich ist, auf Kosten der Natur, des „Ökosystems Erde" bzw. anderer Länder zu leben. Die Regierungen aber machen Politik immer nur für die gerade jetzt lebende Generation. Dieses Grundproblem ist den Verantwortlichen trotz Ozonloch, Waldsterben und Klimaveränderung bis heute noch nicht aufgefallen.

Ist aber das, was wir unter irdischem Glück verstehen tatsächlich vom materiellen Wohlstand abhängig? – Der amerikanische Psychologe TIBOR SCITOVSKY berichtet von Untersuchungen aus den USA, bei denen zu Beginn der 70er Jahre das Verhältnis von monetärem Einkommen zum Glücksgefühl analysiert wurde. Dabei konnten wider Erwarten keine klaren (positiven) Abhängigkeiten ermittelt werden. Im Gegenteil: Die Amerikaner fühlten sich sogar im Jahre 1970 weniger glücklich als im Jahre 1946, obwohl das reale Pro-Kopf-Einkommen in 25 Jahren um 62 Prozent gestiegen war [29]. Es ist also bei uns Menschen offenbar so, daß Genuß und Freude um so geringer werden, je mehr unser materieller Wohlstand zunimmt. Schließlich können wir sogar an einem Punkt ankommen, an dem Genuß ins Negative umschlägt und zum Verdruß wird. Die Gleichsetzung von immerwährendem wirtschaftlichem Wachstum mit menschlicher Wohlfahrt bzw. mit Glück hat ihre Wurzeln bereits in der Mitte des vorigen Jahrhunderts. Die materiellen Vorzüge nach der „Zweiten Industriellen Revolution" um 1850 in Europa waren derart überzeugend, daß jede Umweltverschlechterung hinzunehmen war. Sie blieb damals auch noch punktuell: Einzelne Bäume starben, einige Felder wurden verseucht und unfruchtbar, in den Flüssen konnte in unmittelbarer Nähe von Gewerbezentren nicht mehr gebadet werden. Doch nicht alle waren von diesen Schäden gleichermaßen betroffen. Wer es sich leisten konnte, fand in nicht allzu großer Entfernung Ausweichräume, die noch intakt waren. Die Sicherung des Lebensstandards war allemal wichtiger als eine gesunde Umwelt [30]. So ist es auch noch heute: Um die letzten, noch unverdorbenen Natur-Oasen der Welt zu erleben bzw. zu genießen fliegen wir – gemanagt von Reise-Unternehmen – per Düsenjet zu den entferntesten Winkeln der Erde.

Wachstumsfetischismus und Technologiehörigkeit

Im Zentrum der modernen Wirtschaftstheorie steht ein Produktionsverständnis, welches das Sozialprodukt nur von Faktoren abhängig macht, die als ausschließliche Leistungen des Menschen angesprochen werden können. Diese Sichtweise ist die tragende Grundlage heutiger Wirtschaftspolitik, die auf die Generallinie eines steten wirtschaftlichen Wachstums ausgerichtet ist. Sie anerkennt alle übrigen gesellschaftlichen Ziele nur, wenn sie sich in diese Generallinie einordnen lassen. **Wirtschaftliches Wachstum** wurde dabei mit einer konstanten, möglichst hohen Wachstumsrate des Sozialprodukts identifiziert. Zusammen mit dem Faktor „technischer Fortschritt" schien es gegen jegliche Beschränkung gefeit zu sein. Zum Slogan „arbeite und spare" trat einfach noch die Aufforderung „lerne und forsche". Damit war der Weg zur Vorstellung eines unbeschränkten, allein von der Leistung des Menschen abhängigen und gegen alle Umwelteinflüsse abgesicherten Wachstums der Wirtschaft geebnet. Die Selbstherrlichkeit des „Homo oeconomicus" scheint somit keine Grenze zu kennen [31].

So sah sich denn auch der amerikanische Gesellschafts- und Kulturkritiker IVAN ILLICH in den 70er Jahren genötigt, den ironisch-bemerkenswerten Satz zu formulieren: „Im Augenblick wäre ein Votum gegen das Wachstum schlechthin ebenso wirkungslos, wie ein Votum gegen den Sonnenuntergang" [32]. Mit dieser Feststellung traf er damals den Nagel auf den Kopf, denn gerade die 60er und 70er Jahre waren in der Tat von einem kompromißlosen wirtschaftlichen Wachstumsdrang in der westlichen Welt geprägt. Leider gilt dieser Satz auch heute noch, obwohl im letzten Jahrzehnt besonders viel über Ökologie und Umweltschutz geredet und geschrieben wurde.

Unbegrenztes wirtschaftliches Wachstum führt – wie man weiß – zu einem Ansteigen der Umweltkosten. Gesamtwirtschaftlich, also „makroökonomisch" wirkte bisher die wachstumsfördernde Geldmengenausweitung als Inflationsmotor, das quantitative Wachstum zugleich als Motor des Verbrauchs der natürlichen Lebensgrundlagen [33]. Dies gilt aber nicht nur für die Wachstumswirtschaft westlicher Prägung. Die Belastung der Umwelt ist – oder besser: war bisher – in noch höherem Maße auch den planwirtschaftlich organisierten Gesellschaften des Ostblocks eigen, solange sie versuchten, den Kapitalismus durch bloße Produktionsmaximierung zu überrunden [34].

Angesichts der **Vergötterung alles Technischen** können wir sogar noch einen Schritt weiter gehen und feststellen: Der moderne Mensch bewertet die industriell hergestellten Produkte höher als sich selbst; er betet sie geradezu an. Der gleichen Meinung ist auch der deutsche Philosoph GÜNTHER ANDERS, wenn er etwas überspitzt formulierte: „Wir schämen uns, geworden statt gemacht zu sein". Und weiter führt er wörtlich aus: „Nicht deshalb, weil er nichts von ihm selbst nicht Gemachtes mehr duldete, will er sich selbst machen; sondern deshalb, weil auch er nichts Ungemachtes sein will. Nicht weil ihn indignierte, von anderen (Gott, Göttern, Natur) gemacht zu sein; sondern weil er überhaupt nicht gemacht ist und als „Nichtgemachter" allen seinen Fabrikaten unterlegen ist" [35].

Ein Indiz für diese weit verbreitete „Macher-Philosophie" ist z.B. auch die Äußerung eines Repräsentanten der amerikanischen Chemie-Industrie mit seiner Forderung: „Laßt uns alle unsere wissenschaftlichen Kräfte einsetzen, um Leben zu schaffen" [36]. Dies war zwar schon im Jahre 1965. Aber angesichts der gegenwärtig großen Anstrengungen in der gen-technologischen Forschung bekommt man nicht gerade den Eindruck, als ob sich an dieser Zielsetzung viel geändert hätte.

So werde man nach Ansicht von A.S. CLAUSI, dem Vize-Direktor der US-amerikanischen General Food Corporation mit Hilfe der **Gen-Technologie** im Jahre 2000 traumhafte Ernten einbringen und gewisse Lebensmittel wie Pilze, Poulets, Kaninchen, Fische, Krebse, Hummer oder Garnelen fabrikmäßig herstellen können, wobei es der Computer auch in der Lebensmittel-Industrie möglich mache, das Optimale herauszuholen. „Heute legen die Hühner vier Tage hintereinander ein Ei, dann machen sie einen Tag Pause. Man wird soweit kommen, daß sie ohne Ausnahme jeden Tag ein Ei legen. Die Biotechnologie – oder Genetik – macht Riesen-Fortschritte. Neue Pestizide und Bewässerungsmethoden stehen dann zur Verfügung. Fische müssen für den Transport nicht mehr tiefgekühlt werden" [37].

Mit derartiger Technik-Faziniertheit ist dieser Herr sicher nicht allein. Vor allem viele Politiker teilen seine Meinung. Auf die vielfältigen Möglichkeiten der modernen Gentechnik als Hilfsmittel vor allem in der Medizin und zur Sicherung der Ernährung wird immer wieder hingewiesen. Es sei deutlich geworden, so heißt es in Regierungsverlautbarungen, „daß der Nutzen eines verantwortlichen Umgangs mit der Gentechnik weitaus größer ist, als etwa unbeherrschbare Gefahren" [38]. Doch es gibt sie: Beispielsweise ist zu befürchten, daß Krankheitserreger mit gewaltiger Virulenz versehentlich erzeugt werden, weil sie keine natürlichen Feinde mehr haben. Ferner besteht die Gefahr einer „genetischen Erosion", also einer Verringerung der Variationsbreite des natürlichen Erbguts etwa verschiedenen Nutzpflanzenarten, deren Hochleistungssorten gewöhnlich weniger flexibel bei Umweltschwankungen sind und die mehr Düngung und Pflege benötigen. Schließlich gibt es das Problem der vernachlässigten, nicht geförderten Alternativen. So ist das Welthungerproblem mit Sicherheit nicht auf fehlende Gentechnologie zurückzuführen, sondern ist primär ein Problem der Verteilung zwischen den Staaten wie innerhalb der Staaten selbst. „Und so ist das biotechnologische Erzeugen von Interferonen und körpereigenen Schmerzmitteln zwar ein schöner medizinischer Fortschritt, aber eben in Richtung einer sogenannten „Iatro-Technologie", welche die Krankheit als Maschinenschaden auffaßt und psychosomatische oder diätetische Aspekte gewöhnlich außer acht läßt" [39].

Am weitesten sind bisher die Vorstellungen der Agro-Ingenieure und der Biofarmer gediehen, die mit „nachwachsenden Rohstoffen" und neuartigen Tierfabriken schon in den Startlöchern stehen: Herbizidresistente Kulturpflanzen sollen den Einsatz von Totalherbiziden in einer industriemäßig betriebenen Landwirtschaft ermöglichen. Der Biofarmer setzt auf die Superkuh mit sensationell gesteigerter Milch- und Fleischproduktion; die Vermehrung dieser „Tiermaschinen" wird durch Hormongaben, Superovulationen und mit Leihmutter-Kühen erreicht. Tiefgekühlte Embryonen, so meinen sie, können künftig zu Abertausenden mühelos im Jumbojet rund um die Welt geschickt werden [40].

Von der Politik wurde bislang stets die Illusion genährt, **Freiheit und Zufriedenheit** der Menschen vermehre sich mit steigendem Wohlstand. Und das Volk stimmte bis auf den heutigen Tag zu, ohne zu merken, wohin die Reise in Wirklichkeit geht. Weil aber allgemein immer noch ausschließlich vom Siegeszug der Technik gesprochen wird, hat erst ein sehr kleiner Teil der Öffentlichkeit begriffen, wie sehr die Verheißungen der Technik bereits in Bedrohung umgeschlagen sind [41;42]. Der Journalist FRANZ ALT sagt es unter Hinzunahme religiöser Aspekte so: „Unsere Macht ist zerstörerisch. Wir können zwar die Schöpfung beenden und alle Menschen töten, aber wir können keinen einzigen Menschen erschaffen. Daß wir nicht einmal einen grünen Grashalm erschaffen können und trotzdem keinen Schöpfer mehr anerkennen wollen, zeigt, was uns heute am meisten fehlt: Selbsterkenntnis, Einsicht in unsere Grenzen" [43]. Und der britische Staatsmann WINSTON CHURCHILL sah schon 1932 voraus: „Komfort, Beschäftigungen, Erleichterungen, Vergnügen werden zuhauf auf unsere Nachkommen eindringen, aber die Herzen werden ihnen weh tun, ihr Leben wird leer sein, wenn sie nicht nach Dingen Ausschau halten, die über das Materielle hinausgehen" [44].

Irrglauben und Irrlehren der Ökonomie

Der Mensch wird nicht glücklich
durch Befriedigung seiner Wünsche,
sondern durch Hoffnung
auf diese Befriedigung.

Friedrich Cramer

Die fast ausschließliche Ausrichtung der wirtschaftlichen Tätigkeiten des Menschen auf den **Geld-Ertrag** macht uns, die wir gebannt auf dieses Medium und seine Vermehrung blicken, blind gegenüber dem dadurch verursachten Gebrauch und Verbrauch der natürlichen Lebensgrundlagen. Die Produktion von Geld im Sinne der Geldschöpfung (Notengeld, Buchgeld) ist weitgehend von den Bedingungen der Natur unabhängig. Durch die Unterordnung des Bodens und der übrigen landschaftlichen Ressourcen unter das Kapital wurden diese Produktionsfaktoren „entnaturalisiert", d.h., so behandelt, als könne der Mensch ebenso Ressourcen „schöpfen" wie Geld schöpfen. Unsere natürliche Umwelt und deren Leistungen werden bei dieser Sichtweise in das Gesetz der Vermehrung einbezogen – leider nur unter dem Aspekt des Geldes, nicht unter dem Aspekt der Natur. Die Nationalökonomie hatte deshalb eine Tradition entwickelt, in der die nichterneuerbaren Ressourcen keine Rolle spielen. Die auf dieser Tradition aufbauende Ökonomie wird seither an allen Hochschulen der Welt gelehrt. Eine Lehrbuch- Wissenschaft ist jedoch bekanntlich von hoher Beständigkeit, denn – wie ein gescheiter Kopf einmal sagte – „von nichts läßt sich der Mensch so schwer abbringen, als von dem, was er einmal gelernt hat". Neue Fakten brauchen daher viel Zeit, um zu Erkenntnissen verdichtet zu werden; „und noch mehr Zeit braucht es, bis diese Erkenntnisse im Lehrgebäude der Wissenschaft den ihnen zukommenden Platz finden" [45].

Mit den Wirtschafts- und Sozialwissenschaftlern HANS CHRISTOPH BINSWANGER, HOLGER BONUS und MANFRED TIMMERMANN sei an dieser Stelle ein kurzer Exkurs in die Wirkungszusammenhänge der Marktwirtschaft unternommen: Es gehört zum **Prinzip der Marktwirtschaft**, daß der Verbraucher mit den Knappheitspreisen seiner materiellen Wünsche belastet wird, und daß er dadurch an seine wirtschaftliche Verantwortung herangeführt wird. Das funktioniert jedoch nur, wenn Marktpreise gleichzeitig Knappheitspreise sind. Diese Voraussetzung war bisher bei unseren Lebensgrundlagen Boden, Wasser, Luft, Klima, Tier- und Pflanzenwelt aber nicht erfüllt: Externe Effekte und Kurzsichtigkeit der Menschen der eigenen Zukunft gegenüber drücken den Marktpreis systematisch unter den Knappheitspreis. Dem Verbraucher wird auf diese Weise Überfluß vorgetäuscht, wo tatsächlich bitterste Knappheit herrscht. Da Marktpreise und Knappheitspreise bei Umweltleistungen also auseinanderfallen, wird der wirkliche Wert der natürlichen Ressourcen nur unzureichend erfaßt, so daß „Wertschöpfung" und Sozialprodukt zwangsläufig fehlerhafte Meßgrößen werden. Ebenso spiegeln die Produktionskosten nicht mehr die tatsächlichen Knappheitskosten der Produktion (sog. „volkswirtschaftliche Kosten") wider. Da die Kosten zu niedrig angesetzt werden, sind die Gewinne überhöht, und Gewinnmaximierung wird dann volkswirtschaftlich schädlich. Beispiel fossile Energieträger: Ihre Diskontierung ging in der Vergangenheit viel zu weit; sie führte zu Energiepreisen, die weit unter den Knappheitspreisen lagen, und damit zur Vernachlässigung ihrer nachhaltigen Nutzbarkeit und des ökologischen Gleichgewichts im wirtschaftlichen Kalkül [46].

Schon vor 100 Jahren kritisierte SWAMI COOMRA, ein Eremit aus Kaschmir, das ökonomische Verhalten der westlichen Zivilisation mit den Worten: „Eure gepriesene Zivilisation ist nichts anderes, ist nie etwas anders gewesen, als ein Bestreben nach **Vermehrung der Bedürfnisse**. Das Extravergnügen von heute ist unentbehrliches Bedürfnis von morgen, und je mehr der Kreis eurer Bedürfnisse sich erweitert, desto mehr müßt ihr arbeiten, um sie zu befriedigen" [47]. In der Tat wurde die Entwicklung dieses Wirtschaftssystems nicht mehr durch die Frage „Was ist gut für den Menschen?" bestimmt, sondern durch die Frage „Was ist gut für das Wachstum des Systems?" Die Schärfe des Konflikts, der sich hinter dieser Irrlehre verbirgt, versuchen deren Verfechter nun aber mit der These zu verschleiern, daß alles, was dem Wachstum des Systems diene, auch das Wohl des Menschen fördere [48].

In ihrer negativen Wirkung auf Gesellschaft, Umwelt und Kultur lassen sich die **Merkmale der heutigen Wachstumswirtschaft** mit dem Schweizer Wirtschaftskritiker HANS PETER STUDER wie folgt zusammenfassen:

Wirtschaftliches Wachstum

- *bringt eine zusätzliche Verknappung und Verteuerung der Rohstoffe mit sich, mit dem Ergebnis, daß sich die Dritte Welt bei den Industriestaaten noch mehr verschuldet und in noch größere Abhängigkeit gerät.*
- *bedingt die Anwendung von immer aufwendigeren und teureren Verfahren zur Ausbeutung der Rohstoffe.*
- *führt zu weiteren Konzentrationsprozessen in der Wirtschaft und zu vermehrter Abhängigkeit von „harten" Technologien.*
- *führt dazu, daß Arbeitsplätze nur noch über Steuermittel bzw. noch weiteres Wachstum erhalten werden können.*
- *Schließlich hält die Wachstumsphilosophie die Menschen davon ab, sich auf den eigentlichen Sinn ihres Daseins zu besinnen.*

Steigendes Produktionsvolumen

- *verstärkt die Umweltschäden,*
- *führt zu noch größerem Rohstoffverbrauch,*
- *verhindert einen sparsameren Umgang mit den Ressourcen der Natur, und*
- *hält die Gesellschaft zur Abfallproduktion und Vergeudung an.*

Ein gesteigerter Güterausstoß

- *führt zu einer unmenschlichen Verstärkung des Konkurrenzkampfes um übersättigte Kunden.*
- *bedingt eine Werbung mit immer noch raffinierteren Methoden, um die Produkte überhaupt noch verkaufen zu können.*

Fördert der Staat die Wachstumswirtschaft,

- *so investieren Industrie und Gewerbe nur noch in Maschinen, stellen aber keine Arbeitskräfte mehr ein.*
- *werden vorhandene Arbeitsplätze wegrationalisiert.*
- *verstärken sich die Konjunkturschwankungen.*

Schließlich leistet die staatliche Förderung der technologischen Entwicklung in der Dritten Welt Vorschub zu

- *einer verstärkten Rüstung in den Entwicklungsländern [49].*

Die Expansion der vom Menschen erfundenen Ökonomie muß aber zwangsläufig den stabilen Kreislauf der Natur zerstören, und zwar durch einen weiter anwachsenden Überfluß von nicht-lebensnotwendigen Gütern, die dann mit großem Aufwand wieder entsorgt und entgiftet werden müssen.

Sehr treffend bezeichnet der deutsche Politiker und Schriftsteller HERBERT GRUHL die moderne Ökonomie als Irrlehre, denn nach wie vor ignorieren ihre Verfechter:

- *die Natur und ihre organischen Prinzipien,*
- *jedwede Tranzendenz, und*
- *daß unser wesentlicher Daseinsinhalt immaterieller und biologischer Herkunft ist.*

So haben wir, als die verführten Kinder dieser Irrlehre

- *die emotionale Beziehung zur Natur und zu uns selbst,*
- *den Glauben an Gott, und*
- *die Kultur der Seele weitgehend verloren [50].*

Nach Ansicht des amerikanischen Ökonomen HERMAN DALY kennt das herrschende ökonomische System mit seiner Wachstumstheorie kein Genug. Diese Theorie – so betont er – sei keine Theorie der Armen, sondern der reichen Leute wie der reichen Länder. Es kann nämlich nur an diejenigen, welche über viel Geld verfügen, noch mehr verkauft werden, nicht an diejenigen, die nichts haben! Um die Armen in der Welt ist es laut DALY dieser Ökonomie im Übrigen noch nie gegangen. Sie dienen nur der moralischen Verbrämung. Denn in ihrem Namen erklärt man das weitere wirtschaftliche Wachstum für unbedingt notwendig [51].

Was für die Vertreter der herrschenden Wirtschaftsphilosophie offenbar nur noch zählt, ist die dauernde Steigerung des Güterausstoßes, das Wecken und Abdecken immer neuer Bedürfnisse. Dies wird dann ganz unverfroren und bedenkenlos und ohne jegliche Einschränkungen als Dienst an der Menscheit angepriesen [52]. Solch ein System kann aber nur dann „erfolgreich" sein, wenn es dem Menschen eine Anstrengung nach der anderen abnimmt, um sie durch Technik, Maschinen und durch verwöhnende Konsumgüter zu ersetzen. Aber gerade diese „Befreiung" dient – wie ich es in den vorigen Kapiteln aufzuzeigen versucht habe – nicht unserem Wohl, obwohl wir es immer noch glauben. Der spanische Philosoph JOSÉ ORTEGA Y GASSET definierte schon im Jahre 1956 das **Verwöhntwerden** so: „Jemanden verwöhnen heißt, seine Wünsche nicht beschneiden, ihm den Eindruck geben, daß er alles darf und zu nichts verpflichtet ist" [53]. Diese Mentalität führt aber eine Gesellschaft ins Verderben. Zu allen Zeiten haben die Weisen unter den Aristokraten sich selbst und ihren Kindern ständig Anstrengungen auferlegt. Nur dadurch konnten sie sich vor dem Verfall schützen, der gerade ihnen drohte, weil sie sich ein ständiges Wohlleben hätten leisten können. Heute verfallen die emporgekommenen Familien (sog. Neureichen) in immer kürzerer Zeit, weil sie die Weisheit der Beschränkung nie gelernt haben. Sie protzen mit ihrem Reichtum und sie lassen ihre Kinder damit protzen. Zugegeben, sie haben es auch schwerer, ihre Kinder heute zur Bescheidenheit zu erziehen, da diese bei jedem Schritt aus dem Hause einer Vielzahl von Versuchungen ausgesetzt sind. Dies gilt heutzutage aber auch für den weniger bemittelten Bürger. Schon der amerikanische Großindustrielle und „Stahlkönig" des 19. Jahrhunderts ANDREW CARNEGIE hatte gefordert, daß „der erfolgreiche Mann seinen Kindern nicht die Gelegenheit zur Bewährung entziehen darf, indem er sie von seinem Reichtum ausgehen läßt" [54]. Und der deutsche Biologe FRIEDRICH CRAMER geht in diesem Zusammenhang sogar noch einen Schritt weiter, wenn er sehr treffend feststellt: „Der Mensch wird nicht glücklich durch Befriedigung seiner Wünsche, sondern durch Hoffnung auf diese Befriedigung". Wenn er sich durch immerwährende Wunschsättigung keine Hoffnungsperioden gönnt, wenn er sich nicht zeitweise enthält und dadurch die Hoffnung nährt, dann wird die Wunscherfüllung schal, zur Routine und abgeschmackt [55].

So trägt der technische Fortschritt – je weiter er fortschreitet – immer weniger menschliche Züge. Die deutsche Germanistin GERTRUD HÖHLER gibt deshalb für den abendländischen Fortschrittsmenschen folgende Prognose ab: „Erst als Sklave seiner Maschinen und in Angstträumen vor den Weiterungen seiner Entdeckungen besinnt sich der fortschrittliche Europäer auf den Menschen selbst". Man hatte sich in den letzten Jahrhunderten der großen Täuschung hingegeben, daß die Vervielfachung der technischen und ökonomischen Mittel eine Ausweitung der Freiheit mit sich brächte. Dabei ist aber gerade das Gegenteil der Fall! Der Mensch konnte zwar aus einem Dasein beschränkter Möglichkeiten ausbrechen, dafür ist er jedoch in die Gefangenschaft neuer materieller Zwänge geraten. Diese werden zunehmend zu Ketten, die für Freiheit weniger, statt mehr Spielraum lassen [56;57].

Der volksverführerische Trick der letzten Jahrzehnte besteht zudem in der Verheißung, wirtschaftliches Wachstum werde dazu führen, daß schließlich einmal alle gleichviel haben. Das ist jedoch ein Widerspruch in sich, denn der Vergleich mit dem Status und dem Vermögen der wohlhabenden Schicht wäre ja dann nicht mehr Antriebsfeder für noch mehr Konsum, einem Konsum, der von einer psychologisch immer raffinierteren Werbung eifrigst propagiert wird, und deren Wirkung sich nur ganz starke Persönlichkeiten entziehen können. Schließlich sind alle gesellschaftlichen Schichten davon überzeugt, daß es in erster Linie der Reichtum ist, der Ansehen und Rang in der Gesellschaft ermöglicht. Darum wird ja auch der Reichtum vorgezeigt: mit dem schöneren Haus, dem größeren Auto, dem teureren Pelzmantel, dem luxuriöseren Urlaub. Doch schon vor 90 Jahren stellte der amerikanische Gesellschaftsanalytiker THORSTEIN VEBLEN zu diesem Thema fest, daß erhöhter Besitzstand auf die Dauer kein größeres Vergnügen bereite als der vorherige, da erneut Vergleiche zum Besitz noch reicherer Leute gezogen würden, wodurch wiederum **Unzufriedenheit** und zusätzliche Anstrengungen ausgelöst werden [58]. Deshalb ist es auch reine Volksverdummung, wenn Wirtschaftspolitiker den Eindruck erwecken, das Maß menschlichen Glücks und künftiger gesellschaftlicher Wohlfahrt richte sich nach der Höhe des Bruttosozialprodukts.

Der Geldwert aller in einer Volkswirtschaft produzierten Dienste wird **Bruttosozialprodukt (BSP)** genannt. Es ist ein Maß für die wirtschaftliche Leistungsfähigkeit der Gesellschaft, aber auch für ihre wirtschaftliche Macht, die eng mit der politischen Macht des jeweiligen Staates zusammenhängt. Weil aber Umweltqualität und soziale Bedingungen durch das BSP nicht berücksichtigt werden, ist es ein umstrittenes Wohlstandsmaß [59]. Aus der Unterordnung der Natur unter das Kapital resultiert die Meinung, man könne das Sozialprodukt beliebig steigern, und es ausschließlich als Einkommen der Arbeit, des Kapitals (des Sparens) und der Forschung betrachten, ohne den Endlichkeits-Charakter der Natur und den Unendlichkeits-Charakter des Geldes beachten zu brauchen [59a].

Da man heute dieses Bruttosozialprodukt als universellen Indikator für Volkswohlstand und -prosperität benutzt, ergeben sich dann folgende Ungereimtheiten: Das BSP beispielsweise des Jahres 1979 belief sich für den DurchschnittsUSA-Bürger wie für den Bundesdeutschen auf rund 11.000 Dollar, für den Durchschnitts-Nepalesen dagegen nur auf 130 Dollar. „Nach allen Regeln der Ökonomie müßte der Nepalese längst tot sein, denn er verfügt nur über ein Vierundachtzigstel unseres Einkommens. – Doch siehe da, er lebt! Er lebt zwar weit unter dem sogenannten Existenzminimum , aber dennoch in der Regel ganz zufrieden" [60]. Der fundamentale Fehler in dieser Bewertungsmethode liegt darin, daß das Bruttosozialprodukt in schönster wissenschaftlicher Wertfreiheit Gutes und Schlechtes zusammenzählt [61]. In das BSP werden ja alle volkswirtschaftlich meßbaren Leistungen aufgenommen, ob sie nun Gewinn bringen oder Kosten verursachen. Die Aufwendungen für die Wiederherstellung der menschlichen Gesundheit beispielsweise gehen ebenso in die Summierung ein, wie die von Jahr zu Jahr steigenden Reparaturmaßnahmen an unseren Lebensgrundlagen durch technischen Umweltschutz. Richtigerweise sollten diese volkswirtschaftlichen Kosten aber dagegen gerechnet werden. Der materielle Nutzen der gegenwärtigen Wirtschaftsweise würde sich nämlich gewaltig reduzieren, würde eine echte Kosten-Nutzen-Rechnung vorgenommen werden. Eine solche, die den ganzen Menschen wie auch die natürlichen Lebensgrundlagen einbezieht, ist bis heute noch nie angestellt worden [62]. Darüber hinaus gilt ganz allgemein das Gesetz, daß der zusätzliche Nutzen in dem Maße abnimmt, je höher der Aufwand ist, der zu dessen Erzielung getrieben werden muß, bis der Nutzen schließlich in Schaden umschlägt (vergl. Gesetz von abnehmenden Ertragszuwachs).

Ein weiteres Indiz für den **Irrtum,** der in der Theorie **der klassischen Natio-nalökonomie** liegt, ist die Annahme, mehr Wohlstand würde automatisch ein friedvolleres Zusammenleben der Menschen ermöglichen. So waren die Reformer des 18. und 19. Jahrhunderts davon überzeugt, daß Verbrechen und vor allem Raub und Gewaltverbrechen auf Armut und Unwissenheit zurückzuführen seien. Die Ereignisse haben jedoch diese simple Annahme nicht bestätigt! Der höhere Lebensstandard und die Hebung der Allgemeinbildung in allen reichen Ländern waren während der letzten zwei Jahrzehnte von einer steigenden Anzahl von Gewaltverbrechen begleitet [63]. Inzwischen ist weltweit erwiesen, daß der Aufwand, den die Regierungen zur Gewährleistung der „Inneren Sicherheit" und zur Bekämpfung des Verbrechens treiben müssen, mit steigendem Wohlstand zu-, und nicht etwa abnimmt. Das Drogenproblem in den Industriestaaten ist der beste Beweis dafür. Die Zahl der Straftaten im „Wirtschaftswunderland Bundesrepublik Deutschland" hat sich beispielsweise in den 15 Jahren von 1965 bis 1979 – also in einer Epoche des wirtschaftlichen Aufschwungs – fast verdoppelt [64]. In den USA ist die Entwicklung noch viel ungünstiger. Darüber hinaus zeigt sich, daß die Quote der aufgeklärten Kriminalfälle in den Industrieländern eher sinkt als steigt [65].

Die technischen Möglichkeiten sind heutzutage beachtlich und für die Menschen faszinierend. Sie hoffen, mit ihnen alle irdischen Probleme wegräumen und jedermann ein unbeschwertes Dasein garantieren zu können. Doch es wird immer deutlicher, daß der Mensch nicht nur materielle, sondern sehr wohl auch geistig-seelische Bedürfnisse hat. Wenn sie vernachlässigt werden, oder vor lauter „Mithaltenwollen" in unserer Wohlstandsgesellschaft nicht mehr zum Zuge kommen, gibt es psychische Probleme.

Bestrebungen nichtmaterieller Art, wie etwa der für ein glückliches und ausgeglichenes Leben wichtige Wunsch nach Freundlichkeit, Hilfsbereitschaft, sozialer Integration, Anerkennung oder gar Liebe werden von der modernen Ökonomie nur insoweit berücksichtigt, als sie den Warenabsatz und den Geldumsatz fördern. Den Ökonomen erscheint überhaupt alles, das nicht mit Geld meßbar ist, fragwürdig oder gar wertlos [66]. Dies gilt besonders für die seelischen und kulturellen Bedürfnisse. Sie sind in volks- und betriebswirtschaftlichen Rechnungen nicht vorgesehen. Meist werden die anstehenden Probleme wie auch deren Lösungen von den entsprechend ausgebildeten Fachleuten und Spezialisten nur vordergründig-rational beurteilt, emotionale Faktoren aber werden ignoriert. Dies kann auch nicht anders sein, weil die entsprechenden Fähigkeiten bereits verkümmert sind oder gar nie vorhanden waren. So kommt es auch, daß bei Produktionsprozessen beispielsweise in Großbetrieben und -unternehmen nur noch sehr wenige Beschäftigte das Gefühl einer intelligenten und kreativen Teilnahme am gemeinsamen Ganzen haben [67].

Von der **Ignoranz immaterieller Werte** sind auch die Leistungen der Familie betroffen. Dies, obwohl der Wert familieninterner Aufgaben wie Erziehung, Vermittlung von Kultur, Ethik, Religiosität und psychischem Halt nach Ansicht des amerikanischen Psychologen TIBOR SCITOVSKY mindestens genauso groß ist, wie der Wert der ökonomischen Befriedigung durch Güter und Dienstleistungen. Im Gegenteil: Nur die intakte Familie als die kleinste soziale und soziologische Einheit eines Staates ist in der Lage, Bestand und Wohlfahrt eines Volkes auf Dauer zu sichern. SCITOVSKY folgert daraus, daß der Wert des Sozialprodukts, verglichen mit den gesamten menschlichen nicht-ökonomischen Befriedigungen, sogar relativ unbedeutend ist [68]. Für den Menschen ist die Familie zweifellos auf lange Sicht die Basiseinheit der gesellschaftlichen Organisation, und zwar so zwingend, daß, wenn sie nicht vorhanden ist, sich keine anderen gesellschaftlichen Strukturen entwickeln können [69].

Die meisten Politiker der Industrieländer glauben, den **Umweltschutz nur durch stetiges Wirtschaftswachstum** und steigenden Konsum bezahlen zu können. Dies klingt auf den ersten Blick zwar einleuchtend, ist jedoch aus ökologischer Sicht ein großer Irrtum. Man geht nämlich bei uns in größter Selbstverständlichkeit vom heutigen (zu hohen) Lebensstandard wie auch von einem Stand der Industrialisierung aus, der schon jetzt die Biosphäre überfordert. Wir meinen, unsere derzeitigen Ansprüche an Luxus, Bequemlichkeit und Mobilität um jeden Preis halten zu müssen, haben aber die uns umgebende Natur noch nicht gefragt, ob sie dabei mitmacht. Derart laienhafte Politiker sollten sich aber endlich einmal fragen, wie es denn unsere Urahnen in einer eher ärmlichen Agrargesellschaft überhaupt schaffen konnten, ohne „Umweltpfennig"

über die Runden zu kommen. Oder anders gesagt: Das Argument, Wirtschaftswachstum bilde die Grundvoraussetzung zum Schutz der Umwelt ist ebenso
pervers wie wenn man fordern würde, man müsse zur Finanzierung der Erforschung und Behandlung von Lungenkrebs den Tabakkonsum steigern, um so
an die nötigen Steuereinnahmen heranzukommen [70]. Nach dem Motto „Augen zu und durch" verkennen die Verantwortlichen dabei, daß es gerade der
technologische Fortschritt mit seinem bequemeren Leben ist, der die Umweltzerstörung und -vergiftung hervorgerufen hat. Diese „Kehrseite der Medaille"
wird dem Volk aber ohne weiteres zugemutet.

Ganz abgesehen davon ist das, in den letzten Jahrzehnten zu beobachtende
Tempo des Wirtschaftswachstums auf die Dauer nicht durchzuhalten. Denn
hinter gleichbleibenden Wachstumsraten verbirgt sich eine ungeheuere Beschleunigung. So verdoppelt sich der Verbrauch an Rohstoffen und Material
bei 7prozentigem Wachstum schon nach 10 Jahren: man wäre nach 100 Jahren
schon beim 1.024fachen angelangt! Dieses „quantitative Wachstum" kann und
darf nicht fortgesetzt werden [71].

Das Fatale an der modernen Ökonomie ist, daß die Wirtschaft inzwischen zum
rastlosen Antrieb einer Dynamik geworden ist, die sich verselbständigt hat. Sie
treibt besinnungslos eine Entwicklung voran, deren wichtigstes Ziel die Beschleunigung der eigenen Dynamik, sprich: Bedürfnisweckung und
-befriedigung ist [72;73]. Das Dogma vom ständigen wirtschaftlichen Wachstum dürfte somit die ökologisch folgenschwerste Theorie sein, die dem Menschen jemals in den Sinn gekommen ist.

Selbstverständnis und Ethik
des abendländischen Fortschrittsmenschen

Geht es um das Verhältnis zur Natur, ist der abendländische Kulturkreis in hohem Maße von Selbstgefälligkeit geprägt. Der Natur gestanden wir bisher und
gestehen wir noch heute kaum einen oder keinen Eigenwert zu. Sie ist nur insofern wertvoll, als sie uns für unsere Zwecke nützlich erscheint. Diese Sichtweise führte, wie wir wissen, zu ihrer Schädigung und Zerstörung. Dabei hat es

immer wieder Menschen gegeben, die seit Beginn der Industrialisierung eindringlich vor der Zerstörung der Natur gewarnt haben. Sie wurden jedoch nie wirklich ernst genommen, ihre Warnungen wurden vielmehr totgeschwiegen. Nachdem sich aber in jüngster Zeit die Berechtigung ihrer Warnungen immer deutlicher zeigte, feindet man sie dennoch als „Schwarzseher" und unverbesserliche Pessimisten an.

Wir sollten uns aber heute mehr denn je darüber klar werden, daß unsere Grundhaltung in ihrer ökonomisch- egozentrischen Art nur auf die gerade lebende Generation ausgerichtet ist. Sie ist jedoch nicht dazu geeignet, das Leben künftiger Menschengenerationen oder gar die Existenz der Mit-Lebewelt auf unserem Planeten zu sichern. Im Hinblick auf die Endlichkeit der Ressourcen auf der Erde kommt dieses Verhalten aber geradezu einer Selbstzerstörung gleich. Durch nichts in der Welt ist nämlich gerechtfertigt, daß wir – mit Blick auf die Ausbeutung, ja Plünderung der Erde – heute leichtfertiger- und unnötigerweise innerhalb nur weniger Jahrzehnte das in Millionen Jahren Gewordene verprassen.

Unser gestörtes Verhältnis zur Natur und zu den Mitgeschöpfen

Erst wenn der letzte Baum gerodet,
der letzte Fluß vergiftet,
der letzte Fisch gefangen ist,
werdet ihr feststellen,
daß man Geld nicht essen kann.

Prophezeiung der CREE-INDIANER an den Weißen Mann

Das Universalgenie LEONARDO DA VINCI war es, der bereits um das Jahr 1500 die verheerenden Folgen für die Natur gedanklich vorwegnahm, die das industrielle Zeitalter viele Hundert Jahre später mit sich bringen sollte. Angesichts der Grausamkeiten zu denen der Mensch fähig ist, schrieb er in einer Art visionären Vorahnung: „Man wird Geschöpfe auf Erden sehen, die einander fortwährend bekämpfen werden. Sie werden keine Grenze kennen in ihrer Bosheit. Durch ihre rohen Glieder werden die Bäume in den riesigen Wäldern der

Welt größtenteils dem Erdboden gleichgemacht werden, und wenn sie satt sein werden, dann werden sie zur Befriedigung ihrer Gelüste Tod und Leid, Drangsal, Angst und Schrecken unter allen lebenden Wesen verbreiten. Da wird auf der Erde, unter der Erde oder im Wasser nichts übrig bleiben, was sie nicht verfolgen, aufstöbern und vernichten werden, und auch nichts, was sie nicht aus einem Land in ein anderes schleppen werden" [74].

So richtig begonnen hat die **materialistische Denkweise** allerdings erst im 17. Jahrhundert, eingeleitet durch den französischen Philosophen und Mathematiker RENÉ DESCARTES (1596-1650), einem der wichtigsten Begründer der bis heute gültigen mechanistischen Weltauffassung. Tiere zum Beispiel waren für ihn – einem durchaus gläubigen Menschen – reine Mechanismen ohne Gefühle, ohne Empfindungen, nichts als Maschinen. „Wenn ein Tier schreit, das man schlägt, so bedeutet das nicht mehr, als wenn die Orgel ertönt, deren Taste man niederdrückt", meinte er. Wissenschaftliche Erkenntnisse können und sollten seines Erachtens dazu genutzt werden, „uns zu Herren und Besitzern der Natur zu machen" und: die Methode der Naturwissenschaft soll „die Austreibung der Geister aus der Natur sein" [75;76;77]. Leider Gottes ist von dieser schrecklichen Irrlehre einiges an Gedankengut in die heutige Zeit herübergenommen worden.

Selbst die **romantische Geistesströmung**, die dann im 18. Jahrhundert mit dem deutschen Dichter JOHANN WOLFGANG VON GOETHE und dem französischen Philosophen und Schriftsteller JEAN JACQUES ROUSSEAU ein gewisses Gegengewicht aufbaute, konnte die ausbeutende Grundhaltung nicht verändern. Ihre naturschonende Botschaft, die auch später fast ausschließlich von Schriftstellern und Philosophen am Leben gehalten wurde, übte zwar gewisse Einflüsse auf die klassischen Wissenschaften aus, wurde aber von diesen nie in die Lehre integriert und letzten Endes auch wieder verdrängt [78].

Später dann, nämlich im Jahre 1913 beklagte der deutsche Philosoph LUDWIG KLAGES die neuzeitliche Naturzerstörung wie etwa die Hinschlachtung der Wale, Elefanten und Pelztiere, die Verschandelung der Landschaft mit Schienensträngen, Starkstromleitungen und Mietskasernen, die Begradigung der Flüsse, das Abholzen der Hecken, die Austrocknung von Weihern sowie die

Luft- und Gewässerverschmutzung durch die Fabriken. Er sah es schon damals kommen, daß sich das Landschaftsbild in Europa „in ein mit Landwirtschaft durchsetztes Chicago" zu verwandeln beginnt [79].

Den Unterschied zwischen dieser unserer Ethik und jener anderer, mit der Natur noch mehr verbundenen Völker, wie etwa den Ureinwohnern Amerikas, läßt der amerikanische Schriftsteller THEODORE ROSZAK einen Indianer wie folgt herausschälen: „Die Weißen haben sich nie um Land, Wild und Bär gekümmert. Wenn wir Indianer Wild töten, essen wir alles auf. Wenn wir Wurzeln ausgraben, hinterlassen wir keine Löcher. Wir pflücken Eicheln und Tannenzapfen. Wir fällen die Bäume nicht, wir benutzen nur trockenes Holz. Aber die Weißen pflügen den Boden, fällen die Bäume und töten alles. Die Bäume sagen: „Tut es nicht. Es schmerzt uns, verletzt uns nicht!" Aber sie fällen den Baum und zerhacken ihn. Der Geist des Landes haßt sie. Die Indianer verletzen niemals etwas, aber die Weißen zerstören alles. Sie sprengen Felsen und zerstreuen sie auf dem Boden. Die Felsen sagen: „Tut es nicht, ihr verletzt uns." Aber die Weißen achten nicht darauf. Wenn die Indianer Felsen benutzen, dann nehmen sie kleine, runde Stücke für ihre Kochstellen. Wie kann der Geist der Erde den weißen Mann lieben? Wo immer der weiße Mann sie berührt hat, wurde sie wund" [80].

Die allgemeine Umorientierung zu einer naturfeindlichen Grundhaltung wurde unter anderem auch dadurch verstärkt, daß der moderne Mensch durch die Technik immer stärker von seiner natürlichen Umwelt, mit der er an sich untrennbar verbunden ist, abgeschirmt wird. Überwiegend erlebt er „Natur" nur noch insofern, als sie verarbeitet, also umgewandelt ist [81].

Des Europäers Verhältnis zur Mit-Lebewelt läßt sich am besten am Beispiel der **Nutztiere** verdeutlichen, die der Willkür der Menschen ja seit jeher unmittelbar ausgesetzt waren, und die heutzutage angesichts der allgemeinen **Produktionsmentalität** besonders effektiv „ausgenutzt" werden: Schweine und Kälber verbringen ihr Leben auf engstem Raum zusammengepfercht nur im Hinblick auf die Schlachtbank. Sie gelangen meist nie ans Tageslicht – erstere, damit sie aufgrund fehlender Bewegung möglichst rasch Gewicht ansetzen, „letztere, damit ihr Fleisch dadurch, daß sie nie grünes Gras zu fressen bekommen, konsumgerecht weiß bleibt" [82]. Den Hühnern geht es ähnlich. Sie werden in Legebatterien gehalten, auf deren schrägen Drahtgittern sie kaum richtig stehen können. Und dies alles nur, um Eier möglichst rationell und billig „herstellen" zu können [83]. Diese Legehennen verbringen in Käfigen von der Größe eines DIN-A4-Blattes ihr kurzes Dasein, bevor sie im Kochtopf landen. Das Gesetz schreibt für jede Henne eine Käfigbodenfläche von nur 450 Quadratzentimeter vor (ein DIN-A4-Blatt hat 620 Quadratzentimeter!). Von den 40 Millionen Legehennen in der Bundesrepublik Deutschland sind 80 bis 90 Prozent in solchen Käfigen untergebracht, bei 16 Stunden künstlichem Licht und einer Lebenserwartung von knapp einem Jahr [84]. Kennzeichnend dafür, daß die lebensverachtende Produktionsmentalität auch (oder gerade ?) die zum kritischen Denken geschulten Köpfe erfaßt hat, ist die leidige Tatsache, daß es in den landwirtschaftlichen Hochschulen Deutschlands Fakultäten mit den Namen „Tierproduktion" und „Pflanzenproduktion" gibt. So nimmt es nicht Wunder, wenn sich die Begründung zur Anwendung der Gentechnik in der Tierzucht im agrarischen Amtsdeutsch wie folgt anhört: „Biotechnische Maßnahmen dienen der gezielten Kontrolle und Beeinflussung von Körperfunktionen zum Zwecke der Planung und Steuerung von Vorgängen und Abläufen in der Tierproduktion. Biotechnische Steuerung bei Nutztieren ist in erster Linie auf die Funktionen der Fortpflanzung gerichtet, sie betrifft aber auch andere produktionsrelevante Körperfunktionen" [85].

*Abb. 21: Tierversuche sind der Gipfel menschlicher Ignoranz und Gefühllosig-
keit gegenüber unseren Mitgeschöpfen (Quelle: Internet)*

Das Tier wird also „produziert" wie eine Ware oder ist meist nichts anderes **als**
eine **Maschine**, die zu funktionieren hat. Das gilt nicht nur für Nutztiere im en-
geren Sinne, sondern auch für solche, mit Hilfe derer wir Menschen unseren
Ehrgeiz befriedigen oder zu Ehre kommen wollen. Ich denke da etwa an
„Sportarten" wie den kreaturschindenden Military-Ritt (wenn ein Pferd dabei
den Fuß bricht, muß es erschossen werden) oder den Dressur-Ritt, bei dem die
Pferde solange auf empfindliche Körperteile geschlagen werden, bis die Übung
sitzt. Und dies alles nur, damit das Volk seine Helden, seine Weltmeister, seine
Sensationen hat! Ein anderes, sehr alltägliches Beispiel ist die hierzulande übliche Sportfischerei. Zwar gibt es bei uns ein Tierschutzgesetz, wonach eigentlich „niemand einem Tier ohne vernünftigen Grund Schmerzen, Leiden oder

Schäden zufügen darf". Was aber geschieht mit den vielen geangelten Fischen, die wegen zu geringer Größe ins Wasser zurückgeworfen werden, oder gar mit denen, die als lebende Köder an die Angelhaken gehängt werden? Sie siechen qualvoll dahin oder verenden an Streß und Wundinfektionen. Das schlimme ist, daß der Zweck der Sportangelei nicht die Nahrungsbeschaffung ist, sondern erklärterweise eben der „Sport" und damit das Freizeitvergnügen. Bedenklich bei diesen Beispielen ist, daß viele unter uns in ihrem Empfinden für die lebende Kreatur derart abgestumpft sind, daß ihnen diese Quälereien zum Zeitvertreib gar nicht mehr als solche bewußt sind [86].

Diese unsere Verhaltensweisen gegenüber Mitgeschöpfen haben Ursachen. Ursachen, die uns erst beim genaueren Hinsehen auffallen und die geschichtlich sehr weit zurückgehen. Viele Theologen und Philosophen machen das **Christentum** für die bei uns herrschende Grundhaltung gegenüber Natur und Mitwelt verantwortlich: Noch im mittelalterlichen Mönchtum, wo der Mensch aufgefordert wird, den Garten Eden zu bauen und zu bewahren, war noch die Zugehörigkeit des Menschen zur Natur betont worden (siehe Genesis 2,15). Später rückte dann die in Genesis 1,28 enthaltene Forderung **„Macht euch die Erde untertan!"**, in den Vordergrund [87]. Im Gegensatz beispielsweise zu östlichen Religionen geht die christliche von einer weiten Kluft zwischen Gott und Mensch aus, einer Vorstellung, die aus dem alten Judentum stammt und besonders den Religionen der semitischen Völker eigen ist. Von Bedeutung ist in diesem Zusammenhang der Glaube, daß Gott den Menschen zwar wie alles andere geschaffen hat, aber eben nach seinem Ebenbild. Dadurch erhält der Mensch quasi einen Sonderstatus, der ihm in dieser Form in den meisten anderen Weltreligionen nicht zukommt [88].

Ferner ist es nach christlicher Auffassung durchaus nicht so, daß der persönliche Gott im Sinne eines **Pantheismus** in des Menschen Umwelt, also in der gesamten Natur enthalten wäre, sondern er wirkt über den Heiligen Geist nur im und für den Menschen. Magische Vorstellungen, die in Wind und Strauch, in Baum und Tier göttliche Kräfte sehen, oder in ihnen gar Gottheiten verehren, wurden denn auch im Zuge der Christianisierung immer wieder bekämpft. Vor allem auch, als die heidnischen Völker des Abendlandes zum Christentum bekehrt werden sollten galt es, durch eine Neutralisierung der Natur, naturreligiö-se Einstellungen abzubauen und den Weg für einen **Monotheismus** zu ebnen [89]. Im Spätmittelalter versuchte das Christentum dann diese Neutralisierung wieder etwas zu korrigieren, was sich in der Naturmystik des heiligen FRANZ VON ASSISI (1182-1226) zeigte. Doch war wohl damals schon unwiderruflich die Grundlage für das Entstehen der modernen Naturwissenschaften entstan-den, und damit auch die Bereitschaft zu unbegrenzten Eingriffen in die Natur. Aber das Christentum wurde nicht nur Ausgangspunkt für die modernen Wis-senschaften, die dann zu einer weiteren Vergrößerung der Diskrepanz zwischen Mensch und Natur führten, sondern es vergrößerte in der Folgezeit diese Kluft auch aus sich selbst heraus noch weiter [90].

Die Vorstellung, der Mensch sei berufen, die Natur zu beherrschen, hatte aber zur Folge, daß ihr jeglicher Eigenwert überhaupt abgesprochen wurde. Sie war nunmehr nur noch von materiellem Wert, insofern nämlich, daß einzig noch ih-re Nutzbarkeit für den Menschen von Belang war [91]. Nach Auffassung des evangelischen Theologen HANS-JÜRGEN BADEN bleibt die Gleichgültigkeit gegenüber der Natur ein trauriges Kapitel der christlichen Geschichte [92]. Et-was vereinfacht kann man sagen, daß – bedingt vor allem durch die christliche Tradition – die Trennung zwischen Mensch und Natur dem abendländischen Kulturkreis eigen ist [93].
Der Rat der Evangelischen Kirche Deutschlands und die Deutsche Bischofs-konferenz bemühen sich neuerdings, Versäumtes nachzuholen und räumen zu dieser Frage ein: „Wir Christen haben uns vielfach dem Zeitbewußtsein und dessen Abwertung der natürlichen Umwelt zu unkritisch angepaßt und darüber die Lehre von der Schöpfung faktisch verkürzt. Theologie und Predigt hatten diese Lehre fast ausschließlich auf das Verhalten Gottes zum Menschen einge-engt, sie wurde mit den Einsichten der neuzeitlichen Naturwissenschaft erst spät ins Gespräch gebracht. Wie konnte es dazu kommen? Wir stellen diese Frage nicht anklagend, sondern um zu verstehen und Versäumtes nachzuho-len".
Hinsichtlich der Sonderstellung des Menschen innerhalb der Schöpfungsord-nung, die in dem Auftrag „Macht euch die Erde untertan und herrscht über alle Tiere" zum Ausdruck kommt, betonen die beiden Kirchen aber: „Die beiden

Schlüsselworte „untermachen / unterwerfen" und „herrschen" müssen weit behutsamer gedeutet werden, als dies vielfach geschah. Sie dürfen nicht im Sinne von „Unterdrückung" und „Ausbeutung" verstanden werden" [94].

Schließlich möchte ich noch auf einen ganz anderen Problempunkt in unserem Verhältnis zur Natur hinweisen: Die Spezialisierung in unserer modernen arbeitsteiligen Gesellschaft bringt es mit sich, daß der Mensch eine immer größere Spanne seines Lebens braucht, um Bruchteile des inzwischen angesammelten Wissens aufzunehmen, zu sortieren und geistig zu verarbeiten. So sind wir in **Wissenschaft und Forschung** gezwungen, uns auf einen ganz kleinen Teil des Ganzen zu spezialisieren, um überhaupt noch ernstgenommen zu werden. Bei zunehmender Gesamtmasse des angehäuften Wissens wird dann der wissenschaftliche Beitrag des Einzelnen immer kleiner. Gleichzeitig trägt jeder mit seinem eigenen Forschungsbeitrag natürlich dazu bei, daß sich die Gesamtlawine an Wissen noch mehr vergrößert. Es versteht sich von selbst, daß unter diesen Umständen die Übersicht verlorengeht; eine Übersicht, die angesichts der weltweiten ökologischen Probleme und der damit verbundenen zunehmenden Notwendigkeit querschnittsorientierten Denkens immer wichtiger wird. Das Behalten der Übersicht und das Herauspräparieren des Wesentlichen und ökologisch Relevanten ist jedoch äußerst schwierig, zumal alle ökologischen Probleme komplexester Natur sind. Es überrascht dann nicht mehr, wenn sich die Wissenschaftler zunehmend zu „Fachidioten" entwickeln, die nicht mehr über den Tellerrand ihres Fachgebietes hinaussehen. Das Spezialwissen ist dann zwar beachtlich, die Aussichten, es in konkreten Fällen nutzbringend anzuwenden, jedoch gering. Der Volksmund sagt zwar: „Wissen ist Macht", aber es nutzt gar nichts, viel zu wissen, wenn man dabei das Wesentliche übersieht. Nicht von ungefähr kommt der Schweizer Chemiker und Philosoph MAX THÜRKAUF zu der spöttischen Feststellung: „Wissenschaft treiben heißt heute, über immer weniger mehr wissen, bis man von nichts alles weiß". Mit der Schrift wurde die Anhäufung von Wissen und Information vervollkommnet. Seitdem werden ganze Berge von Wissen von Generation zu Generation vergrößert und weitergewälzt. Die Informationslawine ist so groß, so angewachsen, daß gewisse Wissenschaftler auf die verrückte Idee kamen, der Mensch besäße gar kein ererbtes Wissen, sondern nur das, was er jeweils nach der Geburt erlernt habe [95]. Nach sicher berechtigter Auffassung des englischen Ökologen ERNST FRIEDRICH SCHUMACHER nehmen nun aber gerade jene Leute, die ausgerechnet aufgrund ihres „Kopfwissens" als fachliche Autoritäten gelten, die Diskrepanz zwischen Problem und Lösung häufig überhaupt nicht mehr wahr. So geht es im Bereich der Grundlagenforschung in aller Regel weniger um die möglichen Folgen für die Umwelt, sondern lediglich um die sogenannte reine Erkenntnis. Da man die Folgen gar nicht abschätzen könne und wolle, müsse man sich auch nicht dafür interessieren, lautet vielfach die Begründung [96]. Zu denken gibt uns in diesem Zusammenhang, daß kein Geringerer als der deutsche Physiker ALBERT EINSTEIN von den Naturwissenschaftlern sagte, viele von ihnen hätten ein geringes soziales Verantwortungsgefühl und fast alle seien zudem noch ökonomisch völlig abhängig [97].

Geldhörigkeit und Reichtumstreben

HABEN verhindert ERHABEN
REICHTUM verhindert ERREICHEN
Wer FÜLLE meidet, erreicht ERFÜLLUNG

Lao Tse

Das Streben nach Besitz und Reichtum ist ein Wesenszug, der ursächlich sehr eng mit unserer allgemeinen Grundhaltung verknüpft ist, wegen seiner ökologisch-sozialen Auswirkungen aber einer ausführlicheren Betrachtung bedarf. Ohne den nachfolgenden Kapiteln vorgreifen zu wollen möchte ich doch zwei ins Auge springende, gleichzeitig aber erschütternde Gegensätze schlaglichtartig an den Anfang dieses Kapitels stellen:

1. Im September 1989 verfügten die 400 reichsten US-Amerikaner über 269 Milliarden Dollar (rund 510 Milliarden Mark), fast 50 Milliarden mehr als im vergangenen Jahr. Die Zahl derjenigen, deren Vermögen in Milliarden gezählt wird, hat sich von 51 auf 66 erhöht. In den USA leben zwar mehr Milliardäre als in jedem anderen Land, doch kommen die 8 reichsten Männer des Planeten von woanders her: An der Spitze stehen 6 Japaner, ein Südkoreaner und ein Kanadier [98].

2. Die Zahl der Menschen, die unterhalb der Armutsgrenze leben, nimmt laut einem Bericht der Vereinten Nationen ständig zu. Schon 1986 mußte ein Fünftel der Erdbevölkerung – das sind 1,1 Milliarden Menschen – mit weniger als 300 Dollar pro Jahr auskommen. Die Gründe: Anhaltende Landflucht, rasantes Bevölkerungswachstum, Schuldenproblem in den Entwicklungsländern [99].

Soweit zwei Presseberichte in der Form nüchterner und wertfreier Feststellung europäischer Berichterstattung. Aber lassen wir einmal einen Menschen zu Wort kommen, welcher der Dritten Welt angehört. Nicht etwa einen, der kurz vor dem Verhungern steht, sondern einen, dem aus einem anderen Kulturkreis und damit einem anderen Blickwinkel heraus die **Geldhörigkeit des Weißen Mannes** auffällt:

„Das Gewicht eines Mannes in der weißen Welt", so ein Südseehäuptling namens TUIAVII, „ist nicht sein Adel oder sein Mut oder der Glanz seiner Sinne, sondern die Menge seines Geldes. Wenn nun einer viel Geld hat, viel mehr als die meisten Menschen, soviel, daß Hundert, ja Tausend Menschen sich ihre Arbeit damit leicht machen könnten – er gibt ihnen nichts; er legt seine Hände auf das runde Metall und setzt sich auf das schwere Papier mit Gier und Wollust in den Augen. Und wenn du ihn fragst: „Was willst du mit deinem vielen Gelde machen? Du kannst auf Erden doch nicht viel mehr als dich kleiden, deinen Hunger und Durst stillen?" – So weiß er nichts zu antworten oder er sagt: „Ich will noch mehr Geld machen. Immer mehr; und noch mehr." Und du erkennst bald, daß das Geld ihn krank gemacht hat, daß alle seine Sinne vom Geld besessen sind. Er kann nicht so denken: Ich will ohne Beschwerde und Unrecht aus der Welt gehen, wie ich hineingekommen bin; denn der große Geist hat mich auch ohne das runde Metall und das schwere Papier auf die Erde geschickt. Daran denken die wenigsten. Die meisten bleiben in ihrer Krankheit, werden nie mehr gesund im Herzen und freuen sich nur der Macht, die ihnen das viele Geld gibt. Sie schwellen auf in Hochmut wie faule Früchte im Tropenregen" [100].

Diese Beurteilung wurde zwar schon vor 80 Jahren abgegeben, sie stimmt aber nach wie vor, denn an dieser unserer Einstellung hat sich nichts geändert.

Im Übrigen kommt BIG BILL NEIDJIE, ein australischer Ureinwohner und sogenannter „Aborigine" zu einem ähnlichen Urteil, wenn er im Jahre 1988 anläßlich der 200-Jahr-Feiern zur Kolonialisierung Australiens durch die Engländer feststellt: „Alles, was die Weißen wollen ist Geld, Geld, Geld. Ihre neue Art heißt Tee, Zucker, Mehl, Brot, Butter, Geld, Schluß! Dabei findest du hier überall Essen, das nichts kostet. Du brauchst nur zu graben und zu pflücken. Und es ist gutes, wohlschmeckendes, bekömmliches Essen. Aber die Weißen gehen in die Supermärkte und denken nur an Geschäfte – Geschäfte und Geld". Weiter charakterisiert er die weißen Eindringlinge: „Sie brachten Gewehre mit, mit denen sich Menschen gegenseitig töten. Sie brachten Autos, die Unfälle und weitere Tote bringen. Sie nahmen unser Land und bauten sich Häuser aus Stein und Zement und zwangen uns in ihre Schulen und Missionsstationen. Und sie brachten den Alkohol" [101].

Zurück in unsere Hemisphäre:
Geld, Glück und ein sorgenfreies Leben versprechen heute nicht nur die staatlichen Lotterien, sondern auch Gewinn-Shows im Fernsehen, wie etwa die deutsche „Glücksspirale". Wohl auch deswegen charakterisiert der Journalist FRANZ ALT unser heutiges Selbstverständnis wie folgt: „In den Industriegesellschaften hat Religion einen neuen Namen: Ökonomie. Wo als erfolgreich nur gilt, wer viel Geld verdient, wo wirtschaftliches Wachstum wie eine Religion angebetet wird; wo die Ware das Wahre verdrängt hat, da hat wahre Religion, da hat der wahre Gott keinen Platz mehr" [102].

Dabei war die Maßlosigkeit des monetären Erwerbstrebens nicht zu jeder Zeit der europäischen Kulturgeschichte so stark ausgeprägt wie heute. Sie ist zwar von der **Antike** und seit der Erfindung des Geldes an bezeugt, fand sich jedoch im alten Griechenland immer nur bei Außenseitern der Gesellschaft und wurde von Priestern und Propheten harter Kritik und Regelung unterworfen [103].

Abb. 22: Die Faszination des Geldes.
Aus der Werbung der Glücksspiel-Industrie

Hier bildeten die chrematistischen Auswüchse zur Hochblüte des Römischen Reiches allerdings eine Ausnahme. Bei der Chrematistik, also der **Kaufmannskunst**, ist es nach einer Analyse des griechischen Philosophen ARISTOTELES nicht etwa so, daß sie wie andere Berufe eine Möglichkeit des Broterwerbs darstellt, sondern der Handel geht weit über das hinaus, was notwendig wäre. Er strebt nach Genuß in der Überfülle, dient der persönlichen Bereicherung und führt zu einem unersättlichen Reichtumstreben, womit in der Folge dann auch das Phänomen der allgemeinen Knappheit an Gütern überhaupt erst auftritt [104;105;106]. Eine ganz besonders massive Verurteilung erfährt auch der **Zins** durch oben genannten Philosophen: Hier liegt seiner Meinung nach nicht nur ein allgemeiner chrematistischer Mißbrauch vor, sondern Geld, das natürlicherweise nur Mittel zum Tausch sein sollte, wird über den Zins sogar dazu benützt, sich direkt aus sich selbst heraus zu vermehren. „Der Zins-Wurf stammt als Geld vom Gelde". Er ist etwas, was gänzlich wider die Natur ist, da Geld als tote Substanz kein Geld gebären kann. Auch sein Landsmann PLATON (427-347 v.Chr.) verachtete Handel und Gewerbe und forderte Gesetze gegen das Gewinnstreben. Er erkannte bereits damals, daß eigennützige Interessen zur Zerstörung der Gemeinschaft führen. [107;108;109].

Bei der Ökonomik des ARISTOTELES geht es also nicht um Handel, bei dem ein Gewinn erzielt werden soll. In seiner Lehre stellt der Tauschvorgang vielmehr eine Art gegenseitige, sittliche Gefälligkeitshandlung dar. Ähnlich den Vorstellungen „primitiver" Völker soll der Tausch primär der sozialen Integration dienen. Nicht die Interessen des Einzelnen, sondern diejenigen der Gemeinschaft stehen im Vordergrund [110]. Auf die Geringschätzung des Handels in der Antike deutet im übrigen auch die Tatsache hin, daß der Götterbote HERMES – wie in Rom sein Pendant MERKUR – als Beschützer sowohl den Kaufleuten als auch den Dieben und Wegelagerern diente [111].

Im alten Griechenland waren Luxus und das Streben nach Reichtum im allgemeinen verpönt, und es herrschte beispielsweise der Grundsatz vor, daß Wucher doppelt so hart zu bestrafen sei wie Diebstahl [112;113]. Nicht von ungefähr stellte PITTAKOS, einer der sieben Weisen der damaligen Kultur bereits in der ersten Hälfte des 6. Jahrhunderts vor Christus fest, „Gewinn ist unersättlich", und der griechische Dichter THEOGNIS VON MEGARA klagte am Ende desselben Jahrhunderts (aber auch erst, nachdem er sich selber durch Überseehandel ruiniert hatte): „Maß nicht kennen die Menschen noch Ziel im Trachten nach Reichtum" [114;115].

Zurück in unsere Zeit:
Leute, die an nichts anderes als Gewinn und Geld und an die Stillung ihres Ehrgeizes und ihrer Ruhmsucht denken, gelten heutzutage als normal und angepaßt. Sie wären früher noch mit Wahnsinnigen in Verbindung gebracht worden [116]. Die Dekadenz, die dem maßlosen Reichtumstreben innewohnen kann, deutet der Schriftsteller PETER NOLL an, wenn er meint: „Ich kann eine Villa am Zürichsee, eine in der Toskana, eine weitere in Kalifornien usw. haben, daneben noch viele leerstehende Häuser in manchen Städten; ich benütze keine der Villen oder keines der Häuser, aber ich kann alle anderen von jeder Einwirkung auf meine Villen oder Häuser ausschließen. Darin besteht der höchste Genuß des Eigentums, und dies ist auch der eigentliche **Sinn des Eigentums** für den Eigentümer, wenn jeder andere Sinn vergangen ist. Ich habe nichts davon, aber ich kann wenigstens allen anderen verbieten, etwas davon zu haben." [117].

Ähnlich argumentierte schon vor mehr als 100 Jahren der englische Philosoph und Nationalökonom JOHN STUART MILL, als er feststellte:

„Ich weiß nicht, weshalb man sich dazu beglückwünschen soll, daß Menschen, die bereits reicher sind als irgendeiner nötig hat, ihre Mittel verdoppeln, um etwas zu verbrauchen, was außer als Schaustellung ihres Reichtums nur wenig oder gar keine Freuden verschafft" [118].

Wir Wohlstandsbürger müssen uns heute fragen, welchen Sinn es in einer, bereits im Überfluß lebenden Gesellschaft macht, noch mehr Reichtum und Güter zu scheffeln. Bekanntlich wird die Mehrproduktion ja nicht an die ärmeren Volksschichten verteilt, im Gegenteil: Laut Argumentation der Reichen und Mächtigen bewirkt die ungleiche Verteilung des Geldes überhaupt erst die nötigen Anreize für noch mehr Güterproduktion. So kommt es eben dazu, daß heute beispielsweise die reichsten 0,5 Prozent der amerikanischen Bevölkerung über nicht weniger als 35 Prozent des gesamten Vermögens verfügen, während sie vor 20 Jahren noch lediglich im Besitz von 25 Prozent waren. Demgegenüber sind die Anteile der restlichen Bevölkerungsschichten von 35 auf 28 Prozent zurückgegangen, und zwar am stärksten bei jenen 90 Prozent der Bevölkerung, die nicht zu den „Superreichen", „sehr Reichen" oder „Reichen" gehören. So gibt es heute in den USA weit mehr arme Menschen als bisher angenommen. In einer Studie des Gallup-Instituts heißt es, 45 Millionen Amerikaner oder 18 Prozent der US-Bevölkerung lebten in Armut. Die Regierung hatte bisher von nur 32 Millionen Menschen gesprochen [119]. Und, um mit einem Beispiel aus Europa fortzufahren: In England hatte die dortige Finanz- und Sozialpolitik zur Folge, daß 60 Prozent der gewährten Steuererleichterungen den oberen 20 Prozent der Bevölkerung zuflossen, daß sich demgegenüber das Nettoeinkommen der unteren 10 Prozent weiter verschlechterte und daß sich die Zahl der unterhalb der offiziellen Armutsgrenze lebenden Sozialfürsorge-Empfänger von 6 Millionen auf 12 Millionen Menschen verdoppelte [120;121].

Wie ich selbst als Angehöriger der Nachkriegsgeneration miterleben konnte, hatte der Kampf um Geld und Reichtum in der Bundesrepublik Deutschland als dem europäischen Wirtschaftswunderland par Excellenze nach 1950 unglaubliche Ausmaße angenommen und das ganze Volk erfaßt. Nur wer rüde und „schlitzohrig" genug war und die nötige Ellbogenmentalität besaß, konnte etwas werden und hatte Ansehen. Fortschritt und Güterkonsum begannen zu rasen, die Vermehrung des Bruttosozialprodukts und die Überschwemmung des Volkes mit unnötigen Luxusgütern aller Art wurde zur Norm; ein Standard, der bis heute von der Masse der Menschen nicht angezweifelt wird.

Unser Verhalten gegenüber den Völkern der Dritten Welt

„Noch leben wir in unverantwortlichem Ausmaß auf Kosten anderer Teile der Welt und zu Lasten der Zukunft. Mit der Frage, ob wir dürfen, was wir können, ist es bei weitem nicht mehr getan. Wir können zuwenig, um verantwortlich entscheiden zu können, ob das geschehen darf, was geschehen kann". Dies sagte der Präsident der Bundesrepublik Deutschland, RICHARD VON WEIZSÄCKER anläßlich des 40. Jahrestages der bundesdeutschen Verfassung [122]. – Eine mutige und wahre Feststellung, wenngleich auch politisch sehr vorsichtig formuliert. Nach Ansicht des deutschen Philosophen KARL JASPERS, der die Problematik schon 30 Jahre früher erkannte, war es die abendländische Technokratie, die mit ihrer dominierenden Übermacht allen Völkern ihre Maßstäbe aufgezwungen hat. Ihren Siegeszug und ihre Macht konnte sie aber nur durch den bedenkenlosen Umgang mit der Natur und den Bodenschätzen dieser Erde antreten [123]. Unter dieser weltweiten Verbreitung abendländischer Mentalität leidet heute die gesamt Dritte Welt.

Wir Europäer reden gerne von der Zivilisationslosigkeit anderer Völker, etwa jener der „Eingeborenen" Afrikas, Australiens oder Südamerikas. Dabei verbinden wir in selbstgefälliger Weise den eigenen, scheinbar hohen **Zivilisationsstand** meist auch mit einer höheren Stufe kultureller Entwicklung. Diese ist aber bei näherer Betrachtung nichts anderes als der Stolz auf unsere technischen Errungenschafen. Eine hohe Stufe menschlicher Kultur, die ich einmal als „geistig-seelische Gepflegtheit" bezeichnen möchte, besitzen die sogenannten „Wilden" der Dritten Welt mindestens in gleichem Maße wie wir.

Die **Kolonialisierung** der überseeischen Erdteile, die von uns Europäern vor 200 Jahren mit kompromißlosem missionarischem Eifer, ja Brutalität vollzogen wurde, zählt zu den dunkelsten und unrühmlichsten Epochen europäischer Kulturgeschichte. Von einer relativ hohen Stufe christlich-abendländischer Kultur kann angesichts der völkermordenden Vorgehensweise beispielsweise gegenüber den nordamerikanischen Indianern, später den Australiern und heute gegenüber den letzten Stämmen südamerikanischer Urwald-Indianer wahrhaftig nicht gesprochen werden.

Zu welch brutalen und menschenverachtenden Exzessen sich die europäischen Kolonialherren hinreißen ließen, schildert folgendes Beispiel aus Australien: „Wo die Weißen brauchbares Farmland oder Rohstoffe fanden, wurden die Ureinwohner vertrieben oder kurzerhand abgeschossen. Weiße vergifteten die wenigen Wasserstellen in der Wüste und mischten Arsen ins Getreidemehl, das dann an Ureinwohner verteilt wurde. Weiße infizierten Wolldecken, die sie an Aborigines verteilten, mit Cholera-Bakterien. Aborigine-Männer wurden kastriert und in Ketten zur Sklavenarbeit gezwungen, ihre Frauen gejagt und vergewaltigt. Da es in der „Sträflingskolonie Australien" lange Zeit zu wenig weiße Frauen gab, hielten Farmer eingeborene Mädchen in Ställen für sich und ihre Arbeiter. Aborigines, die im australischen Bundesstaat Victoria leben, erzählen noch heute davon, wie ihnen die Weißen im letzten Jahrhundert ihre Kleinkinder wegnahmen und sie so vergruben, daß nur noch die Köpfe der Kinder aus der Erde ragten. Dann wetteten sie darum, wer die Köpfe der Kinder am weitesten wegschießen konnte" [124].

Dies mag als ein besonders abscheuliches Beispiel menschlicher Verirrung nicht unbedingt repräsentativ für die damalige Zeit sein; trotzdem zeigt es die bis heute gültige grundsätzliche Problematik unseres Umgangs mit **Dritte-Welt- Völkern** auf. In der heutigen Zeit wird zwar weniger brutal, insgesamt aber nicht besser mit den Staaten der Dritten Welt verfahren, was allemal einer **Ausbeutung** gleichkommt. Aus psychischer Sicht kann man nur denjenigen ausbeuten, den man nicht persönlich kennt und zu dem man keine emotionale Beziehung hat. Dies gilt zwischen Kulturen, zwischen Menschen, als auch zwischen Mensch und Natur. Gleichwohl ist die exakte Kenntnis der kulturellen, biologischen, und sozialen Beschaffenheit der/des Auszubeutenden Voraussetzung für eine perfekte Ausbeutung [125].

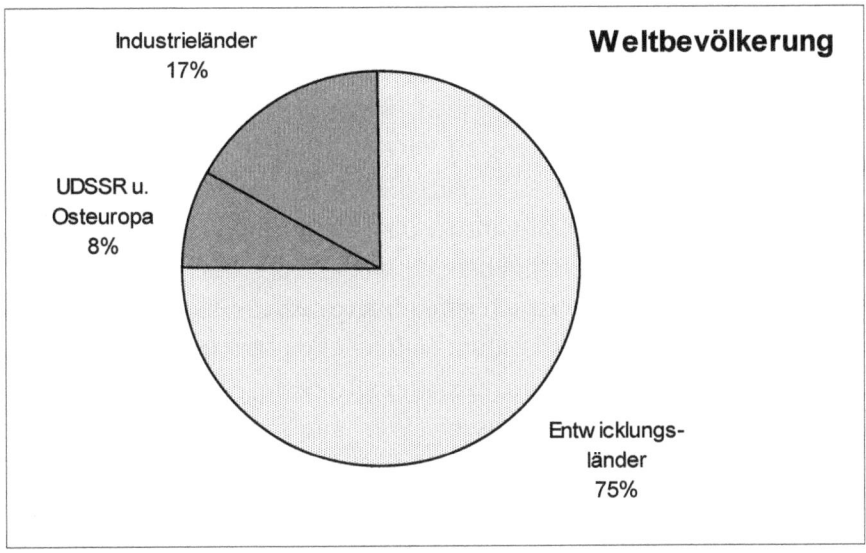

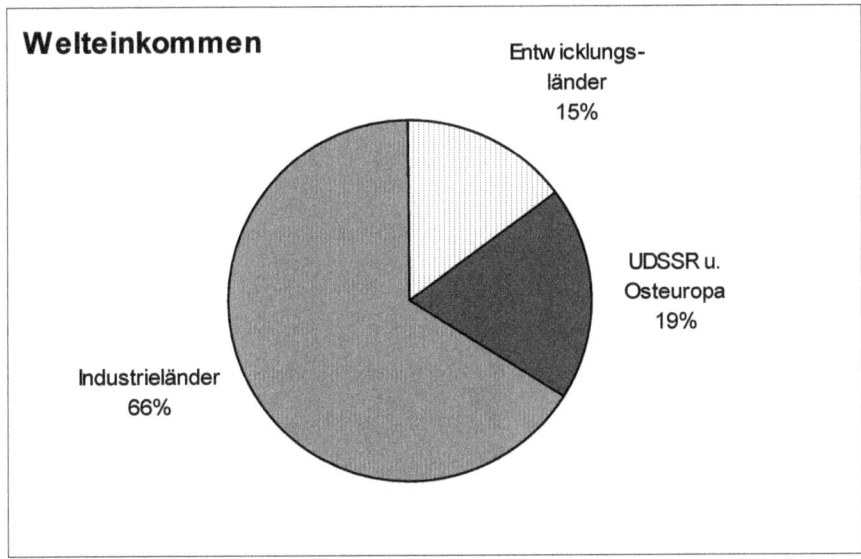

Abb. 23: Die Verteilung von Welt-Bevölkerung und Welt-Einkommen Ende der 1980er Jahre Quelle: Schwäbische Zeitung Leutkirch vom 21.9.1989

Durch Kreditaufnahmen für Waren- und Technologieeinkäufe aus westlichen Industriestaaten sind Dritte-Welt-Länder heutzutage immens verschuldet. So werden viele Entwicklungsländer beispielsweise dazu gezwungen, so viel von ihren Bodenschätzen an uns abzugeben, wie sie es aus Gründen finanzieller **Verschuldung** müssen, um überhaupt wirtschaftlich über die Runden zu kommen. Dies ist auch der Grund dafür, daß die Kluft zwischen reichen und armen Ländern – ausgelöst und genährt durch das ständige Wachstum der Weltwirtschaft – in den letzten Jahrzehnten noch weiter vergrößert anstatt verkleinert worden ist. Ferner haben die egoistischen Interessen der Industrieländer bislang dazu geführt, den Ländern der Dritten Welt solche (veraltete) Technologien anzubieten, die den wirtschaftlichen wie ökologischen Kriterien im eigenen Land nicht mehr entsprachen. Die aggressive Werbung für die Atomenergie ist das deutlichste und teuerste Beispiel dieser Art von „Entwicklungshilfe- Politik" [126].

Der Weiße Mann versuchte bisher stets – mit welchen Mitteln auch immer – andern Völkern seine materialistische Weltanschauung aufzuzwingen. Die Folge dieser, von uns ausgehenden Infizierung mit westlicher Mentalität und Lebensweise ist: Der Verlust der eigenen Kultur und des eigenen Glaubens an diese Kultur. Er bewirkt letzen Endes Identitätsverlust und den Verfall dieser Völker. Dafür liefern die Indianer Amerikas das beste Beispiel. Ihre unter ökologischen Gesichtspunkten weit überlegene Kultur brach unter dem ökonomischen Großangriff der Europäer zusammen. Das Ergebnis ist der Verlust der Selbstachtung und der Maßstäbe [127].

Die tödliche Umarmung anderer Völker und Kulturen durch uns geschieht in der heutigen Zeit zwar nicht mehr so brutal wie früher sondern etwas subtiler, dabei aber nicht weniger gründlich. Das Handelsschiff wurde abgelöst vom Düsenjet, die neuen Kolonialherren heißen **Touristen**. Kein Platz auf unserem Planeten ist mehr sicher vor ihnen und vor dem, was sie mitbringen; kein Eingeborenendorf existiert mehr, in das unsere westliche Zivilisation nicht schon Einzug gehalten hätte. Daß unsere Anwesenheit jedoch nicht nur Glück und Freude für die Besuchten bedeutet, mußten unlängst Ferntouristen zur Kenntnis nehmen, die ihren Urlaub auf Goa (Westindien) verbringen wollten. Sie wurden dort von der „Armee der erwachten Goanesen" mit einem Flugblatt empfangen, das uns allen Anlaß zum Nachdenken sein sollte. Stellvertretend für viele andere Fälle in der Welt sei dieser Appell vollständig zitiert:

„Liebe Touristen,

wir möchten Sie gerne Wissen lassen, daß wir nichts gegen Sie haben, weder als Einzelner, noch im Kollektiv. Wie könnten wir? Wir kennen Sie ja nicht. Wir möchten Sie jedoch wissen lassen, daß sie in Goa nicht willkommen sind. Wir haben unsere Gründe dafür. Diese Gründe möchten wir Ihnen mitteilen:

1. *Goa und Goanesen profitieren wirtschaftlich nicht von Ihren Reisegesellschaften. Die Gesellschaft, die diese Touren organisiert, hat die volle wirtschaftliche Kontrolle über die Buchung von Flugkarten, Hotelbuchungen und Rückflugbuchungen.*
2. *Selbst wenn wir einen guten Anteil am Profit hätten – Sie wären immer noch nicht willkommen in Goa. Warum? Die Luxushotels – es sollen immer mehr werden – nehmen unseren Leuten, den Fischern, Palmweinerzeugern, Bauern und anderen das Land, die Küsten und ihre traditionellen Beschäftigungen weg.*
3. *Diese Hotels machen die Leute ärmer und drücken sie an den Rand. Das geschieht in Ihrem Namen, d.h. im Namen der Touristen. Der große Tourismus hat in der ganzen Dritten Welt die Bevölkerung an den jeweiligen Orten arm gemacht.*
4. *Wir wissen, daß Sie Dollar und DM ausgegeben haben. Aber uns liegt nichts an Eurem Geld. Außerdem sickert es gar nicht bis zu unserer Bevölkerung durch.*
5. *Um der Nachfrage nach Freizeitangeboten, Vergnügen und Luxus nachzukommen, entziehen die Hotels mit Regierungsunterstützung dem Volk das Lebensnotwendige, zum Beispiel Wasser und Elektrizität. An Orten, wo die großen Hotels stehen, bekommt die Dorfbevölkerung nur etwa 1 Stunde lang Wasser für alle ihre Bedürfnisse. Bedenken Sie die Wassermengen, die diese Hotels für ihre Schwimmbecken und Rasen verbrauchen:*

   a) Taj Agoada-Hotel: *66.000 Gallonen /Tag*
   b) Didade de Goa-Hotel: *33.000 Gallonen /Tag*
   c) Bogmalo-Hotel: *44.000 Gallonen /Tag*

6. *Indien hat Millionen von sehr armen Leuten. Euer superreicher Lebensstil in diesen Luxushotels wird zu einer Insel der Vulgarität und der Verhöhnung der Armen.*
7. *Wir schätzen Euren Lebensstil nicht. Er hat die Tendenz, unsere Jugend nachteilig zu beeinflussen.*
8. *Euer Touristik-Agent hier am Ort hat in einem Interview mit der HERALD hier gesagt: „Wegen AIDS in Uganda suchen nun die meisten aus der Ersten Welt neue Gefilde, und Goa ist eines davon. Sie mögen AIDS nicht.“ Wir mögen es auch nicht. Es sind die Touristen, deutsche Touristen eingeschlossen, die AIDS in Uganda verbreiten. Bleiben Sie weg von Goa. Wir sind auch ein Volk.*
9. *Die Förderung des Tourismus hat unseren Ruf geschädigt. Wir schlagen vor, daß Sie die „Praline“ vom Oktober 1986 lesen.*
10. *Vielleicht könnten Sie auch die „Frankfurter Rundschau“ vom 3.10.1987 lesen, den Artikel „Die Illusion vom Paradies“ von Georg Pfäfflin, damit sie die Realitäten von Goa kennenlernen.*
11. *Zuletzt: Bitte kommen Sie nicht als Tourist nach Goa zurück. Bitte lassen Sie das Ihre Landsleute wissen, daß sie in Goa nicht willkommen sind. Geben Sie ihnen unsere Gründe bekannt. Danke!“ [128].*

Wer hätte jemals gedacht, daß die Völker der Dritten Welt uns Europäern Anstand beibringen müssen, uns, die wir es gewohnt sind gegen Geld alles zu bekommen, und deshalb auch unseren **Wohlstandsmüll** immer dort fallen lassen zu dürfen, wo wir uns gerade befinden. Das Verhalten und die Gepflogenheiten des westlichen Touristen wird auch diesbezüglich immer mehr zum Ärgernis. So zum Beispiel auf der Inselgruppe der Malediven. Das Abwasser läßt man dort einfach ungeklärt ins Meer laufen und die Abfälle werden direkt neben den Inseln ins türkisblaue Wasser geschmissen. Müllberge aus Plastiktüten, in denen zuvor Blech-Getränkedosen und andere unverrottbare Abfälle verstaut wurden, türmen sich demzufolge bereits am Meeresgrund. Die Plastiksäcke verfangen sich in den Korallen und ersticken sie.... [129].

Aber auch die Industrie hat die Dritte Welt zur Entsorgung giftiger Abfälle entdeckt: Die neuste Strategie besteht darin, Sondermüll-Verbrennungsanlagen in den Entwicklungsländern zu errichten und mit Müll aus Industriestaaten zu beliefern. Die Müll-Exporte werden überwiegend als Projekte des Recycling, der

Energieerzeugung oder des Technologietransfers getarnt. Verbrennungsanlagen für Hausmüll und auch Giftmüll werden zu günstigsten Bedingungen in den armen Ländern installiert oder sogar an sie verschenkt. Das Motiv solcher Angebote ist, emissions- und abfallrechtliche Vorschriften im eigenen Land und die daraus resultierenden Kosten zu umgehen. Dieser **„Müll-Kolonialismus"** verhindert, daß sich die Müllerzeuger ernsthafte Gedanken über die Wiederverwertung oder die Entwicklung von Sanierungstechnologien für Altlasten machen müssen [130].

Abschließend sei ein weiteres Beispiel jüngster Ignoranz gegenüber dem Wesen und den religiösen Gefühlen anderer Völker angeführt: Im US-Bundesstaat Arizona soll ausgerechnet auf einem, den Indianern heiligen Berg eine riesige Sternwarte entstehen, an deren Baukosten übrigens auch der Vatikan beteiligt ist. Apachen und Umweltschützer wollen dies nun verhindern. Auf dem Berg Graham – mitten im nationalen Naturschutzpark – sollen demnächst die Bauarbeiten für die rund 200 Millionen Dollar teure Konstruktion mit 7 Teleskopen beginnen. Für die Apachen aber ist der Berg Graham der Aufenthaltsort der Geister, die ihren Vorfahren die Jagdtechniken beigebracht hatten [131].

Verlust kultureller, moralischer und ethischer Werte

Arm ist ein Land, von Übeln ganz umstellt,
wo Reichtum zunimmt, doch der Mensch verfällt

Oliver Goldsmith

Die zunehmende Industrialisierung brachte den Niedergang des bäuerlichen Klein- und Mittelstandes, die Zerstörung intakter Familienstrukturen und den Verlust des Religiösen schlechthin mit sich. Das Ergebnis davon ist, daß die Gesellschaft ihrer Kontinuität, sowohl in Bezug auf ihre zurückliegenden Erfahrungen und Traditionen als auch in ihrer Beziehung zur Natur beraubt wurde. Das Gebot eines ständigen Wirtschaftswachstums erzeugte eine **Konsumgesellschaft** in der sich der Mensch zum unersättlichen „Homo consumens" erniedrigen ließ. Was der Masse des heutigen Wohlstandsmenschen am Herzen liegt, wofür er Geld scheffelt und dabei die Erziehung der eigenen Kinder ver-

115

nachlässigt, ist: Ein bequemes, unabhängiges und durch Mobilität geprägtes Leben mit Automobilen, Freizeit, Modesport und Luxus. – Das ist unsere **Kultur**.

Ihr fehlen aber wesentliche Elemente einer sittlichen Prägung, die dauerhafter Natur sind und ein Gemeinwesen gesund und kreativ halten wie beispielsweise Hilfsbereitschaft, Solidarität, Tradition, Rücksicht, Barmherzigkeit und ähnliche seelisch-geistige Werte. Die Vorteile derartiger Attribute gegenüber reiner Verstandesstärke hebt der amerikanische Schriftsteller MICHAEL MACCOBY hervor, wenn er schreibt: „Die Menschen meinen, die Eigenschaften des Herzens stünden im Gegensatz zu denen des Kopfes. Sie meinen, Herz bedeute Weichheit, Gefühl und Großzügigkeit, Kopf dagegen Verstandesstärke, realistisches Denken. Aber dieser Gegensatz ist selbst symptomatisch für eine schizoide Kultur, die den Kopf vom Rest des Körpers trennt. Im präkartesianischen, traditionellen Denken betrachtete man das Herz als den wahren Sitz der Intelligenz und das Gehirn als Denkwerkzeug. Genauer sollte man sagen, einige Arten des Wissens erfordern sowohl Kopf als auch Herz. Der Kopf für sich konnte Codes entschlüsseln, technische Probleme lösen und buchhalten, aber kein noch so großes technisches Wissen könnte emotionale Zweifel daran beseitigen, was wahr oder was schön ist. Keine noch so große Menge an Technik kann Mut erzeugen. Der Kopf allein kann dem Wissen im Bezug auf seine menschlichen Werte kein emotionales oder geistiges Gewicht geben. Der Kopf kann gewitzt sein, aber nie weise" [132].

Keine kulturelle Epoche hat bisher ein so niedriges Leitbild geschaffen, wie die Zeit nach dem 2. Weltkrieg. Und gerade dieses Leitbild breitete sich wie ein Virus mit großer Geschwindigkeit weltweit aus! [133]. Bezeichnenderweise war jedoch zu keiner Zeit die **Unzufriedenheit** unter den Menschen größer. Überall schließen sich Gruppen zu Vereinigungen zusammen, um in egoistischer Weise alle möglichen Sonderinteressen bei den Politikern durchzusetzen. Innerhalb jedes Verbandes herrschen dann wieder Eigensucht und Ehrgeiz des Einzelnen.

Und wie ging es – in der Geschichte zurückblickend – den durch **Kulturverfall** gekennzeichneten Völkern? Der römische Schriftsteller PLINIUS DER ÄL-

TERE (23-79 n.Chr.) stellte schon vor 2000 Jahren resignierend fest, in Rom blühe nur eine Kunst: die Habsucht. Weiter klagte er in fast schon modern anmutender Weise: „Seitdem man nur einen Genuß kennt, möglichst viel zu besitzen, ist alles, was das Leben ziert, ehrlos geworden. Und wie der Tugend begegnet man allen Künsten mit Verachtung, und nur mit knechtischer Gesinnung kann man emporkommen" [134]. Und der deutsche Wirtschaftshistoriker LUJO BRENTANO fährt fort: „Die Art, wie der Reichtum Roms erworben war, Raub und Erpressung, und die Art und Weise wie er verausgabt wurde, in Prachtbauten und nicht selten in sinnlosem Luxus, wurde auch Ursache seines wirtschaftlichen Verfalls. Alle großkapitalistischen Unternehmungen der Römer waren keine, in denen neue Brauchbarkeiten produziert, sondern nur solche, in denen Anderen das, was sie produziert hatten, abgenommen wurde. Und es kam eine Zeit, da die Kriege mit reichen Völkern aufhörten; von Germanen und Sarmaten ließen sich keine Schätze holen. Damit verschwand auch die Gelegenheit, sich auf Kosten anderer Völker zu bereichern. Es kam ferner die Zeit, da die Ausbeutung der Provinzen aufhörte. Damit hörte Italien auf, das Zentrum des Reichtums zu sein" [135]. Läßt sich in unserer Genußsucht und der heutigen Ausbeutung der Dritte-Welt-Länder nicht eine deutliche Parallele zu den dekadenten Erscheinungen des alten Rom erkennen? – Wie heißt es doch in BERT BRECHTs „Manifest" zu diesem Thema?

> *„Der gigantische Bau der Gesellschaft, teuer,*
> *mit soviel Mühe errichtet, von vielen Geschlechtern*
> *sinkt in barbarische Vorzeit zurück.*
> *Und es ist nicht der Mangel, der da die Schuld trägt,*
> *Überfluß ist's, das Zuviel macht ihn wanken" [136].*

Betrachtet man die Epoche der rasanten Industrialisierung in Europa seit dem Ende des 18. Jahrhunderts, zeigt sich, daß durch Urbanisierung und Verstädterung vor allem die Entwicklung des Künstlerischen stark gehemmt war, der naturwissenschaftlich-technische Fortschritt aber durch noch so extrem großstädtische Verhältnisse nicht beeinträchtigt wurde [137]. Unser technisches Zeitalter mit seinem hohen Lebensstandard kann nicht gerade als günstiger Nährboden für herausragende kulturelle Leistungen angesehen werden, bringt selten einen großen Künstler hervor und kennt keine kultivierte Lebensgestaltung. „Was es besitzt und museal pflegt, sind die gelagerten Bestände aus vergangenen Zeiten" [138]. So wird die westliche Zivilisation nicht nur mit Kultur verwechselt, sondern auch weit über jene Kulturen gestellt, die diese Bezeichnung tatsächlich verdienen. Wie wenig sie mit Kultur zu tun hat, verdeutlicht folgende Beobachtung des amerikanischen Soziologen JOHN GALBRAITH: „Das ästhetische Erlebnis nahm erst einen weiten Bereich unseres Lebens ein – nach Wertung des Industriesystems einen unvorstellbar weiten Bereich. Reisende aus den Vereinigten Staaten und den Industriestädten Europas und Japans besuchen jeden Sommer die Überreste der vorindustriellen Kulturen; sie tun es, weil Athen, Florenz, Venedig, Sevilla, Agra, Kyoto und Samarkand zwar im Vergleich zum Standard des modernen Nagoya, Düsseldorf, Dagenham, Flint oder Magnitogorsk unendlich arm waren, aber einen viel größeren Bereich der Ästhetik zum täglichen Leben zählten" [139].

Mit das Schlimmste an der heutigen Lage dürfte wohl sein, daß die **Traditionen** abgebrochen sind: Die Tradition zwischen den Generationen, die Tradition der kulturellen Überlieferung und das tradierte Miteinander mit unserer lebendigen Mitwelt. Möglicherweise ist ein Volk schon verloren, wenn es seine Tradition aufgegeben hat.

Bei der Weitergabe traditioneller Werte und Überlieferungen kommt nun aber der Familie eine herausragende Bedeutung zu. Ihre Mitglieder stehen in einem festgefügten Netz gegenseitiger, symbiontischer Beziehungen und sie haben klare gegenseitige Pflichten. Die Differenzierung schließt anerkannte gesellschaftliche Rollen und damit auch Zusammenarbeit, gegenseitige Hilfe und unentgeltliche Unterstützung mit ein. Beim Fehlen der Differenzierung ist eine Gesellschaft dagegen durch Wettbewerb und Aggression gekennzeichnet [140]. In Ergänzung zur familiären Erziehung sollten die Schulen eigentlich das weitere Rüstzeug für das spätere Leben vermitteln. In Wirklichkeit aber sind sie erste Übungsstätten für ein Leben, in dem das gegenseitige Gerangel um einen „Platz an der Sonne" des materiellen Wohlstandes dominiert [141].

Mit zunehmendem materiellem Wohlstand geht ein **Verlust religiöser Werte** einher. Für den ökonomisch gesteuerten Menschen gilt nämlich als Tugend, was früher Todsünde war: Gier, Habsucht, Neid, Luxus und Stolz [142]. Auch gegenüber der Religion bleibt dieser Menschentyp kalt. Dies läßt sich besonders gut beim bundesdeutschen Wohlstandbürger beobachten. Zwar gehören viele katholische Christen laut Taufschein nach wie vor ihrer Glaubensgemeinschaft an, aber nur noch als Mitläufer. Wenn sie überhaupt noch den Gottesdienst besuchen, dann um gesehen zu werden, oder um besondere kultische Zeremonien, wie etwa Taufe, Kommunion oder Hochzeit in Anspruch zu nehmen; nicht aber etwa, um sich durch das Evangelium Christi neue Impulse für das tägliche Leben vermitteln zu lassen. Ist die sonntägliche Pflicht erfüllt, wird – gerade bei den traditionell konservativen Gläubigen – weitergemacht mit Geldraffen, Übervorteilung, Betrug, Lüge und Korruption. Diese doppelte Moral gilt selbstverständlich auch für viele Bereiche der Politik, wo sich eine besonders tiefe Kluft zwischen religiösem Bekenntnis einerseits und politischem Handeln andererseits auftut.

Was aber hält das Gros der bundesdeutschen Bürger heutzutage überhaupt noch von religiöser Erziehung bzw. von den Aufgaben der Kirche? – Die Meinungsumfragen bringen es an den Tag: Danach ist für die Mehrheit der Eltern eine religiöse Erziehung der Kinder durchaus akzeptabel, jedoch mehr wegen einer erwünschten Charakterbildung, weniger wegen der Vermittlung von Glaubenswahrheiten. Die Kirche selbst sollte sich in den Augen der Deutschen nicht in Politik oder ins Privatleben einmischen. Sie soll vielmehr Soziales leisten (sich um kranke Menschen sorgen, weltweit beim Kampf gegen die Armut helfen) ohne aber Ratschläge zu geben oder Normen aufzustellen. Unterstützt wird die Kirche laut Repräsentativ-Umfrage nur so lange, wie eigene Interessen nicht berührt werden. Die Teilnahme an den Gottesdiensten, die religiöse Praxis in den Familien und das Interesse an religiösen Fragen ist seit Ende der 60er Jahre jedoch „erdrutschartig" zusammengebrochen. Die Gesellschaft ist heute von einer funktionalen Sichtweise von Kirche und Religion durchdrungen. „Kirche und Religion werden – teils bewußt, teils unbewußt – für andere Ziele instrumentalisiert" [143]. Es gibt demzufolge auch immer weniger Jugendliche mit einer positiven Grundeinstellung zur Kirche. Laut Bericht der evangelischen Kirchenbezirkssynode in Deutschland schwindet die christlich-kirchliche Tradition: „Nur noch selten entdeckt man ein Kind, das von den Eltern christlich erzogen wurde. Gott, Gebet, Bibel und Gottesdienst sind Fremdworte, mit denen das Kind nichts anzufangen weiß" [144]. – Auch dies ist ein Ergebnis von 40 Jahren Wirtschaftswunder!

Das Funktionelle in dieser Sichtweise hat deutliche Parallelen zur Kulturepoche der Aufklärung im 18. Jahrhundert, in der sich eine Abkehr von Tradition und Autorität und eine Hinwendung zum Subjekt und zu eigener vernunftgetragener Erkenntnis vollzog. Sie hat aber auch gewisse Ähnlichkeiten mit dem „materialistischen Monismus" eines ERNST HÄCKEL (1834-1919). Dieser Zoologe – übrigens Schöpfer des Wortes „Ökologie" – mokierte sich seinerzeit über den „Aberglauben" an eine unsterbliche **Seele** in einer absonderlicher Weise, die ich dem Leser nicht vorenthalten möchte. Er meinte (im Ernst), die Experimentalphysik müsse doch eigentlich in der Lage sein, die Seele, wenn sie im Augenblick des Todes ausgehaucht wird, aufzufangen, unter sehr hohem Druck bei niedriger Temperatur zu kondensieren und in einer Glasflasche als unsterbliche Flüssigkeit, als „Fluidum animae immortale", aufzufangen. Durch weitere Abkühlung und Kondensation sollte es auch gelingen, die flüssige Seele in den festen Aggregatszustand überzuführen – den Seelenschnee. In gleicher Weise machte sich auch sein Zeitgenosse, der Anatom und Anthropologe RUDOLF VIRCHOW (1821-1902) darüber lustig, daß er bei seinen chirurgischen Operationen noch nie eine Spur der unsterblichen Seele gesehen habe. – Auf solch plumpen Materialismus paßt nur noch die ironische Bemerkung des Schweizer Chemikers und Philosophen MAX THÜRKAUF: Virchows Scharfsinn sei dadurch bestätigt worden, „daß man anläßlich einer Operation an seinem Gehirn keine Spur von Intelligenz im geöffneten Schädel sehen konnte" [145].

Zum Spannungsfeld zwischen Materialismus und Seelenheil schließlich noch die Meinung des britischen Politikers und Staatsmannes WINSTON CHURCHILL. Dieser schrieb im Jahre 1932 einen kurzen, aber bemerkenswerten Aufsatz, der 1979 in Deutschland abgedruckt wurde. Darin kommt er zu dem Ergebnis, daß der materielle Fortschritt nicht das bringe, was der Mensch wirklich brauche, denn er könne seiner Seele keine Ruhe bringen: „Nie gab es eine Zeit, da die dem Menschen innewohnende Tugend einen stärkeren und zuversichtlicheren Ausdruck im alltäglichen Leben gebraucht hätte; nie gab es eine

Zeit, da Hoffnung auf Unsterblichkeit und Geringschätzung irdischer Macht und irdischer Errungenschaften für die Sicherheit der Menschenkinder notwendiger gewesen wären" [146].

Merkmale von Dekadenz, Irrwege

Die moderne Industriegesellschaft zeigt vielfach Verhaltensweisen, die man nicht mehr als vernünftig oder sinnvoll bezeichnen kann. Dem heute in weiten Lebensbereichen üblichen Denken und Handeln lassen sich oft nur noch Attribute wie Absurdität und Zwiespältigkeit zuweisen. An Beispielen möchte ich im Folgenden diese harten Worte belegen.

Wir wissen oder ahnen es, doch keiner will es wahrhaben: Mehr Komfort, mehr Bequemlichkeit, mehr Mobilität bedeuten gleichzeitig mehr Landschaftsverbrauch, mehr Lärm, mehr Luftverschmutzung, mehr Umweltgifte, mehr Streß, mehr Hektik, mehr psychische Schäden, mehr Krankheit. – Kann es sein, daß wir diese Zusammenhänge schon gar nicht mehr wahrnehmen, daß wir blind dafür sind? Schon im Jahre 1958 als es uns beileibe noch nicht so gut ging wie heute, warnte der deutsche Wirtschaftswissenschaftler WILHELM RÖPKE: „Was nützt aller **materielle Wohlstand**, wenn wir die Welt gleichzeitig häßlicher, lärmender, gemeiner und langweiliger machen und die Menschen den moralisch-geistigen Grund ihrer Existenz verlieren? Der Mensch lebt eben nicht von Radios, Autos und Kühlschränken, sondern von der ganzen unkäuflichen Welt jenseits des Marktes und der Umsatzziffern, von Würde, Schönheit, Poesie, Anmut, Ritterlichkeit, Liebe und Freundschaft, vom Unberechnenden, über den Tag und seine Zwecke Hinausweisenden, von Gemeinschaft, Lebensbuntheit, Freiheit und Selbstentfaltung" [147].

Was aber sollen diese hehren Worte? –

Wir leben ja schließlich in einer sogenannten **Anspruchsgesellschaft**, von der wir uns den Himmel auf Erden versprechen: Alle wollen noch mehr Lohn, noch mehr Freizeit, noch mehr Ferien, eine noch kürzere Arbeitszeit, noch früher Feierabend.... Bekanntlich bestehen die Gewerkschaften und mit ihnen das Heer ihrer zahlenden Mitglieder auf einem fortwährenden Anstieg von Einkommen und Freizeit. Dabei weiß jeder, daß die auf dem Fuße folgenden Steuer- und Preiserhöhungen das Erstrittene bald wieder auffressen. Andererseits lassen wir uns immer mehr Arbeit von Maschinen abnehmen und wissen doch jetzt schon nicht mehr, wie wir die gewonnene freie Zeit eigentlich sinnvoll nutzen sollen. Neuere Repräsentativ-Umfragen unter Bundesbürgern ergaben nämlich, daß 13 Prozent der unter 20jährigen, sich durch die Freizeit ziemlich stark, stark oder sehr stark belastet fühlen. Eine ähnlich hohe Belastung ergab sich erst wieder bei den über 70jährigen mit 11 Prozent. Insgesamt fühlen sich durch Langeweile, Alleinsein oder zu hohe Verpflichtungen 9 Prozent belastet. In Wirklichkeit aber setzen sich die Leute – aus Angst, etwas zu verpassen – zunehmend unter Freizeitstreß: Man nimmt sich zuviel vor, „und die arme Seele kommt zu kurz" – so die Diagnose der Forschungsinstitute [148;149]. Entfällt also der Ausnahmecharakter der Freizeitbeschäftigung, dann geht eben auch die Freude daran verloren. Schon bei SHAKESPEARE heißt es: „Wenn alle Tage im Jahr gefeiert würden, so würde das Spiel so lästig sein wie die Arbeit". Heutzutage bedarf es schon einer eigenen Freizeit- und Touristik-Industrie, welche die Volksmassen unter ihre Fittiche nimmt und individuell vermarktet. Dabei sind bereits Auswüchse an der Tagesordnung, die mit Sicherheit die Tragfähigkeit der „sozialen Hängematte" auch der relativ reichen Bundesrepublik Deutschland auf Dauer überfordern. So kennen viele verwöhnte Anspruchsbürger zwei Selbstverständlichkeiten: Einmal den Anspruch, sich ganz nach freier Wahl selbst zu schädigen – ich denke da beispielsweise an Verletzungen bei Modesportarten wie etwa beim Skifahren. – Und den zweiten Anspruch, sich auf Kosten der Allgemeinheit durch Krankfeiern mit anschließendem Kur-Aufenthalt wieder herstellen zu lassen, und das, sooft es ihm beliebt und der Körper mitmacht. Für unser geistiges Wohlbefinden brauchen wir heute Medikamente, für das körperliche Wohlbefinden ist ein Hometrainer oder der regelmäßige Besuch im Fitneßcenter erforderlich, welcher aus Gründen der Zeitersparnis natürlich per Auto erfolgt; Zerstreuung und Unterhaltung bietet neben dem Farbfernseher mit Kabelanschluß und 30 Programmen der obligate hauseigene Videorecorder. Ein wirklicher, von unseren Arbeitskollegen auch gebührend gewürdigter Urlaub hat an fernen, nur mit dem Düsenjet erreichbaren Stränden zu erfolgen, und und und...[150].

Die große Mehrheit strebt nach immer neuen vordergründigen **Vergnügungen** und der Befriedigung immer neuer Gelüste, die lediglich einen Nervenkitzel verschiedenen Grades hervorrufen. Ganz nach der Devise des altindischen Lehrers BRIHASPATI:

> *„Schlürfe Fett und mache Schulden,*
> *Lebe froh die kurze Frist,*
> *Wo das Leben dir gegeben.*
> *Mußt du erst den Tod erdulden,*
> *Wiederkommen nimmer ist"*

Er war Anhänger des sogenannten charvakanischen Materialismus, einer Glaubensrichtung, die jegliche Ethik und sittliche Weltordnung leugnete und als einziges und höchstes Ziel des Menschen die Sinneslust ansah. In Anbetracht des ganz und gar anders gerichteten indischen Volksgeistes konnte sich diese Lehre aber nicht lange halten. Mit ihrer vernichtenden Kritik an der brahmanischen Religion schuf diese Philosophie vielmehr den Nährboden für neue religiöse Richtungen [151]. Das ständige Vergnügen erfüllt den Menschen also nicht mit eigentlicher, dauerhafter Freude, sondern hinterlassen in ihm – nach Überschreitung des Höhepunktes – ein Gefühl der Traurigkeit, das er in der Folge erst recht mit immer wieder neuen und ausgefalleneren Vergnügungen zu übertünchen sucht. Die Erregung des Augenblicks wird zwar stets aufs Neue ausgekostet, das „Gefäß" jedoch wächst nicht, die inneren Kräfte des jeweiligen Menschen, seine Fähigkeit, sich und seine Mitwelt zu lieben, sein Leben nach höheren Zielen und Idealen zu gestalten, nehmen nicht zu, sondern nur noch weiter ab [152;153].

Der Präsident der Deutschen Forschungsgemeinschaft, HUBERT MARKL stellt dazu den ökologischen Bezug her, wenn er schreibt: „Es ist pervers: Zur Verteidigung eines Lebensstils, zu dessen hehren Freiheiten es unter anderem gehört, uns von innen mit Rauschdrogen und von außen mit Umweltgiften zu zerstören, sind wir in Ost wie West in bornierter Einigkeit bereit, Milliardensummen aufzubringen, während wir uns gleichzeitig die Erhaltung der natürlichen Voraussetzungen eines Überlebens der Menschheit unter auch nur annähernd menschenwürdigen Bedingungen, die Erhaltung des kostbarsten Erbes der Menschheit also, nicht leisten zu können glauben. Wer könnte noch Vernunft darin erkennen, wenn es uns zu kostspielig erscheint, das zu erhalten, was die Natur uns ständig kostenfrei ins Haus liefern würde, nämlich eine lebensfreundliche, bekömmliche Umwelt, während wir zugleich wissen und täglich nachdrücklicher erfahren, daß es uns unendlich viel teurer kommt, ja schier unerschwinglich wird, die zerstörte Umwelt mit technischen Mitteln wiederherzustellen, so daß sie für uns nutzbar bleibt" [154].

Sinnloses Wirtschaften

Im Ganzen gesehen schafft der Überfluß
allemal größere Probleme als der Mangel

Lao Tse

Schon Ende des vorigen Jahrhunderts gab es Menschen, die die ökologische Sackgasse der damals massiv einsetzenden Industrialisierung voraussahen. Zu ihnen gehörte auch der englische Schriftsteller WILLIAM MORRIS. Er sah die industriebedingte Umweltzerstörung kommen und sprach von einer gefährlichen Entwicklung, „die jegliche Schönheit des Lebens zu zerstören im Begriff steht". Der Mensch habe einen Weg eingeschlagen, an dessen Ende wir weniger als Menschen geworden sein werden", nämlich sich plagende und die Natur ausbeutende gierig nach Profit jagende Arbeitstiere ohne Lebensfreude [155]. Erst kürzlich kam dann der englische Ökologe ERNST FRIEDRICH SCHUMACHER zu dem Schluß: „Im Vergleich mit dem, was jetzt vor sich geht und was zunehmend während des letzten Vierteljahrhunderts vor sich ging, fallen die industriellen Tätigkeiten der Menschheit bis zum zweiten Weltkrieg einschließlich, nicht ins Gewicht" [156].

Die seit Jahrzehnten andauernden Bestrebungen der Wirtschaft laufen nämlich darauf hinaus, daß der moderne Mensch nicht mehr kauft um zu behalten, sondern um wegzuwerfen. „Verbrauchen, nicht bewahren, lautet die Devise. Ob es sich um ein Auto, ein Kleidungsstück oder ein technisches Gerät handelt, man kauft es, und nachdem man es einige Zeit benützt hat, ist man es leid und brennt darauf, sich das neuste Modell zuzulegen" [157;158]. Billigere Maschinen oder Gebrauchsgegenstände werden heutzutage schon gar nicht mehr repariert. Man wirft sie einfach weg, käme doch eine Reparatur bei den hohen Lohnkosten meist teurer. – Nein, der Bürger soll neue Produkte kaufen. Diese besitzen zwar auch keine längere Lebensdauer, aber schließlich befinden sich die Arbeitsplätze nicht in den Reparaturabteilungen, sondern in der Produktion. Auf dem Konsumgüter-Sektor spielt der sogenannte **„Impulskauf"** eine wichtige Rolle. Die Kauflust wird in den Großmärkten durch entsprechende Plazierung und Gestaltung der Regale, durch Berieselung mit psychologisch günstig wirkender Musik und mit griffigen Werbeappellen an das Unterbewußtsein der Leute am Leben gehalten. Die Wirtschaft formt sich damit einen Konsumenten, der vorwiegend spontanen Impulsen folgt und zu rascher Lust- und Bedürfnisbefriedigung neigt. Dagegen werden abwägende, vergleichende und auf bewußte Lebensführung abzielende Neigungen beim Käufer bewußt unterdrückt [159].

Überflüssiger Konsum ist die zwangsläufige Folge hoher Produktivität. Er verursacht viel negative Folgen, wie z.B. der ungeheure Anstieg der Krankheitskosten. Der Konsument „frißt" und trinkt sich geradezu krank oder schädigt seine Gesundheit mit Nikotin oder anderen Drogen. Das fatale an der Geschichte ist, daß der größte Teil der Bevölkerung bewußt oder unbewußt daran mitarbeitet, die negativen Effekte der Konsumeuphorie zu vermehren. All diesen Exzessen wurde in früheren Zeiten durch schlichten Mangel ein Riegel vorgeschoben.

Was hätte uns dazu LAO TSE, der große Philosoph des alten China zu sagen?

> *„Übertriebene Farben fährden das Sehen*
> *überstiegene Töne töten das Hören*
> *überspitzte Kost kostet den Geschmack*
> *überreizte Erregung erregt Unnatürlichkeit*
> *überhäufter Besitz besitzt den Besitzenden"*

Doch solche Weisheiten gibt heute niemand mehr unseren Kindern auf ihren Lebensweg mit!

Der brasilianische Ökologe und Gesellschaftskritiker JOSÉ LUTZENBERGER sieht es sehr treffend so: „Die moderne Industriegesellschaft ist ein selbstmörderischer Prozeß, eine fanatische Religion, eine messianische Bewegung. Der Schlüssel zum Heil ist die Technik. Die Priester dieser Religion sind die Technokraten und Bürokraten. Der beste Bürger in der modernen Industriegesellschaft ist der, der am meisten verschwendet. Wenn ich im Jahr 5 Autos in den Abgrund schieße, dann bin ich ein guter Bürger, dann habe ich zum Bruttosozialprodukt beigetragen" [160]. So wird der Überfluß, den uns die Natur gibt, immer mehr abgebaut und ersetzt durch einen künstlichen Überfluß von Wegwerfartikeln.

Inzwischen ist die ganze Welt einschließlich der Entwicklungsländer von der wirtschaftlichen Gigantomanie angesteckt. Davon sind alle gesellschaftlichen Ebenen und Hierarchien erfaßt, angefangen von der Zentralregierung über die Regionen und Provinzen bis hinunter zur Gemeinde. – Und das Ergebnis? – Es läßt sich sehr gut am **Beispiel** der bankrotten **Atomwirtschaft** verdeutlichen:

Die Electricité de France, also die französische Stromindustrie, ist mittlerweile mit umgerechnet 56 Milliarden DM verschuldet. Die französische Arbeitergewerkschaft CFDT hat für 1990 eine Überkapazität von 19 000 Megawatt berechnet – die Leistung entspricht genau den 16 Atomreaktoren, die seit 1972 genehmigt wurden [161]. Eine deutsche Studie im Auftrag der Bundesregierung untersuchte die gesellschaftlichen Auswirkungen einer großangelegten Atomwirtschaft. Sie kam zu dem Ergebnis, daß die eigentlich notwendigen Sicherheitsmaßnahmen unser Land in einen Polizeistaat verwandeln würden, verbunden mit dem Ausbau staatlicher Vorbeugemaßnahmen, der Aussetzung von Bürgerrechten und vielleicht sogar einer Verfassungsänderung [162].

Auf diesem Sektor werden riesige Mengen von **Steuergeldern verschleudert**: So wurde der rund 4 Milliarden Mark teure Hochtemperatur- Reaktor (HTR 300) im Hamm zu 80 Prozent vom Steuerzahler finanziert. Als er schließlich nach fast 14jähriger Bauzeit fertiggestellt war, mußte der auf 20 Jahre Betriebsdauer angelegte Reaktor wiederholt wegen Mängel abgeschaltet werden. Jetzt wurde er stillgelegt. Zwar wird danach in der Bundesrepublik Deutschland keine solche Anlage mehr in Betrieb sein, doch werden dann in der Sowjetunion und in China deutsche Kugelhaufenreaktoren gebaut. Verträge mit beiden Staaten sind schon abgeschlossen [163]. – Oder, ein anderes bundesdeutsches Beispiel: Bei dem geplanten und von der Regierung in hartnäckigster Weise vorangetriebenen Reaktor von Wackersdorf wurden bislang 2,6 Milliarden Mark verbaut. Weitere 6 Milliarden Mark kostet nach offiziellen Berechnungen der inzwischen einsichtig gewordenen Politiker der geordnete Rückzug: Wiederaufforstung des Baugeländes, Sozialpläne, Konventionalstrafen aus fertigen Lieferantenverträgen und Wiedergutmachungsforderungen des Freistaates Bayern. Die Summe ist – zumindest als Verhandlungsbasis – nur noch nach oben offen. Nicht mit sich verhandeln lassen will die Regierung hingegen über die Forderung der WAA-Gegner nach einer Amnestie und 10 Millionen Mark Auslagenersatz für den Kampf gegen die Atomfabrik. Bekanntlich gehörten über 3.000 Strafverfahren ebenso zu den Wackersdorf-Rekorden wie die 881.000 Einwendungen!! gegen die zweite Teilerrichtungsgenehmigung – mehr als in jedem anderen baurechtlichen Verfahren der deutschen Geschichte [164].

Nach Meinung des deutschen Ökologen FREDERIC VESTER erkennt man angesichts des **energiepolitischen Gigantomanismus** nicht mehr, daß es sich bei der stillschweigend gemachten Voraussetzung, die Menschheit brauche zu ihrem Überleben ständig mehr Energie, um ein grundlegendes Mißverständnis handelt. Vielmehr müsse man endlich dazu gelangen, vom Gegenteil auszugehen und schleunigst damit beginnen, weit weniger Energie als heute durch die gesellschaftlichen Systeme zu schleusen [165;166]. Nach wie vor wird aber das Energiesparen noch nicht mit dem nötigen Nachdruck betrieben. Der Grund: Das konsequente Durchsetzen dieser Idee würde es erschweren, die Genehmigung weiterer Atomkraftwerke zu rechtfertigen. Grundlegende Veränderungen der Energieversorgungs-Strukturen werden verzögert, da mit dem Ende des Anbietermonopols plötzlich auch für die Atomenergie die Marktgesetze gelten könnten [167].

Ein weiteres Beispiel für sinnloses Wirtschaften ist die **Subventionierung von Großkonzernen** mit Steuermitteln. So fördert der Staat in der Bundesrepublik Deutschland die chemische Industrie über die Mehrwertsteuer- Rückerstattung unterm Strich mit 1,3 Milliarden Mark und die Automobil-Industrie mit 3,5

Milliarden pro Jahr. Bezahlt wird das von jedem Bürger, der selbst beim Kauf eines Hosenknopfes volle 14 Prozent Mehrwertsteuer berappen muß. Diese versteckte Subvention gerade auch umweltbelastender Industrien durch die Mehrwertsteuer kostet jeden Bundesbürger im Jahr mehr als 100 DM [168].

Wie aber wirtschaftet man in der Europäischen Gemeinschaft, insbesondere auf dem Gebiet der **EG-Agrarpolitik**? – Noch bevor das genaue Ergebnis der EG-Rekordapfelernte des Jahres 1989 bekannt war, stand fest, daß 250.000 Tonnen Tafeläpfel für über 60 Millionen DM aus EG-Steuermitteln vernichtet werden müssen. Insgesamt mußten im vergangenen Jahr ca. 626.000 Tonnen (ca. 11 Prozent) der EG-Gesamternte „interveniert" werden, so der Brüsseler Sprachgebrauch. Damit wurde aber noch nicht der „Interventionsrekord" von 1984/85 erreicht: Damals wurden nicht weniger als 681.000 Tonnen Äpfel für 150 Millionen DM vernichtet [169].

Die Folge solcher und ähnlicher Förderungs- bzw. Subventionsmaßnahmen ist ein **gnadenloser Verdrängungswettbewerb**. Dies zeigt sich in der Tatsache, daß der Kampf aller gegen alle in der Bundesrepublik Deutschland im Jahre 1986 knapp 20.000 Firmenpleiten hervorgerufen hat. Dabei geht jedesmal wertvolles volkswirtschaftliches Vermögen verloren, wobei allen voran die abhängigen Beschäftigten die Leidtragenden sind, während vielfach die privaten Kapitalbesitzer ungeschoren davonkommen [170].

Und wie steht es um die Moral und das Verantwortungsbewußtsein der Industriekonzerne gegenüber der Gesellschaft? Hier ein Beispiel aus den Vereinigten Staaten: Der US-Konzern GENERAL MOTORS kaufte schon in den 20er Jahren das Schnellbahnverkehrsnetz von Los Angeles auf, um es zu demontieren und so – in weiser Voraussicht – den Verkauf seiner Automobile zu sichern. Das Ergebnis ist, daß diese Stadt heute noch kein nennenswertes öffentliches Verkehrsnetz besitzt und trotz mittlerweile eingeführter Katalysatortechnik zu den Städten mit den größten Smog-Problemen gehört [171]. Ähnlich unverfroren geht man aber auch hierzulande vor: Ein Vertreter der chemischen Industrie Deutschlands entschuldigte gelegentliche Phenol-Unfälle damit, einer Hausfrau koche ja auch mal die Milch über. Ferner wurde die Verschmutzung des Rheins mit phenolhaltigen Abwässern mit dem zynischen Argument verharmlost, je stärker ein Fluß verschmutzt sei, desto größer werde seine Kraft zur Selbstreinigung; wenn der Rhein stärker versalzt wäre, so würde auch das Phenol schneller abgebaut [172]. Wie ist eine solch verantwortungslose Einstellung beim Menschen überhaupt möglich? – Vielleicht liegt das etwa nur an der spezifischen Persönlichkeitsstruktur der Führungskräfte und **Manager**? Jene hat der amerikanische Soziologe MICHAEL MACCOBY in einer sehr interessanten Studie analysiert. Darin attestiert er keinem der 250 untersuchten Führungskräfte, liebend, bejahend und kreativ stimulierend zu sein. Lediglich 5 Prozent stuft er als verantwortungsvoll, warmherzig und liebevoll ein. Rund 40 Prozent zeigten ein nur mäßiges Interesse am anderen Menschen, und eine Mehrheit von 41 Prozent legt konventionelle Anteilnahme an den Tag, ist anständig und rollenorientiert. In die Kategorie „passiv", „lieblos" und „uninteressiert" fallen 13 Prozent. Zudem resultiert aus der Studie, daß sich Führungskräfte allgemein wenig gefühlsbetont zeigen, bzw. ihre Gefühle verdrängen, häufig innerlich verschlossen, ruhelos, besorgt oder gar depressiv sind, und eine stete unterschwellige Angst haben zu versagen. In der Mehrzahl der Fälle aber steigen solche Personen in höhere Führungspositionen auf, weil sie in ganz besonderem Maße in die gegebenen Strukturen passen. Strukturen nämlich, bei denen sich die für ihre Verwendung nützlichen Züge sehr ausgeprägt herausgebildet haben, und bei denen umgekehrt jene Persönlichkeitsmerkmale verdrängt werden konnten, die die Arbeit eher behindern. [173].

Und die weltweiten Folgen der ökonomischen Wachstumsphilosophie? –
Das existierende Weltwirtschaftssystem hat zur Enteignung einer steigenden Zahl von Menschen geführt, die hungrig, heimatlos und ohne grundlegende Schulbildung sind. Zusammen mit der zunehmenden Zerstörung lebenswichtiger Ökosysteme unserer Erde und der wachsenden Nachfrage nach Bodenschätzen geht eine weitere, dramatische Verschlechterung der globalen Situation einher [174]. Ganz gleich, welcher gesellschaftlicher Gruppierung letztendlich die größere Schuld am sinnlosen Wirtschaften in der Welt zufällt. Eines darf man als Fazit der genannten Verhaltensbeispiele festhalten: Die vielen Generationen unserer Vorfahren haben das Leben ihrer Kinder und Kindeskinder niemals in so kurzsichtiger, verantwortungsloser und gleichzeitig unwiderrufli-

cher Weise vorbelastet, wie wir das in wenigen Jahren tun. Schon zu Beginn der 50er Jahre, zu einem Zeitpunkt also, an dem die ökologischen Auswirkungen weltweiter Industrialisierung noch nicht in dem Umfang absehbar waren wie heute, prangerte der deutsche Philosoph MARTIN HEIDEGGER die Dekadenz menschlichen Verhaltens an, als er schrieb: „Wenn die hinterste Ecke des Erdballs technisch erobert und wirtschaftlich ausbeutbar geworden ist... dann greift immer noch wie ein Gespenst über all diesen Spuk hinweg die Frage: Wozu? – wohin? – und was dann? [175].

Anzeichen von Selbstzerstörung

Die Menschheit hat in den letzten 50 Jahren Tausende von neuen chemischen Verbindungen an die Umwelt abgegeben, ohne zu überlegen, inwieweit diese Chemikalien die natürlichen Systeme und letztendlich auch den Menschen selbst tiefgehend schädigen könnten. Eine solche Kurzsichtigkeit und Unbekümmertheit grenzt an Selbstzerstörung. Von den Industriechemikalien sind nämlich die meisten bislang kaum oder gar nicht auf ihre Toxizität hin untersucht worden. Trotzdem werden sie in Massen hergestellt. Bei nicht weniger als 3/4 der im Umlauf befindlichen Chemikalien weiß man nichts über mögliche Giftwirkungen [176]. So wurden seit der erstmaligen industriemäßigen Herstellung im Jahre 1930 weltweit schätzungsweise 1 Millionen Tonnen Polychlorierte Biphenyle (PCB) produziert. Dies geschah, obwohl von Anfang an Gesundheitsschäden unter den PCB-Arbeitern auftraten, was die Giftigkeit dieser Substanz bewies. Aufgrund der hohen chemischen Beständigkeit dürfte ein Großteil dieser Menge nach wie vor in der Umwelt vorhanden sein [177].

Ein besonders abscheuliches Beispiel menschlicher Verirrung und Selbstzerstörung stellte auf militärischem Gebiet die Entwicklung der **Neutronenwaffen** dar. Bei dieser Art von Strahlungswaffe wurde als „Vorteil" herausgestellt, daß sie – im Gegensatz zur Atombombe – kein anorganisches Material zerstört oder verstrahlt, sondern daß sie nur Lebendiges tötet. Damit wären aber nicht nur feindliche Soldaten, sondern alle in diesem Raum lebenden Menschen einschließlich der gesamten Pflanzen- und Tierwelt betroffen.

Doch wir brauchen gar nicht unbedingt menschliche Dekadenz im Kriegsfalle bemühen. Auch im friedlichen Zusammenleben sind wir auf dem besten Wege, uns zu vergiften, nämlich mit dem, was wir als hochwertige Industrieprodukte kaufen und als Müll wegwerfen. Damit die Industriegesellschaft davon bewahrt werden soll, in ihrem Abfall zu ersticken, gibt es die **Müllverbrennung**. Dabei entsteht eine Vielzahl von Stoffen, von denen wir heute 80 Prozent überhaupt noch nicht chemisch identifizieren können. Welche Auswirkungen diese Substanzen haben, läßt sich daher noch nicht einmal abschätzen. Von den restlichen 20 Prozent sind viele der organischen Verbindungen krebserregend. Dazu gehören vor allem Chlorbenzole und -phenole, polyzyklische aromatische Kohlenwasserstoffe und die Gruppe der Furane und Dioxine. Über 50 Prozent der Gesamtemission von Dioxinen werden durch Müllverbrennungsanlagen verursacht. Trotz neuer Filteranlagen und Rauchgaswäschen entweichen zusätzlich zu den organischen Verbindungen große Mengen an Schwermetallen. Über die Nahrungskette gelangen die meisten dieser Stoffe auch in den menschlichen Körper.

So belasten uns die bestehenden bundesdeutschen Müllverbrennungsanlagen jährlich mit ca.:

- *19.100 Tonnen Stickoxid*
- *6.500   "   Schwefeloxid*
- *6.500   "   Kohlenmonoxid*
- *2.000   "   Feinstäube*
- *1.300   "   Salzsäure*
- * 60   „   Flußsäure*
- * 60   „   Blei*
- * 45   „   Quecksilber*

Bei der Beurteilung von großtechnischen Anlagen, wie es auch die Müllverbrennungsanlagen darstellen, muß man sich natürlich immer vor Augen halten, daß hier auch handfeste Wirtschaftsinteressen mitspielen. So sollen bis zum Jahr 2000 für den Bau der über 100 neuen Müllverbrennungsanlagen 50 Milliarden DM ausgegeben werden. Für die Energieanlagenbetreiber aber sind das lukrative Einnahmequellen. Ist nämlich die Müllverbrennung erst einmal

131

als Großtechnologie etabliert, läßt sie keine abfallpolitische Alternative mehr zu. Wir werden dann gezwungen sein, immer weiter Müll zu produzieren, um diese Anlagen auszulasten! Jeder Versuch Müllvermeidungs- und Verwertungskonzepte durchzusetzen, wäre dann zum Scheitern verurteilt. Schon ist es üblich, das zur Wiederverwertung gesammelte Altpapier in den Müllverbrennungsanlagen dem Hausmüll beizumischen, um dadurch seinen Brennwert zu erhöhen [178].

Ist eine Entsorgung im eigenen Lande nicht mehr möglich, wird unser Müll außer Landes gebracht.
So soll im marokkanischen Teil der Sahara eine große **Verbrennungsanlage für Giftmüll** aus Europa und Nordamerika entstehen. Dabei ist vorgesehen, die Verbrennungsöfen mit einer Kapazität von 2.000 Tonnen Giftmüll pro Tag mit Altöl zu befeuern [179]. Eine andere Entsorgungs-Variante besteht nach Darstellung des Umweltbundesamtes in Berlin neuerdings auch darin, giftigen Sondermüll zu „Wirtschaftsgut" umzudeklarieren und – vermischt mit Sägemehl – an ausländische Zementwerke als Brennmaterial zu liefern [180].

Angesicht solcher Verantwortungslosigkeit gegenüber der Gesundheit sogar der eigenen Rasse braucht es einen dann nicht mehr zu wundern, daß der Mensch in seinem Eigennutz und seiner Profitgier besonders brutal mit der übrigen Natur umgeht. Ein entsprechender **Vandalismus** vollzieht sich – wie schon in Kapitel 3 ausführlich beschrieben – **an den tropischen Wäldern** der Erde. So beabsichtigte der größte Papiertaschentuch- und Toilettenpapier-Hersteller der Welt – das US-amerikanische Unternehmen SCOTT PAPER COMPANY – noch im Jahre 1989 in Indonesien mehrere zehntausend Hektar tropischen Regenwaldes abzuholzen, um das Holz zur Herstellung von Klopapier zu verwenden. Anschließend sollten auf dem gerodeten Land der Insel Irian Jaya Eukalyptusbäume gepflanzt werden. Es war geplant, das 650-Millionen-Dollar-Projekt zusammen mit einem indonesischen Konzern durchzuführen [181]. Gott sei Dank konnte dieses irrsinnige Projekt mit Hilfe geballter Proteste von Umweltschutzorganisationen aus der ganzen Welt noch in letzter Minute verhindert werden. Die Rodung hätte – neben den absehbaren ökologischen Schäden – die Lebensgrundlage von 15.000 Eingeborenen zerstört, die sich von Jagen, Fischen und Sammeln ernähren [182].

Leider kommen aber die Umweltschutzverbände meist zu spät oder können generell nichts ausrichten. Wie z.B. in den Fällen, bei denen wir Europäer uns schon seit langem – zwar indirekt aber aktiv – an der Abholzung der Regenwälder beteiligen, indem wir nämlich südamerikanisches Rindfleisch in Form von Frikadellen essen. Der Großteil des Fleisches für diese „Hamburger" kommt direkt oder indirekt aus Südamerika. „Direkt" heißt, daß es von Rindern stammt, die beispielsweise in Costa Rica oder Brasilien auf Rodungsflächen heranwachsen und deren Fleisch von unseren großen Imbiß-Konzernen importiert wird. Um in den Ursprungsländern Weideland zu gewinnen, werden große Flächen tropischen Regenwaldes abgeholzt. „Indirekt" heißt, daß die Rinder zwar auf dem europäischen Kontinent gehalten werden, jedoch im wesentlichen mit Futtermitteln versorgt werden, für deren Anbau wiederum große Flächen des Tropenwaldes zerstört werden. Zusammengenommen bedeutet dies in einer Sekunde den Raubbau auf einer Fläche, die so groß ist wie ein Fußballfeld [183].

Es gibt aber auch Bereiche, in denen wir reichen Industrienationen uns auf kürzerem Wege an diesen Waldrodungen beteiligen. Uns liegt nämlich sehr viel an den „edlen" Hölzern, die im Urwald wachsen. Tropische Importhölzer finden sich deshalb bei uns überall in und außerhalb des Hauses, z.B. in Wohnzimmer-, Radio- und Fernsehmöbeln, in Schlafzimmer-, Sitz-, Klein- und Küchenmöbeln, in Fenstern, Türen, Furnieren, Fußböden und Schwellen, in Saunen, im Innen- und Außenausbau, in Gartenbau und Landwirtschaft, in Spaltenböden, im Gewässerausbau, in Boots- und Wasserbauten, Betonverschalungsplatten und schließlich in vielen Verpackungsmaterialien und Behältern [184].

Die Zerstörung des größten, noch zusammenhängenden tropischen Regenwaldes auf Erden, des Amazonas-Urwaldes, ist im übrigen nichts anderes als die Folge einer geplanten und gezielten Politik der wirtschaftlichen und industriellen Erschließung dieses Gebietes, die in erster Linie der Exportförderung dienen soll. Bekanntlich ist Brasilien heute mit nicht weniger als umgerechnet 210

Milliarden Mark verschuldet. Damit die Zinsen an die Weltbank bezahlt werden können, muß um jeden Preis exportiert werden [185].

Dabei ist dieses riesige südamerikanische Land, in dem alle europäischen Staaten bequem Platz hätten, mit Ausnahme des Amazonas-Beckens von Natur aus ein fruchtbares Land. Aber seine Regierung betreibt seit Jahrzehnten eine falsche Agrarpolitik. Die südlichen Landesteile – die Heimat zehntausender mittelständischer Bauern und eigentlich der „Brotkorb" des Landes – wurden in riesige **Monokulturen** von Zuckerrohr (für technische Zwecke) und Soja-Bohnen umgewandelt. Wir Europäer importieren diese Früchte. Mit dem Soja-Schrot erzeugt unsere Landwirtschaft Überproduktionen zu Lasten und zum Ärger der Steuerzahler. Die landlos gewordenen Bauern aber lockt die brasilianische Regierung nach Norden zur Rodung des Amazonas-Waldes [186]. – Das ist sicherlich Dekadenz in Reinkultur, aber als solche den gescheiten Köpfen und den Mächtigen dieser Welt durchaus bekannt. Keiner von ihnen ist aber willens, das zu ändern; auch nicht die Christen unter ihnen. Dabei läßt die Erzählung von der Sünde des Menschen in Genesis 3 nach Auffassung der beiden großen christlichen Konfessionen keinen Zweifel daran, „daß der Mensch zwar um seine Bestimmung weiß, ihr aber in selbstzerstörerischer Eigensucht zuwiderhandelt und dadurch seine ganze Lebenswelt in Mitleidenschaft zieht. Die Stelle im Alten Testament will den unbegreiflichen Widerstreit zwischen Gottes guter Ausstattung der Schöpfung und der Erfahrung des gestörten Daseins aufzeigen" [187].

Das Versagen der Politik und die Folgen

Wen die Götter vernichten wollen,
den schlagen sie zunächst mit Blindheit.

Spruch aus der griechischen Antike

„Die Politik richtet sich heutzutage nur noch nach den momentanen Stimmungslagen im Volk. Sie läßt jedes, auf lange Sicht ausgerichtete Handeln vermissen. Im übrigen verwenden die Volksvertreter ihre Kräfte überwiegend und krampfhaft dazu, die nächsten Wahlen erfolgreich zu bestehen" [188]. Es wird um jeden Preis versucht, an der Macht zu bleiben. So besteht die politische Arbeit in der Demokratie zu einem nicht geringen Teil im Manipulieren der Wählermassen. Auf der anderen Seite sieht die Opposition ihre Arbeit darin, die Unzufriedenheit im Lande mit allen Mitteln zu schüren, um dann mit ihrer Hilfe an die Regierung zu kommen. Sachliche Auseinandersetzung bei der Suche nach dem besten Weg oder gar Lob für die Gegenpartei sind der Politik fremd.

In der Bundesrepublik Deutschland haben sich die etablierten Parteien aus bloßem **Opportunismus** dem materialistischen Zeitgeist hingegeben; schlicht und einfach darum, weil es alle taten. Mit zunehmendem Wohlstand wurden alle christlichen Tugenden über Bord geworfen. Der Politiker HERBERT GRUHL bezeichnet deshalb insbesondere die konservativen und christlichen Parteien der Nachkriegszeit als verantwortungslos. Er hält sie für „bar jeder Ethik, von Religion ganz zu schweigen, es sei denn, man lasse die Ökonomie als Religion gelten" [189]. – Ist das der Preis der Demokratie und der Chancengleichheit für alle? – So ist es zum Beispiel moralisch sehr bedenklich, wenn führende Politiker sich selbst als „schlitzohrig" bezeichnen, und sich dafür auch noch vom Volke feiern lassen [190]. Wie, so muß sich jeder ehrlich und gesetzmäßig lebende Bürger fragen, sollen denn Skrupellosigkeit, Rücksichtslosigkeit, Rechtsbeugung und Korruption (womit man ja das Wort Schlitzohrigkeit landläufig verbindet) abgebaut werden, wenn man gerade durch diese Eigenschaften angesehen und mächtig werden kann? Da hilft es auch nichts, wenn das „Goldene Schlitzohr" das Preisgeld für einen Behindertenbus stiftet. Sollte da etwa der langjährige Fraktionsvorsitzende der SPD im Deutschen Bundestag, HERBERT WEHNER recht haben, wenn er feststellt: „Abgeordnete sind nur ihrem Gewissen unterworfen. Dies gilt nicht für Minister, die haben keines!"? [190a].

Ihrer eigentlichen Aufgabe, nämlich der vorausschauenden und vorsorgenden Führung des Volkes kommen die heutigen Politiker nur ungenügend nach, obwohl sie bei jedem Amtsantritt aufs Neue in ihrem Amtseid schwören, das Wohl des Volkes zu mehren und Schaden von ihm abzuwenden. Was die Umweltvorsorge und den Ressourcenschutz betrifft, wirkte sich eine solche Einstellung besonders nachteilig aus. Wider besseren Wissens wurde in der Vergangenheit nicht, oder nicht rechtzeitig genug gehandelt. Die warnenden Stimmen der Ökologen wurden allesamt in den Wind geschlagen. Erst die heraufziehende Klimakatastrophe scheint jetzt diese uneinsichtige Haltung etwas aufzubrechen.

Man könnte nun lapidar einwenden, ein Abgeordneter sei eben nur so gut oder so schlecht wie das Volk, aus dem er kommt; – schließlich wurde er in freier und geheimer Wahl in sein Amt berufen. – Aber so einfach können die Regierenden aus ihrer **Verantwortung** nicht entlassen werden: In einer parlamentarischen Demokratie ist es nicht Aufgabe der Bevölkerung, ständig politisch mitzudenken, um dann gegebenenfalls ihre gewählten Vertreter durch Demonstrationen und Bürgerinitiativen immer wieder an ihre eigentliche Aufgabe zu erinnern. Im Gegensatz zur breiten Masse des Volkes, das im Übrigen zu großen Teilen seines Lebens damit beschäftigt ist, das Einkommen zu sichern und im täglichen Lebenskampf zu bestehen, ist es die selbstverständliche und originäre Aufgabe des Berufspolitikers, für die Sicherung der Lebensgrundlagen und für das Wohl auch künftiger Generationen Sorge zu tragen. Dafür hat er:

- *mehr und bessere Informationen als das Volk*
- *die Informationen schneller und aus erster Hand*
- *Zugriff zu hochqualifizierten Beratern (z.B. dem Verwaltungsunterbau von Ministerien, wo ganze Heerscharen den Ministern zuarbeiten)*
- *Zugang zu Gutachten und Expertisen die aus dem Steuertopf finanziert werden.*

Diese Möglichkeiten hat das Wahlvolk nicht! Es darf darauf vertrauen, daß der Politiker seinen Informationsvorsprung verantwortungsvoll zur vorausschauenden, existentiellen Sicherung von Volk und Lebewelt nutzt. Der Wirtschaftswissenschaftler HANS ULRICH sagt es so: „Wer wie die Führungskräfte auf allen Stufen und in allen Führungsbereichen, zu den wenigen gehört, die dafür sorgen müssen, daß etwas geschieht, ist dafür verantwortlich, daß etwas rechtes geschieht. Er kann sich bei Fehlschlägen nicht darauf berufen, daß er schließlich nur das getan habe, was die vielen Zuschauer und die überwältigende Mehrheit der Ahnungslosen gewollt hätten, denn ein Führer ist – auch in der Demokratie – mehr als ein Sprecher und Willensvollstrecker der Mehrheit" [191]. Trotzdem, die Realität sieht ganz anders aus: Die Politiker berufen sich gern auf den Wähler als Souverän mit dem Argument, der Volkswille sei zu respektieren. Blanker Opportunismus und das tagespolitische Heischen um die Gunst der Wählermassen – heutzutage noch forciert durch die demoskopischen Umfragen – bewegt sie dann aber oft genug dazu, die Entwicklung in eine wenig sinnvolle Richtung zu lenken.

Das Fatale ist, daß unsere scheinbar demokratischen Regierungen Ihre Völker schutzlos der Ausbeutung durch die internationalen Großkonzerne überlassen. Mit der Entschuldigung, der Verbraucher können ja frei entscheiden, erzeugt die aggressive Werbung im Fernsehen für letztlich umweltbelastende Produkte einen Gruppenzwang, dem sich nur wenige entziehen können. – Und die Politik sieht zu und setzt dem nichts entgegen.

Viel zu oft meinen die Politiker, die Tröge des materiellen Wohlstandes immer voller schütten zu müssen [192;193]. Angesichts der vielen politischen Fehlentscheidungen bekommt man mitunter eher den Eindruck, als ob die politischen Führungspersonen zu einer Gruppe von Ahnungslosen gehören, die die Blinden führt [194]. „Da aber in der menschlichen Gesellschaft Führungsaufgaben hoch bewertet werden, besteht die Gefahr, über diese soziale Wertung das Häufchen Elend zu übersehen, das da führt" [195]. Oft genug nämlich sieht die Mehrheit derer, die über öffentliche Geschicke und die öffentliche Meinung bestimmen, entweder die globalen Gefahren aus provinzieller Kurzsichtigkeit nicht, oder sie hat nicht den Mut, sich der Wirklichkeit dieser Bedrohungen zu stellen und über sie die Wahrheit zu sagen. Statt dessen redet der Politiker über Arbeitsplatzsicherung, Wachstumsraten, Produktionssteigerung, Chancengleichheit, Exportmärkte und ähnliches aus der sozialen Marktwirtschaftsfibel. Dabei müßte er doch eigentlich wissen, daß dadurch die Auseinandersetzung mit dem Dilemma eines ständigen wirtschaftlichen „Fortschritts" nur vertagt wird [196]. Zudem ist allgemein zu beobachten, daß jene Leute, die in hohen

Parteiämtern und in der Politik das Sagen haben, der Wirtschaft und ihren Interessen oft sehr nahe stehen und ähnliche Persönlichkeits- und Denkstrukturen aufweisen wie die Führungskräfte der Wirtschaft. „Bei unserem gegebenen sozio-ökonomischen System mit seiner Stimulation der Habgier, seiner Orientierung auf Kontrolle und Vorausschaubarkeit, seiner Hochschätzung von Macht und Prestige gegenüber Gerechtigkeit und kreativer menschlicher Entwicklung, wird" – nach Ansicht des Schweizer Wirtschaftskritikers HANS PETER STUDER – „eine Art negativer Auswahl betrieben" [197].

Aktuelle Kritik am modernen Industriesystem wird mit dem Argument heruntergespielt, es habe schon immer pessimistische Stimmen gegeben [198]. Tauchen größere Entscheidungskonflikte auf, **wird** die **Verantwortung** gern an die Wissenschaft **abgegeben**. So habe sie beispielsweise noch nicht endgültig bewiesen, daß die von den Menschen erzeugten Spurengase wie das Kohlendioxid, das Methan und die Fluorchlorkohlenwasserstoffe (FCKW) die Speicherwirkung der Atmosphäre tatsächlich erhöhen und damit die Temperaturen anheizen [199]. Dies ist jedoch nur als Ausweichmanöver zu werten, denn auch ohne endgültige Beweise weiß dies die Wissenschaft schon lange und hat auch frühzeitig den mahnenden Finger erhoben: Ein weiteres Abwarten bis zur zweifelsfreien Klärung aller ökologischen Zusammenhänge wird das Problem nur noch mehr verschärfen, da ein immer größerer Teil der Störung dann nicht mehr rückgängig zu machen ist. Dies gilt natürlich in erster Linie für den Treibhauseffckt. Nach Ansicht des deutschen Klimatologen H. GRASSL greifcn nämlich Maßnahmen gegen die Klimaveränderung nur sehr langsam, und zwar wegen der hohen Lebensdauer der klimawirksamen Spurengase und der Verzögerung des Effektes durch die Weltmeere [200]. Das heißt im Klartext: Der verantwortungsvolle Politiker hätte schon vor Jahrzehnten auf die ersten Warnungen der Ökologen mit entsprechenden Maßnahmen reagieren müssen! Da er aber zur Natur höchstens über die Verabschiedung von Naturschutzgesetzen eine Beziehung hat, im Übrigen aber gewohnt ist, justitiables Zahlenwerk für eine Entscheidungsfindung gereicht zu bekommen, war eine wirksamere Daseinsvorsorge bislang wohl nicht möglich.

Befangenheit in der Wirtschafts- und Energiepolitik

Die unbezweifelbaren Erfolge der Wirtschaft auf technischem Gebiet sind richtungsweisend für die gesamte gesellschaftliche Entwicklung geworden. Man duldete bisher nicht, wagt es nicht einmal, die wirtschaftlichen Prinzipien grundsätzlich zu hinterfragen. Dies gilt in erster Linie für die verantwortlichen Politiker, natürlich auch für die Führungspersönlichkeiten in der Wirtschaft selbst, letztendlich aber auch für uns Bürger ganz allgemein in unserer Rolle als Konsument und Arbeitnehmer [201].

Die Rücksichtnahme auf die Interessen der Industrie und im Zusammenhang damit auf die persönlichen Wahl- und Karrierechancen veranlaßt viele Politiker, unter dem Vorwand der Kompromißbildung gesamtwirtschaftlich bzw. ökologisch unbefriedigende oder gar gefährliche Zustände zu verharmlosen. Es werden dann in der Regel Maßnahmen ergriffen, die zwar niemandem wehtun, die aber den Problemen in keiner Weise gerecht werden. Im günstigeren Falle ist der Politiker der Überzeugung oder hegt zumindest die Hoffnung, daß man auch mit altbewährten Rezepten und nach dem Motto „Augen zu und durch" irgendwie über die Runden kommen könne [202]. Zur Steuerpolitik ein kleines Beispiel: Zwar befürwortet das Bundeswirtschaftsministerium die Einführung einer Steuer auf die, für das Treibhausklima verantwortlichen Kohlendioxid-Emissionen. Es lehnt jedoch die dringend erforderliche ökologische Umstrukturierung des Steuersystems mit der Begründung ab, „das Steuerrecht dürfe nicht ökologisch überfrachtet werden" [203].

Eines der Hauptanliegen der Wirtschaftspolitiker ist es, eine verminderte Nachfrage unter allen Umständen zu verhindern, weil sonst nach ihrer Meinung die Wirtschaft zusammenbrechen würde [204]. Deshalb plädieren viele für Eingriffe des Staates, um die Nachfrage anzuheizen. Ein solches Vorgehen zeigt aber, daß sie gar keine Marktwirtschaft wollen, sondern **„Wachstumswirtschaft"** um jeden Preis – auch um den Preis der Umwelt- und letztlich der Selbstvernichtung. Mit der irrigen Annahme, daß der Staatsverschuldung, der Arbeitslosigkeit, den steigenden Sozialkosten, der Verelendung in der Dritten Welt, der Kriegsgefahr wie auch der Zerstörung der Umwelt am besten durch ein weiteres wirtschaftliches Wachstum beizukommen sei, wird in den ohnehin schon reichen Ländern alles unternommen, um die Wirtschaft weiter anzukurbeln und im Volk Optimismus und eine Art neue Aufbruchstimmung zu erzeugen [205].

Deshalb sahen sich kritische Gruppen wie etwa der Lutherische Weltbund neuerdings dazu veranlaßt, scharfe Kritik an den westlichen Regierungen, der Weltbank und dem Internationalen Währungsfonds zu üben: Institutionen wie Weltbank und Währungsfonds würden die „Konzentration von Macht unter den Reichen" fördern. Außerdem drängten sie die Schuldnerländer des Südens in eine Situation, in der sie ihre Sozialdienste in einer Weise verringern müßten, daß unzählige Menschen in den Tod getrieben würden [206]. Führen wir uns noch einmal klar vor Augen: Die Voraussetzung für das technische Zeitalter waren billig verfügbare Energie und billig verfügbare Rohstoffe (aus den Entwicklungsländern), die zu Maschinen und Automobilen verarbeitet wurden. Es war deshalb auch immer wirtschaftlich rationeller, energiebetriebene Maschinen statt der teuer gewordenen Menschen arbeiten zu lassen. Die zentralistisch strukturierten Großunternehmen vermögen aber nur solange „ökonomisch" zu arbeiten, wie die Rohstoffe selbst und die Transporte billig sind. Verteuern sich jedoch die Treibstoffe, die Fahrzeuge und die Verkehrskosten, dann wird es nicht mehr lohnend sein, die Rohstoffe über Tausende von Kilometern hinweg zu transportieren.

*Abb. 24: Industrielles „Wachstum um jeden Preis" ist für uns Menschen schäd-
lich (Foto: H.-G. Oed)*

Verschärfend kommt hinzu, daß die Regierungen in keinem Land der Welt
auch nur annähernd die Möglichkeiten ausgeschöpft haben, die die moderne
Technologie im Hinblick auf Einsparung böte. Nur wenige Länder haben damit
begonnen, in größerem Maßstab die fossilen Energieträger durch erneuerbare
Energieträger zu ersetzen [207]. Dabei mutet man dem Verbraucher – entgegen
allen tagespolitischen Lippenbekenntnissen – durchaus saftige Energiepreise
aus herkömmlicher Energieerzeugung zu. So kostet Strom aus **Atomkraftwer-
ken** 0,12 US-Dollar pro Kilowattstunde, während Strom aus modernen, ent-
schwefelten Kohlekraftwerken zum halben Preis zu haben ist. Die Kosten bei
Blockheizkraftwerken wären sogar noch niedriger.

Trotz der niedrigen Brennstoffkosten sind Atomkraftwerke teuer. Die Strom-
versorger aber benötigen gesicherten Stromabsatz, um die Anlagen wirtschaftlich betreiben zu können. So verkaufen sie Strom an Großverbraucher billiger
anstatt teuerer. Atomenergie fördert darüber hinaus sogar den nichtatomaren
Energieverbrauch: die Bindung gewaltiger Steuermittel für Atomkraftwerke
und Anlagen für Atombrennstoff-Versorgung und -Entsorgung verzögert bei
stets knappen Haushaltsmitteln die Entwicklung von Energiespar-, Luftreinhal-

te- und Solartechniken. Die Verteilung der Forschungsmittel zeigt die Verhältnisse deutlich auf: rund 30 Milliarden Mark wurden bisher für Atomenergie, dagegen nur 1 Milliarde für die Erforschung erneuerbarer Energiequellen ausgegeben. Wegen fehlender Gesamtwirtschaftlichkeit sollte die Atomstrategie möglichst bald aufgegeben werden. Nach amerikanischen Untersuchungen können mit jedem Dollar, der in ein Kernkraftwerk investiert wird, 7 Kilowattstunden Atomstrom produziert werden. Der gleiche Dollar in Techniken zur Stromeinsparung investiert, würde aber 50 Kilowattstunden einsparen helfen. Mit knapp 200 DM derartiger Investitionen könnte demnach jährlich der Ausstoß von 1 Tonne Kohlendioxid vermieden werden [208;209].

Davon abgesehen ist die Tatsache, daß es auf der Welt mittlerweile 400 Atomreaktoren gibt, aber immer noch kein praktikables Endlagerkonzept für den Atommüll vorhanden ist, eines der größten Versäumnisse der Politiker des Atomzeitalters. Der amerikanische Energie-Experte CHRISTOPHER FLAVIN prophezeit denn auch auf weitere Sicht einen fast zwangsläufigen Rückgang der weltweiten Atomprogramme. Als Gründe hierfür nennt er: Hohe Kosten, verlangsamter Zuwachs im Verbrauch, technische Probleme, Mißmanagement und vor allem politischer Widerstand von Seiten wachsamer Selbsthilfegruppen aus der Bevölkerung [210]. Die durch blinde Technologiehörigkeit verursachte Entscheidung für die Kernenergie in den 70er und 80er Jahren aber hat weitreichende Konsequenzen für künftige Generationen, die selber keinen Nutzen mehr aus dem Atomstrom haben werden. Eines ist jedoch sicher: Sie werden die radioaktiven Abfälle mit all den damit verbundenen Gefahren „erben", ob sie wollen oder nicht.

Halbherzige Umweltpolitik

Bereits zu Beginn der 70er Jahre gab es erste Hinweise von Wissenschaftlern auf die gefährlichen Wirkungen von Fluorchlorkohlenwasserstoffen (FCKW), die die lebensschützende **Ozonschicht** in der oberen Atmosphäre zerstören könnten [211]. – Aber erst jetzt, also 20 Jahre später beginnen die Politiker zu reagieren! Doch tun sie es wenigstens jetzt mit dem erforderlichen Nachdruck? – Mitnichten!:

Allein der Streit ums liebe Geld hat die internationale Ozonkonferenz, die 1989 im finnischen Helsinki stattfand, gespalten. Die USA, Japan, Großbritannien und Kanada widersetzten sich einem Vorschlag der Umweltorganisation der UNO, einen gemeinsamen Klimafonds einzurichten. Damit sollte den Entwicklungsländern mittels direkten Technologietransfers, Finanz- und Forschungshilfen der Zugang zu Technologien erleichtert werden, die ohne ozonzerstörende Chemikalien auskommen. Die Gegner brachten vor, damit verlören sie die Kontrolle über das Geld. Auf der anderen Seite begründete die Dritte Welt ihren Widerstand gegen einen Ausstieg aus der FCKW-Technologie mit krassen Nachteilen für ihre armen Staaten. Das Montrealer Protokoll von 1987 erlaubte den Entwicklungsländern, auch über 1999 hinaus 10 Jahre lang FCKW zu verwenden, solange der Verbrauch 0,3 kg/Kopf und Jahr nicht überschreitet. Und was sind die vorhersehbaren Folgen dieser halbherzigen Politik? Bei Ausschöpfung dieser Quote würden 1,3 Mio. Tonnen FCKW verbraucht, also noch mehr als die derzeitige weltweite Produktion (1,14 Millionen Tonnen) [212].

Dringendst sollten die Industrieländer **Ökosteuern** einführen. BEATE WEBER, Vorsitzende im Umweltausschuß des Europaparlaments beklagt, daß die politische Diskussion um diese Steuerreform nicht schon vor zehn Jahren eingesetzt hat. Denn bis zum Binnenmarkt der EG sind es nur noch zwei Jahre. In dieser Zeit müssen die Verbrauchssteuern in Europa angeglichen werden. In den bisherigen Vorschlägen der Kommission ist von einer ökologischen Harmonisierung der Verbrauchssteuern noch nichts zu spüren. Und nach der Verwirklichung des Binnenmarktes ist kein Spielraum für nationale Lösungen mehr vorhanden. Für den gesamten westeuropäischen Wirtschaftsraum wäre damit eine Jahrhundertchance zur Entschärfung des Konflikts zwischen Ökonomie und Ökologie vertan [213].

Erschwerend kommt in der EG hinzu, daß immer häufiger die **Umweltvorschriften** der Europäischen Gemeinschaft **mißachtet** werden. Bis Ende 1989 hat die EG-Kommission gegen Regierungen der Mitgliedstaaten insgesamt 362 Verfahren wegen Verstoßes gegen Umweltvorschriften einleiten müssen. Es kommt immer häufiger vor, daß Regierungen sich über die Urteile des Europäischen Gerichtshofes hinwegsetzen [214]. Nach dem Eingeständnis eines einsichtigen deutschen Politikers, des baden-württembergischen Umweltministers ERWIN VETTER „könnte die Politik des bloßen Weiterwurstelns, das Warten auf eine wissenschaftliche Autorität, die den Weg weist (die es aber nicht gibt)

143

morgen die Gesellschaft und die Marktwirtschaft ruinieren. Obwohl Umwelt-schutz mehr politischen Konsens braucht als fast jede andere Materie, ist die parteiübergreifende Übereinstimmung noch in weiter Ferne. Wenn aber im Zweifel stets für die Ökonomie und gegen die Ökologie entschieden wird, nehmen auch die Umweltlasten zu, die in der Bundesrepublik und in allen an-deren Industrieländern bereits höher sind als das Wachstum des Bruttosozial-produkts" [215].

Deshalb ist es auch nicht weiter verwunderlich, wenn zwei Drittel der Bundes-bürger der Ansicht sind, die **Gleichgültigkeit** sei das Haupthindernis für einen erfolgreichen Umweltschutz. Eine entsprechende demoskopische Umfrage er-gab ferner, daß sich die Politiker nach Meinung von 47 Prozent der Befragten zu wenig um den Umweltschutz kümmern [216]. Dies ist wiederum verständ-lich, wenn – nach Aussagen von Bürgerinitiativen – die Regierung gezielt Par-teimitglieder in die Spitze von Bürgerinitiativen einschleust, die gegen den Bau von Sondermüll-Verbrennungsanlagen gerichtet sind. Die Parteigänger haben offenbar die Aufgabe, die Arbeit der Initiative so zu steuern, daß diese letztlich erfolglos bleibt. Damit habe man bisher Erfolg gehabt, den „harten Kern" der Bürgerinitiative aufzulösen [217].

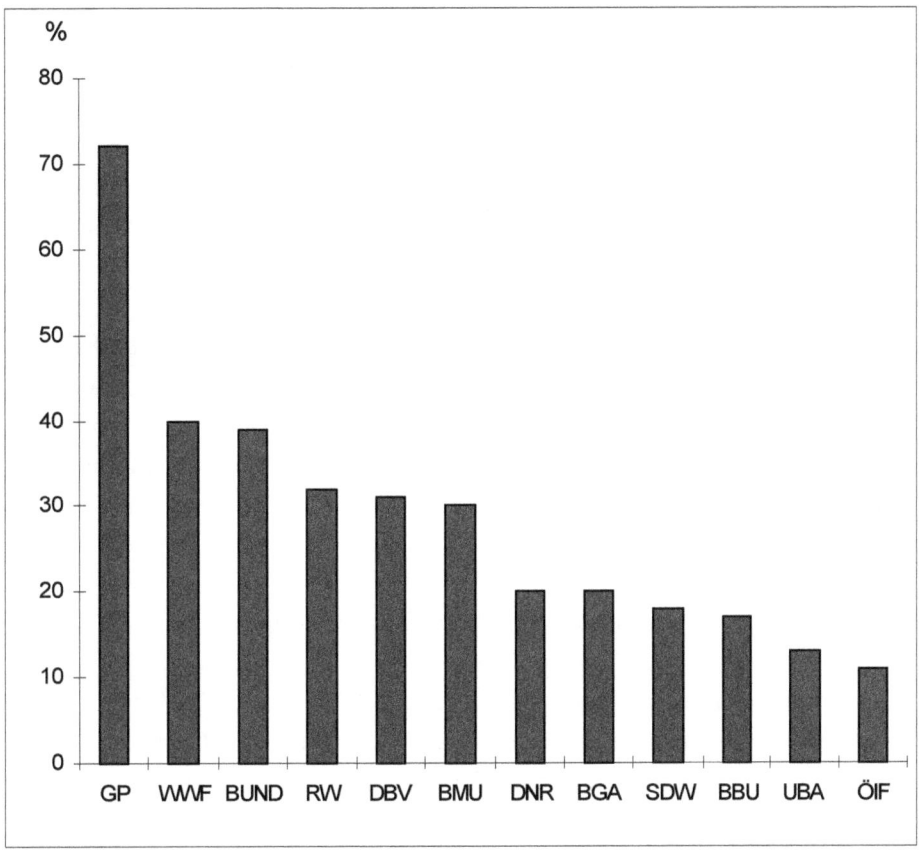

*Abb. 25: Ansehen der verschiedenen Naturschutz-Institutionen bei der bundes-
deutschen Bevölkerung laut demoskopischen Umfragen. Es bedeuten: GP =
Greenpeace; WWF = World Wide Fund for Nature; BUND = Bund für Um-
welt- und Naturschutz Deutschland; RW = Robin Wood; DBV = Deutscher
Bund für Vogelschutz (jetzt: Deutscher Naturschutzverband DNV); BMU =
Bundesumweltministerium; DNR = Deutscher Naturschutzring; BGA = Bun-
desgesundheitsamt; SDW = Schutzgemeinschaft Deutscher Wald; BBU = Bund
Bürgerinitiativen Umweltschutz; UBA = Umweltbundesamt; ÖIF =
Öko-Institut Freiburg. Quelle: Zeitschrift „Naturschutz Heute", 6/1989*

Dies sind nur kleine Beispiele, die beweisen, wie groß doch die Kluft zwischen
umweltpolitischen Lippenbekenntnissen und dem Handeln ist, und wie schwer
sich die Verantwortlichen nach wie vor tun, dazuzulernen.

Angesichts solcher **Fehlentwicklungen** auf der Welt muß man zum dem beklemmenden Urteil kommen, daß die Schädigung des Menschen in der Industriegesellschaft vom Staat faktisch legalisiert wird. Hohe tödliche Risiken werden bewußt in Kauf genommen – so etwa bei den krebserzeugenden Stoffen. Unsere Kinder werden in eine Giftwelt hineingeboren, in der sie lebenslänglich der Invasion von über 1.000 toxischen Substanzen durch Luft, Trinkwasser, Nahrung und Bekleidung ausgesetzt sind [218].

So wurden bisher in der Bundesrepublik Deutschland Pestizid- und Herbizidpräparate von den zuständigen bundesdeutschen Zulassungs- und Zustimmungsbehörden sehr großzügig zugelassen. Dabei verlangte man von der chemischen Industrie nicht einmal ausreichend genaue Nachweismethoden oder die Feststellung der Unbedenklichkeit dieser z.T. hochwirksamen, auch krebserregenden Stoffgemische. Nach Maßgaben des Bundesgesundheitsamtes für die Trinkwasser-Verordnung ist ein Überschreiten des EG-Grenzwertes je nach Substanz bis zum 4fachen und dies bis zu 10 Jahre lang erlaubt [219].

Ähnliche, gravierende Versäumnisse leisten sich die politisch Verantwortlichen bei der **Umweltgesetzgebung**. Nach wie vor müssen die Gerichte wider alle Vernunft für den Umweltverschmutzer und gegen die Gesundheit des Menschen entscheiden. Die Perversion in der Beweisführung liegt nämlich darin, daß die Richter von den Produzenten potentiell umweltschädigender Technologien und Stoffe kein Beweis der Unschädlichkeit verlangen, wohl aber von den Kritikern und Klägern [220]. Völlig unverständlich und mit ökologischen Prinzipien unvereinbar ist beispielsweise das Urteil eines deutschen Verwaltungsgerichtshofes. Aufgrund geltenden Rechts mußte er entscheiden, daß die Gemeinden für alle Bürger einen allgemeinen Benutzungszwang für die Müllabfuhr vorschreiben können. Von dem Gericht wurde deshalb im Berufungsverfahren die Klage eine Mannes gegen eine Gemeinde abgewiesen, der keine Mülltonne haben wollte, weil er umweltbewußt lebt und somit fast keinen Müll verursacht. Obwohl seine Familie 5 Personen umfaßt, braucht er nur gelegentlich einen Müllsack kaufen. Sowohl die Gemeinde als auch später das Gericht lehnten die Befreiung des Mannes von der regelmäßigen Müllabfuhr ab [221].

Auch in anderen Bereichen hapert es in der Umweltpolitik:
Politiker stilisieren gern den raschen Ausbau des **Dienstleistungssektors** zum umweltverträglichen Wachstumspotential empor. Dies ist aber nur Augenwischerei, denn ein wachsender Anteil dieser Dienstleistungen dient als „Sozialkostensektor" (Beispiel Kostenexplosion im Gesundheitswesen) nämlich nur dazu, die unerwünschten Folgen zu mildern, die von unserer immer hektischer agierenden Konsumgesellschaft verursacht werden. Andererseits können „Dienstleistungen" aber auch sehr wohl direkt mit umweltzerstörenden Prozessen einhergehen, da sie in aller Regel zusätzliche Wachstumsimpulse auslösen, und zwar um so mehr, je mehr die Gesellschaft mit ihrer Zerstreuungssucht nach immer mehr Extravaganz verlangt. Dies gilt beispielsweise für den Reise-, Sport- und Freizeittourismus mit der entsprechenden Industrie [222;223].

Ihr Mißverhältnis zu Natur, Pflanzen und Tieren stellen die Politiker immer aufs neue unter Beweis, dann nämlich, wenn politisches Handeln zugunsten des **Artenschutzes** angezeigt wäre. Ein kleines, aber typisches Beispiel:
Durch ein Dekret der französischsprachigen wallonischen Regionalregierung Belgiens werden jährlich aufs Neue 50.000 Singvögel (Distelfink, Dompfaff, Zeisig, Girlitz und Goldammer) zum Fang freigegeben. Von den 36 belgischen Nachkriegsregierungen hat es bislang noch keine vermocht, konsequent den Vogelfang zu verbieten. Grund: Die bestens organisierten Vogelsteller sind verläßliche Wähler jener Parlamentskandidaten, die ihnen die Fortsetzung ihres „Sports" garantieren [224]. Nach diesem Strickmuster wird auch in anderen Ländern verfahren; wahrscheinlich solange, bis auch die Naturschützer eines Tages zum politisch relevanten Wählerpotential werden. Bis dahin richtet sich die Politik nach der schweigenden Mehrheit ....

Einseitige Verkehrspolitik

Obwohl auf der Straße 41 mal mehr Unfälle als auf der Schiene passieren, und es 50 mal mehr Verletzte und 7 mal mehr Getötete als bei der Eisenbahn gibt [225], läßt das unsere Politiker ungerührt. Auch läßt sie unbeeindruckt, daß der Gütertransport auf der Straße pro Tonne und Kilometer das 2-4fache an Energie derjenigen der Bahnfracht verbraucht. 22 Prozent des Energieverbrauchs und 43 Prozent des Mineralölverbrauchs gehen zu Lasten der Autos [226]. Ferner ist allgemein bekannt, daß 46 Prozent aller Abgase aus dem Straßenverkehr stammen. Allein 55 Prozent der emittierten Stickoxide und 40 Prozent der Kohlenwasserstoffe gehen auf den Individualverkehr zurück. – Obwohl man dies alles weiß, wird in der bundesdeutschen wie auch in der europäischen Verkehrspolitik dem Güterverkehr auf der Straße seit Jahrzehnten absoluten Vorrang vor der Schiene eingeräumt. Dazu kommt, daß die Politik bisher keinerlei Druck auf die Autoindustrie in Richtung auf verstärkte Energieeinsparung auszuüben vermochte. Die Automobile verbrauchen zur Zeit durchschnittlich 12 Liter Treibstoff pro 100 Kilometer – weit entfernt von den technischen Einsparmöglichkeiten [227].

Zur politischen **Benachteiligung des Schienenverkehrs** einige Zahlen: In der Bundesrepublik Deutschland wurden seit 1950 über 140.000 Kilometer neue Straßen, davon allein über 5.000 Kilometer neue Autobahnen gebaut. Dagegen wurden nur 12 ! Kilometer neue Eisenbahnstrecken und ca. 200 Kilometer S-Bahn-Strecken gebaut. Im Gegenzug wurden aber von 1957 bis 1983 nicht weniger als 3.017 Kilometer Eisenbahnstrecken ganz stillgelegt und auf weiteren 6.431 Kilometern der Personenverkehr eingestellt. Insgesamt standen von 1961 bis 1976 folgende Bundesmittel für Investitionen bereit:

- *ca. 9 Milliarden DM für die Deutsche Bundesbahn*
- *ca. 61 Milliarden DM, also fast das 7-fache allein für Bundesfernstraßen!*

Außerdem standen für weitere Straßenbauvorhaben erhebliche Investitionen von Ländern, Kreisen und Gemeinden zur Verfügung, so daß sich das Mißverhältnis noch stärker zu Ungunsten der umweltfreundlicheren Bahn verschiebt. Immer wieder wird betont, die Bundesbahn arbeite mit Defizit. Dazu muß man wissen, daß das Hauptdefizit bei der ihr übertragenen staatlichen „Wegeverwaltungsaufgabe" entsteht. Im Gegensatz zu allen anderen Verkehrsträgern (Auto, Schiff, Flugzeug) müssen nämlich die Kosten für den Fahrweg von der Deutschen Bundesbahn selbst getragen werden. Wäre dies nicht der Fall, so hätte sie beispielsweise im Jahre 1983 einen Gewinn von 1,6 Milliarden DM erwirtschaftet [228].

Die volkswirtschaftlichen, sozialen und ökologischen Probleme sind also hinlänglich bekannt, aber die erforderlichen **politischen Maßnahmen unterbleiben**. Nicht etwa, weil man – wie es zwar oft genug der Fall ist – die Entwicklung verschlafen hätte, sondern weil man sie bewußt verhindert. Umweltminister und Umweltbundesamt fordern zwar (nach außen hin) deutliche Maßnahmen gegen ein weiteres Ausufern des Straßenverkehrs. Doch die Umweltpolitik wird nach wie vor vom Wirtschaftminister diktiert – in diesem Fall mit Unterstützung des Verkehrsministers.

„Freie Fahrt für freie Bürger" heißt da eine wählerwirksame politische Parole, die immer dann gerne hervorgeholt wird, wenn die Regierung durch die Kritik von Ökologen unter Druck gerät. Und so bleibt alles beim alten: Das Auto behält seine absolute Vorfahrt. Aber auch für die Wälder und ihr Sterben und beim Beitrag zum „Treibhauseffekt" bleibt alles beim alten. Es sei denn, die Autofahrer steuerten von sich aus einen neuen Kurs – weniger oft mit dem Auto, langsamer und mit Katalysator. Das tun sie aber nicht freiwillig [229]. – Und wenn. Es wäre eben nicht damit getan, alle Automobile mit Katalysatoren auszurüsten, zugleich aber die Gesamtzahl der Fahrzeuge und deren Motorkraft weiter ansteigen zu lassen. Der Katalysator entfernt lediglich die Stickoxide, nicht aber das Kohlendioxid. So mußte denn auch der lobenswerte Versuch von zehn Geistlichen, **Tempo 100** auf Autobahnen auf dem Gerichtswege durchzusetzen, vor einem deutschen Verwaltungsgericht scheitern. Die Pfarrer hatten ihren Vorstoß zur Änderung der Straßenverkehrsordnung mit der hohen Zahl von Unfalltoten und -verletzten begründet. Die Richter aber entschieden: Der Anspruch der Kläger sei unberechtigt, da der Gesetzgeber nicht „gänzlich untätig" geblieben sei [230].

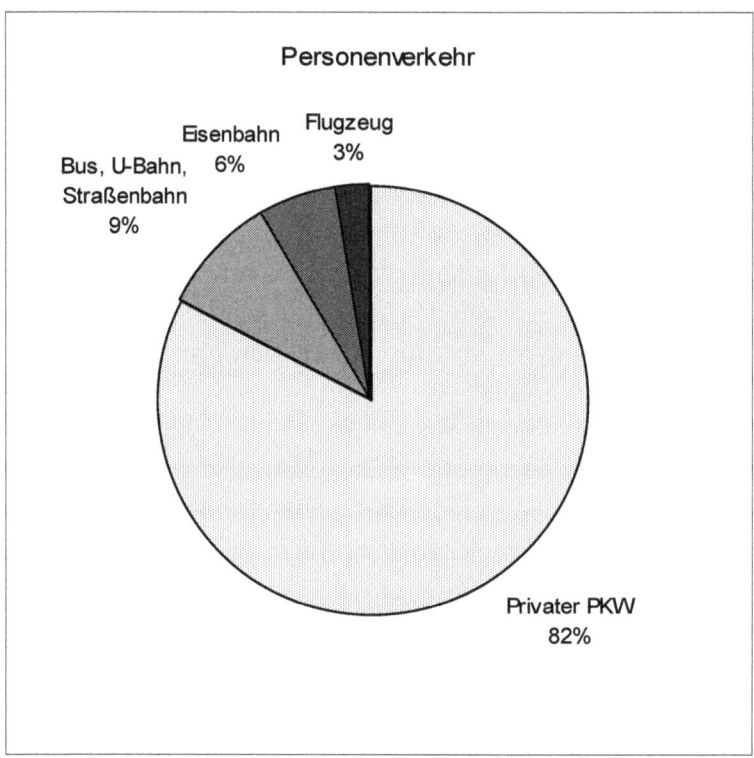

*Abb. 26: Verkehrsleistungen 1990 in der BR Deutschland. **Personenverkehr**: 100 Prozent = 695 Milliarden Personenkilometer (Pkm). Quelle: Schwäbische Zeitung Leutkirch, 24.3.1990*

Als zwangsläufige Reaktion auf die Mobilität der Bürger wurden enorme Beschäftigungskapazitäten im Tief- und **Straßenbau** geschaffen, von denen man heute politisch kaum mehr herunterkommt. Und ähnlich wie bei der Energiewirtschaft führt dies zu unentwegten Forderungen, ständig noch mehr Straßen zu bauen, nicht etwa wegen des Bedarfs, sondern wegen der Arbeitsplätze, die an dieser Branche hängen. „Laßt uns Autobahnen bauen, damit die Menschen Arbeit haben!" Besser läßt sich die ökonomische Sackgasse nicht beschreiben. – Wie aber geht es weiter? – Der brasilianische Gesellschaftskritiker und jetziger Umwelt-Staatsekretär JOSÉ LUTZENBERGER meint: „Und wenn der letzte Quadratmeter zubetoniert ist, dann werden sie die alten Autobahnen ausreißen und neue machen wollen. Denn die Baufirmen müssen doch Autobahnen bauen. Wir haben also die Logik des Bürokraten, der zentralistische Macht haben will, auf der einen Seite, die Logik des Unternehmers und der großen Firmen auf der anderen, und diese beiden Logiken treffen sich wunderbar in der Korruption" [231;232].

Der deutsche Biologieprofessor PETER HEMMERICH geht sogar soweit, und bringt den Straßenbau mit dem Dritten Reich in Verbindung, wenn er schreibt: „Was heute an unserer Landschaft geschieht ist den Greueln des Dritten Reiches in seiner Folgenschwere sehr wohl an die Seite zu stellen, auch dann, wenn es nicht so unmittelbar mörderisch ist".

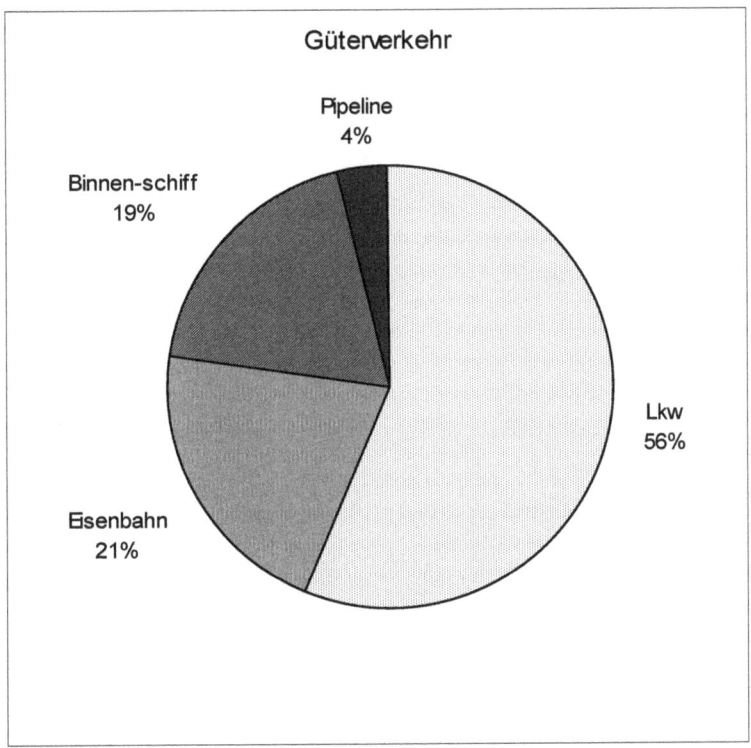

*Abb. 27: Verkehrsleistungen 1990 in der BR Deutschland. **Güterverkehr**: 100 Prozent = 304 Milliarden Tonnenkilometer (tkm). Quelle: Schwäbische Zeitung Leutkirch, 24.3.1990*

151

Diese Formulierung findet sich in einem offenen Brief, den er an einen größeren Kreis von „beruflichen Straßenbauern und nebenberuflichen Straßenbau-Fanatikern" gerichtet hat. HEMMERICH bezeichnet sich selbst als einen Menschen, der „bisweilen kritisch darüber nachdenkt, was er tut" Leider sei dies bei allenfalls 50 Prozent der Herren aus der Straßenbau-Branche der Fall. Auch im Dritten Reich habe sich jedermann gern darauf berufen, er sei ja nur ausführendes Organ gewesen [233].

Der Industrie ist aber das vorhandene Straßennetz noch viel zu wenig. Sie betont immer wieder, unser Land sei mit Fernstraßen „unterversorgt" [234]. Nicht von ungefähr läßt sich die bundesdeutsche Verkehrspolitik neuerdings sogar dazu hinreißen, umweltbewußteren Nachbarländern mit Vergeltungsmaßnahmen zu drohen. So führte man im Gegenzug zum österreichischen **LKW-Nachtfahrverbot** ein solches für österreichische Lastwagen ein – und zwar nur für diese, nicht etwa für alle Transit-LKW! Die Verkehrslobby flankierte diese schikanöse Maßnahme des Verkehrsministeriums mit scharfer Kritik am Vorgehen Österreichs, das angeblich „für den Umweltschutz nichts bringe, aber schwerwiegende Auswirkungen für den Alpentransit der EG haben werde" [235].

Wie dem auch sei, Bundesregierung und die Autolobby, wozu ja auch die Automobilclubs mit ihrem großen Wählerpotential gehören, sind sich einig: Auf den Autobahnen soll es kein Tempolimit geben. Überhaupt soll der Straßenverkehr „das wichtigste Glied in unserem Verkehrssystem" bleiben [236;237].

Folgenschwere Gesellschafts- und Entwicklungspolitik

Da die ökonomische Philosophie ausschließlich und einseitig vom Leistungsgedanken ausgeht, und ein jeder nur auf Grund der von ihm eingebrachten Qualitäten bewertet wird, kommt es – bereits in der Schule beginnend – zu einem gnadenlosen Wettbewerb. Vermischt mit einer viel zu einseitig auf technische Berufe ausgerichteten **Bildungspolitik** werden die Weichen falsch gestellt. So hat es sich beispielsweise an bundesdeutschen Gymnasien gezeigt, daß sich die Mädchen weit weniger für Computer und Informatik interessieren als Jungen.

Und schon halten es die Politiker für bedenklich, „wenn in einem Land, dessen Zukunft in hohem Maße vom technischen Know-how seiner Bevölkerung abhängt, das Interesse der Mädchen in diesem Bereich so deutlich zurückbleibt". Man gerät dann gleich wieder in Aktionismus und sieht sich genötigt, in den Schulen ein Pilotprojekt „Mehr Mädchen in Naturwissenschaften" zu starten [238]. Mit Recht hätte der in diesem Buch schon öfters zitierte JOSÉ LUTZENBERGER ein solches Ansinnen wohl mit folgender Feststellung kommentiert: „Die Universitäten haben schon lange nicht mehr die Absicht, Intellektuelle zu bilden, nein, man will Fachidioten. Wir sollen alle Fachidioten sein, damit wir uns wie zahme Schafe zum Schlachthaus führen lassen. Also ein letzter Appell an die Jugend: Befreit euch von den Ketten der Spezialisierung!" Oder an anderer Stelle: „Was wir heute brauchen, und da appelliere ich besonders an die jungen Leute, ist eine politische Kritik der Technologie. Technologie ist immer politisch und die infame große Lüge von der Wertfreiheit der Wissenschaft, die dann mit Technik verwechselt werden soll, ist doch nur dazu da, daß die Technokraten sagen können, das, was wir machen, ist wertfrei. Wenn euch das nicht paßt, dann seid ihr Schuld" [239].

Und wie sieht's in der **Arbeitspolitik** aus? – Es ist bezeichnend für unser Wirtschaftssystem, daß die Arbeit viel höher besteuert wird als die Rohstoffe. Damit wird in Gewerbe und Industrie die Tendenz verstärkt, die teure menschliche Arbeitskraft wegzurationalisieren. Dies hat aber zur Folge, daß sich die Arbeitslosigkeit erhöht und die Schwarzarbeit begünstigt wird, da der Unternehmer die immensen Steuern und Sozialabgaben zu umgehen versucht. Wohlgemerkt: Heutzutage werden zwei Drittel der Staatseinnahmen durch Steuern und Abgaben auf menschliche Arbeitsplätze finanziert. Nur noch ein Drittel kommt aus der Besteuerung von Waren, Energie und Gütern! Nüchternes Fazit aus dieser Entwicklung zieht der deutsche Ökologe DIETER TEUFEL: „Wäre es Absicht der Steuer- und Abgabenpolitik der letzten Jahrzehnte gewesen, die menschliche Arbeitskraft so zu verteuern, daß der Mensch immer stärker aus dem Arbeitsmarkt verdrängt wird, hätte die Politik nicht wesentlich anders aussehen können [240]. Solange aber die Tarifpolitik allein am Lohn orientiert ist, und daher wegen der künstlichen Verteuerung des Faktors „Arbeit" Arbeitsplätze verloren gehen, muß zwangsläufig ein stetes Wirtschaftswachstum angestrebt werden. Dies wiederum läuft aber allen Bemühungen der Umweltvorsorge zuwider. Deshalb wäre eine neue Flexibilität der Lohn- bzw. Tarifpolitik für die Verzahnung von Wirtschafts- und Umweltpolitik von größter Wichtigkeit [241].

Hört man unsere Politiker, so möchte jeder gern Arbeitsplätze schaffen; sie wissen nur nicht so recht, wofür. Das Patentrezept lautet: Laßt uns Atomkraftwerke, Straßen, Autos, Flugplätze, Kanäle, Müllverbrennungsanlagen bauen – für das Weitere wird dann schon der Himmel sorgen. Dasselbe gilt im Übrigen auch für die Argumentation zugunsten von Waffenproduktion und -export in die Dritte Welt: Diese Branche schafft schließlich auch Arbeitsplätze!
Es ist ein großer Irrtum, wenn nicht gar eine gewollte Lüge, wenn von den Politikern die Förderung der **wirtschaftlichen Entwicklung der Dritten Welt** als das Gebot der Stunde herausgestellt wird. Solange wir reichen Länder nämlich auf unserem materiellen Verschwendungsstandard beharren, führt sie – angesichts der verantwortungslosen weltweiten Plünderung der Ressourcen – zu einer noch rascheren Verschlechterung der globalen Umweltsituation. Es ist aber gerade das hohe Konsumniveau der Industriestaaten, das groteskerweise als Voraussetzung für eine Verbesserung der Lage der Entwicklungsländer vorgeschoben wird [242;243].

Als Beispiel für eine verfehlte Gesellschafts- und Entwicklungspolitik sei an dieser Stelle das weltweite **Drogenproblem** angeführt. Dieses hat bekanntlich zwei Aspekte: Einmal den des Drogenbedarfs, der in der allgemeinen Verstädterung, dem sozialen Gefälle und in der Perspektivlosigkeit einer materialistischen Gesellschaft begründet ist; zum andern den des Drogenanbaus in verschiedenen Staaten der Dritten Welt. In fast jedem Industrieland der westlichen Welt wuchs die Zahl der Drogenabhängigen und -toten in den vergangenen Jahren. Daran konnten auch verstärkter Polizeieinsatz, strengere Kontrollen und drastischere Strafen nichts ändern. Die Erfolgsaussichten im Kampf gegen den Drogenexport aus Asien und Lateinamerika sind gering. Denn je stärker die Preise für nützliche Rohstoffe auf dem Weltmarkt fallen, um so lohnender wird der Anbau von Kokapflanzen. Die Preise für die Exportgüter Kaffee, Mais oder Bananen sind in den vergangenen Jahren rapide gefallen, während der

Preis für das Rauschgift ständig steigt. Der Drogenanbau sichert Hunderttau-
senden von Landbewohnern in Lateinamerika den Lebensunterhalt. Man muß
sich einfach vor Augen halten, daß das einzige Produkt, das in Lateinamerika
gut bezahlt wird, das Rauschgift ist. Besonders drastisch ist der Unterschied für
die Händler in Peru. Verkaufen sie ein Kilo Mais an den Staat, dann erhalten
sie 250 Inti. Kolumbianische Drogenhändler zahlen für ein Kilo Kokapaste
aber 1,2 Millionen Inti!! Aus diesem Grund leben derzeit über 250.000 Perua-
ner vom Drogenanbau.

Und die **Ursache**? – Auf allen weltwirtschaftlichen Konferenzen lehnten die
Industrieländer bisher die Forderungen der Entwicklungsländer nach einer Erhöhung und Stabilisierung der Rohstoffpreise für Kaffee, Bananen oder Kakao
rigoros ab, da sie darin einen Eingriff in das freie Spiel der Marktkräfte sahen.
Eingriffe in den freien Weltmarkt wären hier aber ebenso erforderlich wie bei
uns, wenn es darum geht, soziale Probleme zu lösen. Da man dies aber politisch nicht will, werden zwangsläufig immer mehr Bauern in der Dritten Welt
vom Anbau nützlicher Rohstoffe auf das gut bezahlte Rauschgift umsteigen
[244].

Ähnliche Fehler passieren auf dem Gebiet weltweiter Familienplanung. Den
auf diesem Gebiet vielleicht größten Fehlschlag hat sich die US-Regierung geleistet: Sie entzog der UN-Bevölkerungsbehörde (UNFPA), welche die Famili-
enplanungsprogramme in 134 Ländern koordinieren soll, jegliche finanzielle
Unterstützung. Wer jedoch mit der Familienplanung politisch spielt, untergräbt
die Chancen für eine Reduzierung des Bevölkerungswachstums in der Dritten
Welt. Für etliche Länder wird dies bedeuten, daß ihre Bevölkerung nicht wegen
fallender Geburtenraten, sondern wegen steigender Sterberaten sinkt [245].

Alles in allem muß man leider feststellen, daß unsere Politiker aus der Gesamtheit der auf dem Tisch liegenden Fakten zur Lage der Welt und der Menschheit
bislang nichts gelernt haben. Sie nehmen oder nahmen zumindest bis vor kurzem die globale Bedrohung wie auch die ökologischen Wechselwirkungen einfach nicht zur Kenntnis. Wie sonst wäre es möglich, daß eine große deutsche
Volkspartei nach wie vor die Wählermassen mit folgenden Wahlkampfsprü-

chen einzuwickeln versucht: „Warum wir für den Wohlstand kämpfen: Wohlstand gibt Sicherheit. Wir haben die höchsten Löhne. Wir haben den längsten Urlaub. Wir haben die kürzeste Arbeitszeit und so auch die meiste Freizeit" [246].

Wie lange – so muß man sich mit Blick auf die Dritte Welt fragen – können wir wohl damit noch protzen?

Zitate zu diesem Kapitel

[1] STEIN.W. 1981:1520; [2] ebenda:12ff; [3] BUCHWALD;K. 1980:8; [4] vergl. LÜNING,J. 1983:135ff; [5] BUCHWALD,K. 1980:1; [6] BROWN,L.R. 1987:14,24; [7] BROWN & WOLF 1987:294ff; [8] BROWN,R. 1987:40; [9] POSTEL,S. 1987:255; [10] dpa 8.4.89; [11] BROWN L.R. 1987:45,47f,52; [12] ebenda:194; [13] BROWN & JACOBSON 1987:74; [14] ap 2.4.90; [15] SZ 21.9.89; [16] dpa 8.9.89; [17] BROWN L.R. 1987:51; [18] dpa 8.9.89; [19] SZ 10.5.89; [20] BROWN & WOLF 1987:300; [21] vergl. GLOBAL 2000 1984:84f; [22] vergl. WWF et al. 1984:14; [23] VESTER,F. 1985:336; [24] vergl. MYERS,N. 1985:54; [25] vergl. BROWN & JACOBSON 1987:53f; [26] vergl .BROWN.L.R. 1987:195ff; [27] SAMURLSON,P. 1972:565ff; [28] vergl. HÖHLER,G. 1981:275; [29] SCITOVSKY 1977:117f; [30] vergl. SIEFERLE,R.P. 1984:145; [31] BINSWANGER, H.C. 1979:151ff; [32] ILLICH,I. 1975:178; [33] BINSWANGER,H.C., BONUS,H. TIMMERMANN,M. 1980:6; [34] HANSMEYER,K.H. & RÜRUP,B. 1974; [35] ANDERS,G. 1956:24/25; [36] MUMFORD,L. 1978:478; [37] WIZNITZER,L. 1986:22; [38] dpa 13.1.90; [39] LÖW,R. 1989:29f; [40] WEINZIERL,H, 1987:2; [41] MEYER-ABICH,K.M. 1986; [42] JONAS,H. 1982:7; [43] ALT,F. 1985:33; [44] WELT AM SONNTAG 15.4.79; [45] BINSWANGER,H.C. 1979:151ff; [46] BINSWANGER,H.C.,BONUS,H. & TIMMERMANN,M. 1980:9ff; [47] PASSIAN,R. 1984:17; [48] FROMM 1977:17; [49] STUDER,H.P. 1987:342f; [50] GRUHL,H.1982:157f; [51] DALY 1977:22; [52] STUDER,H.P. 1987:315; [53] ORTEGAY GASSET,J. 1956:41; [54] HEIMANN,E. 1963:96; [55] CRAMER,F. 1975:267; [56] HÖHLER,G. 1979:238,242; [57] FROMM 1977:68; [58] zit, in DALY,H. 1977:21; [59] STEIN,W. 1981:1521; 59a

BINSWANGER,H.C. 1979:171; [60] GRUHL,H. 1982; [61] ULRICH,H. 1984:294; [62] vergl. auch DALY,H. 1977:19f; [63] MISHAN,E.J. 1980:164; [64] STAT. JAHRBUCH DER Bundesrepublik Deutschland 1981:330; [65] JÄNICKE,M. 1974:92-95; [66] vergl. SCHUMACHER,E.F. 1985:41; [67] IL-LICH, I. 1974:127; [68] GOLDSMITH,E. 1978:13; [70] STUDER,H.P. 1987:419; [71] BINSWANGER,H.C., BONUS,H. & TIMMERMANN,M. 1980:1; [72] DYLLICK,TH. 1982:XI; [73] SCHUMACHER;E.F. 1985:29ff; [74] zit. in GRUHL,H. 1984:226f; [75] vergl. STÖRIG,H. 1981:322; [76] CA-PRA,F. 1983:59; [77] PIETSCHMANN, H. 1983:25; [78] STÖRIG,H.J. 1965:378; [79] KLAGES,L. 1956:22; [80] ROSZAK,T. 1971:348f; [81] vergl. MEYER-ABICH,K.M. 1984:255ff; [82] VESTER,F. 1985:270ff; [83] MEY-ER-ABICH,K.M. 1984:60; [84] dpa 21.4.89; [85] zit. bei WEINZIERL,H. 1987:3; [86] BRIEMLE,G. 1987; [87] KROLZIK,U. 1979:1982; [88] STÖ-RIG,H. 1981:215; [89] SPRANDEL, R. 1983:238f; [90] ebenda :253/257; [91] COBB, J.B. 1972:54; [92] BADEN,H.J. 1981:70; [93] FRANKE,H. 1983:52; [94] Rat der EKD & Deutsche Bischofskonferenz 1985: 32f; [95] GRUHL,H. 1982:59; [96] MEYER-ABICH,K.M. 1984:211; [97] SCHUMACHER,E.F. 1985:129; [98] ap 11.10.89; [99] upi 14.10.89; [100] TUIAVII 1976:33f; [101] RÖSSEL,K. 1988:36; [102] ALT,F. 1985:74; [103] vergl. BINSWAN-GER,H.C. et al. 1983:112; [104] POLANYI,K, 1979:67; [105] IMMLER,H. 1985:33f; [106] BÜRGIN,A. 1982:28; [107] vergl. SCHINZINGER,F. 1977:14ff; [108] SOULE,G. 1955:17f; [109] SALIN,E. 1951:12; [110] vergl. POLANYI,K. 1977:78; [111] vergl. BLUM.R. 1982:65; [112] vergl. SALIN,E. 1951:30f; [113] FINLEY,M. 1977:60; [114] vergl. BINSWANGER,H.C. 1982:128; [115] BRENTANO,L. 1929:64; [116] FROMM,E. 1976:95; [117] NOLL,P. 1984:35f; [118] MILL,J.S. 1924:392; [119] ap 19.7.90; [120] HEN-DERSON,H. 1985:85f; [121] SCHUMACHER,E.F.1985:245; [122] dpa 26.5.89; [123] vergl. JASPERS,K. 1958:326; [124] RÖSSEL,K. 1988:41; [125] BIEGERT,C. 1989:75; [126] BROWN & WOLF 1987:312; [127] POLA-NYI;K. 1977:202; [128] zit. aus: NATUR & UMWELT 3/1989:21; [129] SZ 25.1.90; [130] epd 6.4.90; [131] SZ 5.3.90; [132] MACCOBY,M. 1977:156; [133] vergl. GRUHL,H. 1982:238/282; [134] BRENTANO,L. 1929:108; [135] ebenda :184; [136] BRECHT,B. 1981:920; [137] RÜSTOW,A. 1950:270; [138] GRUHL,H. 1982:205; [139] AMERY,C. 1976:141; [140] GOLDS-

MITH,E. 1978:37; [141] vergl. auch STUDER,H.P. 1987:449; [142] HAR-
MANN,W.W. 1978:50; [143] KÖCHER,R. 1989; [144] SZ 4.11.89; [145]
THÜRKAUF,M. 1975:89f; [146] WELT AM SONNTAG 15.4.79; [147]
RÖPKE,W. 1958:195; [148] SZ 23.6.90; [149] ap 19.6.90; [150] vergl. auch
DYLLICK,TH. 1982:138; [151] vergl. STÖRIG,H.J. 1981:49f; [152]
FROMM,E. 1977:115; [153] vergl. auch ULRICH,P. 1986:112f; [154]
MARKL,H. 1986:317; [155] RAPSCH,V. 1984, zit. in STUDER,H.P. 1987;
[156] SCHUMACHER,E.F. 1985:15; [157] FROMM,E. 1976:75; [158] vergl.
auch PAKKARD;V. 1961; [159] vergl. TOFFLER,A. 1981:54; [160] LUT-
ZENBERGER,J. 1989:17; [161] FLAVIN,C. 1987:102; (162) MEY-
ER-ABICH, K.M. & SCHEFOLD,B. 1986; [163] dpa 26.4.89; [164] SZ 1.6.89;
[165] VESTER,F. 1985:370,404f; [166] vergl. auch BINSWANGER,H.C. et al.
1983:58; [167] FLAVIN,C. 1987:112; [168] TEUFEL,D. 1988:19; [169]
BUND Umwelt-Telex 12/89; [170] HAGENAUER,H. 1989:100; [171] vergl.
HENDERSON,H. 1985:295; [172] vergl. KOCH,E. & VAHRENHOLT,F.
1980:228,350; [173] MACCOBY,M. 1977:89ff,152ff, 171f; [174] NATUR &
UMWELT 68.Jg. H.4:2; [175] HEIDEGGER;M. 1953:28f; [176] POSTEL,S.
1987:263,278; [177] STUDER,H.P. 1987:110; [178] ROBIN WOOD 1990;
[179] dpa 16.5.89; [180] lsw 6.7.90; [181] epd 20.4.89; [182] epd 30.10.89;
[183] MERZ,H. 1989:BW 3; [184] DNR 1989; [185] ROBIN WOOD 1989 b;
[186] DEUTSCHER NATURSCHUTZRING 1989; [187] Rat der EKD &
Deutsche Bischofskonferenz 1985:35; [188] BRIEMLE,G. 1989; [189]
GRUHL,II. 1982:283,243; [190] dpa 11.1.90; [190a] vergl. SZ 22.1.90; [191]
ULRICH,H. 1984:311; [192] vergl. auch STUDER,H.P. 1987:448; [193]
GRUHL;H. 1982:184; [194] SCHUMACHER,E.F. 1985:14; [195] LAY,R.
1983:335; [196] FRIEDRICH,H. 1982:106; [197] STUDER,H.P.
1987:329,340; [198] vergl. z.B. DRUCKER,P.F. 1980:54; [199] SZ 21.7.89;
[200] GRASSL,H. 1989:37; [201] vergl. GALBRAITH,J.K. 1979:94; [202]
vergl. DYLLICK,T. 1982:145; [203] ap 26.8.89; [204] HEIMANN,E,
1963:327; [205] vergl. PASSIAN,R. 1984:130; [206] SZ 9.8.89; [207]
BROWN & WOLF 1987:301; [208] LÖSER,G. 1989:BW 10; [209] ROBIN-
WOOD 1990 b; [210] FLAVIN, C. 1987:97,108; [211] POSTEL,S. 1987:263;
[212] ap 5.5.89; [213] FLASBARTH,J. 1989:35; [214] dpa 9.2.90; [215] VET-
TER,E. 1989 b; [216] epd 17.2.90; [217] SZ 3.4.90; [218] KONSTANTY,R.

1989:4; [219] dpa 23.8.89; [220] STUDER,H.P. 1987:123; [221] ap 12.3.90; [222] vergl.HENDERSON, H. 1985:44,61; [223) WITTMANN,W. 1984:111; [224] WEIAND,H.J. 1989; [225] ANU, BUND & GdED o.J.; [226] LÖTSCH,B. 1983:84; [227] BROWN & WOLF 1987:304; [228] ANU, BUND & GdED o.J.; [229] vergl. THORWARTH,A. 1989:21; (230) ap 19.6.89; [231] LUTZENBERGER,J. 1989:17; [232] BRIEMLE,G. 1980; [233] SZ 2.8.80; [234] SZ 21.2.80; [235] dpa 26.10.89; [236] ap 10.5.89; [237] lsw 10.2.90; [238] lsw 22.7.89; [239] LUTZENBERGER,J. 1989:17; [240] TEUFEL,D. 1988:18; [241] BINSWANGER,H.C.,BONUS,H. & TIMMERMANN,M. 1980:20; [242] vergl. SCHUMACHER,E.F. 1985:108f; [243] STRAHM,R.H. 1986:15; [244] KESSLER,W. 1990; [245] BROWN & WOLF 1987:299; [246] CDU 9.6.1989, SZ.

Möglichkeiten der Zukunftsbewältigung

Je mehr der Mensch der Natur
und ihren Gesetzen treu bleibt,
desto länger lebt er;
je weiter er sich davon entfernt, desto kürzer.
Dies ist eines der allgemeinsten Gesetze.

Christoph Wilhelm Hufeland

Aus der Analyse der Ursachen, die zu der globalökologisch ernsten Situation geführt haben, ergeben sich Perspektiven des Überlebens für die Menschheit. An diesem Punkt denkt sicher jeder zunächst an die Möglichkeiten der Technik und des weiteren technischen Fortschritts; schließlich waren es ja auch Industrialisierung und Technisierung, die den Menschen in diese Situation gebracht haben. Bevor es jedoch eine grundlegende Änderung auf diesem Gebiet geben kann, muß es zuerst zu einer Änderung in den Köpfen und im Selbstverständnis eines jeden Einzelnen kommen. Die Prioritäten im Leben müssen anders, nämlich gemeinverträglicher gesetzt werden. Wenn wir nach wie vor dem Materialismus huldigen, muß selbst eine noch so umweltfreundliche Technik und Produktion Stückwerk bleiben. Wir werden nicht umhin kommen, uns neu zu orientieren und z.B. von anderen Völkern das zu lernen, was für ein Überleben nötig ist.

Orientierungshilfen für eine andere Weltanschauung

Lehren aus dem eigenen und dem fernöstlichen Kulturkreis – oder: Eine neue Ethik im Umgang mit den Lebewesen

Was die Menschen über Jahrtausende erhalten hatte, war eine Art Urvertrauen, die wir im Grunde mit den anderen Lebewesen gemeinsam haben. Während seiner ganzen zurückliegenden Geschichte lebte der **Mensch** hautnah mit **und** in der **Natur**, und gab sich mit Pflanzen und Tieren ab. Mit letzteren hat er bis heute viel Grundsätzliches gemeinsam, wie etwa die Ernährung von organischen Stoffen, die uns vom Pflanzenreich zur Verfügung gestellt werden. Erst sehr spät baute er feste Behausungen und ganz zuletzt Maschinen, wodurch er dann immer mehr den Kontakt zur Natur verlor [1]. Das Bewußtsein um solche Zusammenhänge ist dem modernen Menschen weitgehend verlorengegangen. Da wir aber nun mal unser irdisches Schicksal mit der übrigen Lebewelt teilen, sind die Naturvorgänge von den großen Künstlern und Dichtern auch stets mit dem Dasein der Menschen verbunden und verglichen worden. JOHANN WOLFGANG VON GOETHE meinte dazu: „Seele des Menschen, wie gleichst du dem Wasser, Schicksal des Menschen, wie gleichst du dem Wind". Es sind überhaupt meist die Dichter gewesen, die die Erscheinungen des Lebens, der Natur wie auch die Verbindung zum Übersinnlichen bewahrt haben. Dazu kommen die (Vor-) Denker und Philosophen, die in ihrer Persönlichkeitsstruktur mit den Dichtern viel gemeinsam haben. Sie betrachteten den Menschen nicht nur von seiner jugendlichen, dynamischen und erfolgreichen Seite, sondern schlossen immer auch Leid, Schmerz und Tod in das Gesamtbild ein. Unser Dasein dreht sich eben nicht nur – wie es uns die Werbung für Konsumgüter einreden will – um Genuß, Glück und um das Pflichtgebot, möglichst viel erleben zu müssen. Nein, wir befinden uns stets im Spannungsfeld zwischen **Leben und Tod**, zwischen Glück und Unglück. Der deutsche Soziologe MAX HORKHEIMER sagt: „Alle Geburt wird mit dem Tode bezahlt, jedes Glück mit Unglück" [2], und der französische Philosoph GEORGES BATAILLE weist uns mit dem Satz: „Zu Unrecht verfluchen wir den, ohne den wir nicht wären" darauf hin, daß es keinen Sinn des Lebens ohne die Einbeziehung des Todes geben kann [3]. Magische Vorstellungen und Mythen um diese irdischen

161

Phänomene haben sich zu jeder Zeit und bei allen Völkern immer schon zu einer Religion verdichtet. Im Zentrum menschlicher Hochkulturen stand jeweils der gemeinsame Glaube an Mächte, auf die sich das Leben wie der Tod bezog. Daran sollten wir Konsummenschen immer denken, die wir Tod und Sterben gerne vergessen machen wollen und die Begegnung mit ihnen dadurch zu verdrängen suchen, daß wir sie einem eigens dafür geschaffenen Dienstleistungsgewerbe überlassen. Diese relativierende Sicht des eigenen Daseins würde uns zuerst die Augen und schließlich auch den Weg öffnen zu einer weniger selbstgefälligen und weniger überheblichen Einstellung gegenüber allem Mystischen und Irrationalen auf dieser Welt. Wir müßten uns dann nicht mehr von den Astronauten daran erinnern lassen, wie gering sich doch der Mensch vom All aus gesehen mit seinen Tagesproblemchen ausnimmt, und daß das „Raumschiff Erde" die einzige bewohnbare Oase im Universum ist, deren Wirtlichkeit es auch für künftige Geschlechter zu wahren gilt.

Die natürliche Fruchtbarkeit der Erde und die überaus vielfältigen Formen des Lebens und ihre ständige Neuentstehung waren für unsere Vorfahren die Gegenspieler des Todes. So haben unsere Altvorderen in einer damals noch reinen Agrargesellschaft „im Kampf ums Überleben die Fruchtbarkeit des Ackerbodens und damit die Früchte und den Samen stets als hohe Werte geheiligt. Wertvoll war, was Leben erhielt und Mangel beseitigte: nämlich Jagd, Saat und Ernte. Das Leben war ein Wert, weil es zu all diesen Leistungen befähigte; der Tod war ein Wert, weil er der große Feind war, den man nicht unterwerfen konnte. Für alle diese Werte rief man die Götter zu Hilfe, beschwor die Dämonen. Die Schöpfung lebte; **Mythos und Geheimnis** kristallisierte sich um alle wesentlichen, existentiell bedeutsamen Erlebnisse und vor allem um die Rätsel der menschlichen Existenz" [4]. Bereits im Alten Testament wiesen die Propheten auf die wohltuenden Gegensätzlichkeiten in der Natur hin, wenn sie feststellten: „Solange die Erde steht, soll nicht aufhören Saat und Ernte, Frost und Hitze, Sommer und Winter, Tag und Nacht" [5]. Das Leben auf unserer Erde war also schon immer bestimmt vom steten Wechsel zwischen Angenehmem und Unangenehmem. Erst in jüngster Vergangenheit versuchen wir, letzteres mit Hilfe der Technik immer mehr zurückzudrängen, obwohl gerade in diesem Wechsel der Reiz des Lebens liegt. Im Luxus dagegen sah schon vor

150 Jahren der amerikanische Schriftsteller HENRY DAVID THOREAU etwas durchaus Entbehrliches und betrachtete ihn darüber hinaus als ein Hindernis für den Aufstieg der Menschheit. Vom einzelnen Menschen sagte er, daß dieser um so reicher sei, je mehr Dinge zu entbehren ihm gelänge. Heute aber wird in den Wohlstandsländern jedes Kind in eine Umwelt hineingeboren, in der von Vorneherein alles verfügbar ist. Mangel, Hunger und Not werden in unserer satten Gesellschaft nicht mehr am eigenen Leibe erfahren. So fehlt uns auch oft das Mitgefühl für jene Menschen der Dritten Welt, die tagtäglich vom Hungertod bedroht sind. Aufgrund der heutigen Lebensumstände schwindet außerdem die Fähigkeit, jene Freude zu erleben, die nur durch herbe Anstrengung beim Überwinden von Hindernissen gewonnen werden kann. „Der naturgewollte Wogengang der Kontraste von Leid und Freude verebbt in unmerklichen Oszillationen namenloser Langeweile", merkt der Verhaltensforscher KONRAD LORENZ dazu an [6].

Die Bedingungen für menschliches **Glücksempfinden** bestehen aber, wie wir wissen, zum geringsten Teil aus materiellen Verfügbarkeiten. Viel bedeutender sind die verborgenen und unerforschlichen Kräfte der Seele. Der griechische Philosoph EPIKUR lehrte schon vor 2.300 Jahren, daß auf Lust zwangsläufig Unlust und Schmerz folge, wie zwei Jahrhunderte früher der griechische Dichter PINDAR: „Für ein Glück teilen die Unsterblichen den Menschen zweifaches Leid zu. Das können die Toren nicht mit Anstand ertragen, wohl aber die Edlen, die ihren Adel nach außen wenden ....Bald hierhin, bald dorthin wehen die hochfliegenden Winde. Nicht auf eine lange Strecke zieht das Glück der Menschen unvermindert einher, wenn es ihnen in wuchtender Fülle nachfolgt" [7]. Eine weitere tiefe Erkenntnis ist: Wir hängen am Leben in dem Maße, wie es uns Leiden beschert. Diese Weisheit ist gar nicht so abwegig, wie es auf den ersten Blick den Anschein hat. Man braucht nur an die Liebe einer Mutter zu ihrem Kinde zu denken, und man wird dasselbe Gesetz bestätigt finden. Man hängt um so mehr an einem geliebten Wesen, als es uns Schmerzen bereitet [8]. Oder: Jeder von uns erinnert sich mehr (und gerne) an Zeiten im Leben zurück, in denen wir Not und Entbehrung durchzustehen hatten, weniger an solche, in denen es uns gut ging.

Der Schutz und die **Hochachtung alles Lebendigen** auf dieser Erde waren seit jeher die wesentlichen Bestandteile und damit das Kennzeichen einer hohen menschlichen Kultur. Im antiken Griechenland gründete der Philosoph und Wissenschaftler PYTHAGORAS um das Jahr 560 vor Christus, also etwa zur gleichen Zeit, als in Indien die philosophischen Richtungen Jainismus und Buddhismus entstanden, einen religiösen Bund. Dieser war neben dem Glauben an die Wiedergeburt dadurch gekennzeichnet, daß sich seine Mitglieder verpflichten mußten, ein bescheidenes und selbstkritisches Leben zu führen und kein Tier zu töten, es sei denn, es greife den Menschen an. Bezeichnenderweise war den Pythagoräern nicht nur der Genuß von Fleisch, sondern auch die Beziehung zu Metzgern und Jägern untersagt. Diese Lehre vermochte lange über den Tod des Gründers hinaus erheblichen Einfluß zu gewinnen [9]. Im Übrigen waren Verbote und Tabus auch wesentliche Bestandteile des christlichen Altertums. Von den 10 Geboten Moses sprechen nicht weniger als 8 Verbote aus. Nur das 3. und 4. (Heiligen des Sabbats und Ehren von Vater und Mutter) enthalten Aufforderungen, etwas zu tun. Das Tabu war die festgesetzte Grenze, die nicht ungestraft überschritten werden durfte.

Eine Sichtweise mit, und nicht gegen die Natur, in der es auch noch Verbote und Gebote gab, war gekennzeichnet von einem hohem Maß an **Ethik**, die der deutsche Arzt und Philosoph ALBERT SCHWEITZER so definierte:

„Ethisch ist der Mensch nur, wenn ihm das Leben als solches, das der Pflanze und das des Tieres wie das des Menschen heilig ist, und er sich dem Leben, das in Not ist, helfend hingibt" [10].

Dies ist sicherlich ein sehr anspruchsvolles und nicht immer leicht zu lebendes Ideal. Immerhin aber ist bemerkenswert, daß in unserer heutigen, so materialistisch und wenig religiösen Zeit der religiöse Mensch höheres gesellschaftliches Ansehen genießt als der überzeugte Atheist. Dies – als durchaus hoffnungsvolles Element unserer Zeit – haben Meinungsumfragen ergeben. In den Vorstellungen der Bevölkerung von religiösen Menschen dominieren die positiven Urteile wie: Verläßlichkeit, Zufriedenheit, Fröhlichkeit, Einsatz für Gerechtigkeit und Bedürftige. Überzeugte Atheisten werden dagegen mit Charaktereigenschaften wie: Aufgeschlossenheit, Toleranz, Fortschrittlichkeit, aber mehr noch: Gleichgültigkeit, materielle Grundhaltung, Selbstgerechtigkeit in Verbindung gebracht [11].

Daß aber sittliche Größe, und eine erfüllte menschliche Existenz ohne Einüben von **Verzicht** nicht denkbar ist, galt der Menschheit über Jahrtausende hinweg als selbstverständlich [12]. Erst der Sieg der mechanistischen Weltsicht, die mit RENÉ DESCARTES im Spätmittelalter einsetzte, hat in der Daseinsphilosophie der Menschen eine grundlegende Veränderung herbeigeführt. Das neue materialistische Denken hat in der Folge zunehmend auch dem Glauben den Boden entzogen und damit den betroffenen Völkern die Gemeinsamkeit des Glaubens geraubt [13]. Bereits zwischen dem 8. und 6. Jahrhundert vor Christus war den damaligen Propheten und Philosophen klar, daß die hemmungslose Jagd nach unbegrenzten Mengen von Speise, Trank, sexueller Lust, Geld und Macht schädliche Folgen hat [14]. Seitdem predigten die Religionen Mäßigung, Einschränkung und Enthaltsamkeit. Im materiellen Überfluß jedoch verkümmert die Seele des Menschen. Diese Weisheit verkündete bereits JESUS CHRISTUS: „Was hülfe es dem Menschen, wenn er die ganze Welt gewönne und nehme doch Schaden an seiner Seele? Oder an anderer Stelle: Ihr könnt nicht Gott dienen und dem Mammon [15].

Grundwahrheiten dieser Art lassen sich auch auf des Menschen **Freiheit** übertragen. Nach Auffassung des französischen Philosophen GEORGES BATAILLE war der Mensch relativ frei nur in den stabilen naturnahen Gesellschaften. In der jetzigen hat sich das menschliche Leben allen Erfordernissen gebeugt, die eine Vermehrung der „Errungenschaften" zum Ziel haben [16]. Dies gilt auch für die künstlerische Kreativität eines Volkes. „Die Kunst ist eine Tochter der Freiheit", die von der „Notwendigkeit der Geister", nicht von der „Notdurft der Materie" ihre Vorschrift empfängt, postulierte bereits der deutsche Dichter FRIEDRICH SCHILLER [17].

Es gibt im Leben zwei Informationsstränge, die durch die Generationen laufen. Einmal die biologisch-genetische Information, welche den weiteren Bestand der Menschheit sichert, und die kulturelle, welche die tradierten Weisheiten, die sich in vielen Generationen angesammelt haben, weitergibt. So brachte beispielsweise jene Epoche, die in jedem Geschichtsunterricht negativ als die der deutschen Kleinstaaterei abgehandelt wird, die höchsten geistigen und künstlerischen Leistungen hervor: Die deutsche Musik blühte gerade unmittelbar nach dem dreißigjährigen Krieg auf, wogegen sie nach der Gründung des Zweiten Reiches dahinwelkte. Dabei ist Deutschland sicher kein Sonderfall gewesen. Auch die griechische Kultur war eine Kultur der Kleinstädte, ebenso die des europäischen Mittelalters und ganz besonders die der Renaissance in Italien. Alle großen Leistungen der bildenden Kunst, der Dichtung und der Musik lagen bezeichnenderweise vor dem Industriezeitalter und liefen in diesem aus [18]. Man kann generell sogar sagen, daß alle großen geistigen und kulturellen Leistungen der Menschheit auf einer wesentlich niedrigeren ökonomischen Stufe vollbracht worden sind, als wir sie heute haben [19]. Der Verfall von gesellschaftlichen Leitbildern geht dem Verfall von Kulturen voraus oder begleitet ihn. Solange das Bild der Gesellschaft positiv und erfolgreich ist, steht die Kultur in voller Blüte. Wenn ihr Bild aber erst einmal zu verfallen beginnt und seine Lebenskraft verliert, lebt die Kultur nicht mehr lange [20].

Die Menschheit hat seit jeher ihre schönsten Schöpfungen aus der **animistischen Weltanschauung** gewonnen, also aus einer Anschauung, bei der die Seele und Empfindungswelt zum Lebensprinzip gehören. Die Märchen und Sagen, die Dichtung und die Kunst waren das immerwährende Bestreben, die Welt auf nicht-wissenschaftliche, aber dennoch für den Menschen gültige und verständliche Weise zu erfassen [21]. Was wir uns heute durch die Einsichten in das ökologische Gleichgewicht der Natur mühsam vergegenwärtigen müssen, das weiß das **Märchen** in seiner Bildersprache schon längst [22]. Deshalb sind die Überlieferungen auch so lehrreich – nicht nur für die Kinder. Ein solches Märchen aus dem europäischen Kulturkreis, von dem ich meine, daß es den zunehmend unverzichtbaren Wert einer „organisch orientierten Weltanschauung" in hervorragender Weise verdeutlicht, möchte ich an dieser Stelle zitieren:

DIE BIENENKÖNIGIN – ein Märchen der Gebrüder Grimm:

„Zwei Königssöhne gingen einmal auf Abenteuer und gerieten in ein wildes, wüstes Leben, so daß sie gar nicht wieder nach Hause kamen. Der jüngste, welcher der Dummling hieß, machte sich auf und suchte seine Brüder; aber wie er sie endlich fand, verspotteten sie ihn, daß er mit seiner Einfalt sich durch die Welt schlagen wollte, und sie zwei könnten nicht durchkommen und wären doch viel klüger. Sie zogen alle drei miteinander fort und kamen an einen Ameisenhaufen. Die zwei ältesten wollten ihn aufwühlen und sehen, wie die kleinen Ameisen in der Angst herumkröchen und ihre Eier forttrügen, aber der Dummling sagte: „Laßt die Tiere in Frieden, ich leid's nicht, daß ihr sie stört." Da gingen sie weiter und kamen an einen See, auf dem schwammen viele Enten. Die zwei Brüder wollten ein paar fangen und braten, aber der Dummling ließ es nicht zu und sprach: „Laßt die Tiere in Frieden, ich leid's nicht, daß ihr sie tötet." Endlich kamen sie an ein Bienennest, darin war so viel Honig, daß er am Stamm herunterlief. Die zwei wollten Feuer unter den Baum legen und die Bienen ersticken, daß sie den Honig wegnehmen könnten. Der Dummling hielt sie aber wieder ab und sprach: „Laßt die Tiere in Frieden, ich leid's nicht, daß ihr sie verbrennt." Endlich kamen die drei Brüder in ein Schloß, wo in den Ställen lauter steinerne Pferde standen, auch war kein Mensch zusehen, und sie gingen durch alle Säle, bis sie zu einer Tür ganz am Ende kamen, davor hingen drei Schlösser; es war aber mitten in der Türe ein Lädlein, dadurch konnte man in die Stube sehen. Da sahen sie ein graues Männchen, das an einem Tisch saß. Sie riefen es an, einmal, zweimal, aber es hörte nicht; endlich riefen sie zum dritten mal, da stand es auf, öffnete die Schlösser und kam heraus. Es sprach aber kein Wort, sondern führte sie zu einem reichbesetzten Tisch; und als sie gegessen und getrunken hatten, brachte es einen jeglichen in sein eigenes Schlafgemach.

Am anderen Morgen kam das graue Männchen zu dem ältesten, winkte und leitete ihn zu einer steinernen Tafel, darauf standen drei Aufgaben geschrieben, wodurch das Schloß erlöst werden könnte. Die erste war: In dem Wald unter dem Moos lagen die Perlen der Königstochter, tausend an der Zahl, die mußten aufgesucht werden, und wenn vor Sonnenuntergang noch eine einzige fehlte, so ward der, welcher gesucht hatte, zu Stein.

Der älteste ging hin und suchte den ganzen Tag, als aber der Tag zu Ende war, hatte er erst hundert gefunden; es geschah, wie auf der Tafel stand, er ward in Stein verwandelt. Am folgenden Tag unternahm der zweite Bruder das Abenteuer: es ging ihm aber nicht viel besser als dem ältesten, er fand nicht mehr als zweihundert Perlen und ward zu Stein. Endlich kam auch an den Dummling die

Reihe, der suchte im Moos, es war aber so schwer, die Perlen zu finden, und ging so langsam. Da setzte er sich auf einen Stein und weinte.

Und wie er so saß, kam der Ameisenkönig, dem er einmal das Leben erhalten hatte, mit fünftausend Ameisen, und es währte gar nicht lange, so hatten die kleinen Tiere die Perlen miteinander gefunden und auf einen Haufen getragen. Die zweite Aufgabe aber war, den Schlüssel zu der Schlafkammer der Königstochter aus dem See zu holen. Wie der Dummling zum See kam, schwammen die Enten, die er einmal gerettet hatte, heran, tauchten unter und holten den Schlüssel aus der Tiefe. Die dritte Aufgabe aber war die schwerste: aus den drei schlafenden Töchtern des Königs sollte die jüngste und die liebste herausgesucht werden. Sie glichen sich aber vollkommen und waren durch nichts verschieden, als daß sie, bevor sie eingeschlafen waren, verschiedene Süßigkeiten gegessen hatten; die älteste ein Stück Zucker, die zweite ein wenig Sirup, die jüngste einen Löffel voll Honig. Da kam die Bienenkönigin von den Bienen, die der Dummling vor dem Feuer geschützt hatte, und versuchte den Mund von allen dreien; zuletzt blieb sie auf dem Munde sitzen, der Honig gegessen hatte, und so erkannte der Königssohn die rechte. Da war der Zauber vorbei, alles war aus dem Schlaf erlöst, und wer von Stein war, erhielt seine menschliche Gestalt wieder.

Und der Dummling vermählte sich mit der jüngsten und liebsten und ward König nach ihres Vaters Tod; seine zwei Brüder aber erhielten die beiden andern Schwestern" [23].

Die Botschaft, die uns dieses Märchen herüberbringen will, ist deshalb von großer ökologischer Relevanz, weil sie völlig andere Maßstäbe im Umgang mit der Natur setzt. Leider muß man feststellen, daß wir mit unserem derzeitigen gesellschaftliches Selbstverständnis noch meilenweit davon entfernt sind, den Rat solcher „Dummlinge" unter uns, wieder mehr zu beachten.

Wenden wir uns aber den **Kulturen des alten Indien und China** zu, um zu erfahren, was uns die Philosophen und Religionsgründer von vor zweieinhalbtausend Jahren über den Umgang mit der Natur zu lehren vermögen: Ein wesentliches und grundsätzliches Merkmal ist – und hier schließt sich der Kreis zur altgriechischen Philosophie – eine positive und von Mitgefühl geprägte Einstellung der dortigen Kulturen zum Mitgeschöpf. Eines der 5 Gebote Buddhas, des Gründers des **Buddhismus** in Asien lautet: Töte keine Lebewesen!

Ein Tier in der Nähe eines buddhistischen Klosters zu jagen, stellt eine besonders große Sünde dar. Diese Ehrfurcht vor jeglichem tierischen Leben hat eine wesentliche Ursache im Glauben an die Wiedergeburt sowie in der Überzeugung, daß auch das Tier in den Kreislauf der Existenzen mit einbezogen ist. Insbesondere im Mahayana-Buddhismus wird immer wieder betont, daß die Erlösung aus dem Kreislauf der Wiedergeburten auch das Tier umfassen soll. Da nimmt es einen nicht Wunder, wenn in Indien auch heute noch die Metzger zu den alleruntersten Kasten gehören; oder aber sie sind, wie im indischen Himalaja und in Ladakh, überwiegend Mohammedaner [24].

Ein wichtiger Bestandteil auch des **Jainismus**, der vor rund 500 v. Chr. ebenfalls in Indien entstand, ist das Verbot, Tiere zu töten. In einem Jaina-Text heißt es beispielsweise: „Alle Heiligen und Ehrwürdigen in der Vergangenheit, in der Gegenwart und in der Zukunft, sie alle sagen so, reden so, künden so, und erklären so: Keinerlei Lebewesen, keinerlei Geschöpfe, keinerlei beseelte Dinge, keinerlei Wesen darf man töten, noch mißhandeln, noch quälen, noch verfolgen. Das ist das reine, ewige, beständige Religionsverbot, das von den Weisen, die die Welt verstehen, verkündet worden ist" [25]. Einer der bekanntesten Menschen, der sich diese Philosophie zu eigen gemacht und auch tatsächlich danach gelebt hat, war der berühmte indische Politiker und Staatsmann MAHATMA GHANDI. Er hat bekanntlich die Gewaltlosigkeit gegenüber allem Lebendigen, zur Grundlage seines Lebens und seines politischen Wirkens gemacht [26].

Wie in Indien wird der Mensch auch in der **chinesischen Philosophie** angehalten, keine Lebewesen zu töten, wobei insbesondere im „Buch von den Taten und der Vergeltung" – einer populären Schrift, die etwa zur Zeit der Sung-Dynastie (960-1227 n.Chr.) entstand – Mitleid mit allen Geschöpfen gefordert wird: „Auch Gewürm und Insekten und Pflanzen und Bäumen soll man kein Leid zufügen. Übel tut, wer Vögel schießt, Tiere jagt, die Larven der Insekten ausgräbt, die nistenden Vögel aufschreckt, Höhlen verstopft, Nester aushebt, trächtige Tiere verwundet...Mensch und Vieh nicht zur Ruhe kommen läßt" [27]. Wohl in kaum einer anderen Kultur stellen Natur und Landschaft derart ausgeprägt die Quelle der inneren Kraft des Menschen dar, wie in der chinesischen. Bis in die jüngste Zeit hinein spielte ferner auch die Geomantik – also die Kunst, für Bauten die richtige Stelle in der Landschaft zu finden – eine wichtige Rolle. Gebäude lediglich nach Nützlichkeitserwägungen zu plazieren, verbietet sich aufgrund dieser Anschauungen [28]. Vor allem im religiösen Taoismus findet sich beispielsweise sehr ausgeprägt die Vorstellung, die Erde sei eine Mutter, die nicht beraubt werden dürfe [29]. Der Mensch erscheint also auch in China als ein Teil des Ganzen, nämlich der Natur.

Ich habe den obigen Betrachtungsweisen bewußt soviel Raum gegeben, weil ich davon überzeugt bin, daß der erste Schritt zu einer neuen, ökologisch geprägten Weltsicht darin bestehen muß, unser Verhältnis zur Natur und zum Mitgeschöpf neu zu bestimmen. Nur wenn wir wieder Scheu und Hemmung verspüren, Leben bedenkenlos zu vernichten, haben wir auch die Einsicht und die Kraft für weitergehende gesellschaftliche Veränderungen.

Die Überlebensstrategien der sogenannten „primitiven Völker"

> *Ach, wie vieles gibt es doch,*
> *was ich nicht brauche!*
>
> Sokrates

Wir Menschen produzieren Nahrung fast aus dem Nichts, züchten Pflanzen und Tiere nach unseren Wünschen und Vorstellungen und fliegen durch den Weltraum. Durch die technische Weiterentwicklung wird das Leben immer müheloser und bequemer. Doch dabei übersehen wir die grundlegendsten und einfachsten Lebenszusammenhänge, Zusammenhänge wie sie die sogenannten „primitiven Völker" schon lange vor uns erkannt haben [30].

Entgegen dem, was wir „zivilisierten" Menschen der Ersten und Zweiten Welt heute allgemein annehmen, lebten die „primitiven Gesellschaften" – gemessen an deren **geringen materiellen Ansprüchen** – in beträchtlichem Überfluß; sie wandten nur wenig Zeit für die Sicherstellung ihres Lebensunterhaltes auf. Dies gilt besonders für die Jäger- und Sammlervölker. Das Geheimnis dieses Überflusses lag dabei außer im damals noch vorhandenen Reichtum der Natur vor allem darin, daß sie es verstanden, mit wenig auszukommen und dennoch glücklich zu leben. Das existentiell Notwendige war – ökonomisch ausgedrückt – „billig" vorhanden, weil nämlich alle unproduktiven Umwege fehlten. Obwohl später dann die Ackerbau treibenden Völker nicht mehr in demselben Überfluß lebten wie die Jäger und Sammler, schöpften sie den Reichtum der Natur keinesfalls aus. Vielmehr wurde nur soviel gearbeitet, wie zur Sicherung des Lebensunterhaltes gerade erforderlich war. Die Ernten und Erträge wurden stets innerhalb der Familiengruppe geteilt [31]. Im Unterschied zu uns fehlte den „primitiven" Völkern jegliches Streben nach materiellem Gewinn aus ihrer sammlerischen oder landbaulichen Tätigkeit. Die Hoffnung auf Gewinn diente nie als Anstoß zur Arbeit, und die Neigung zum Tausch war kaum vorhanden. Auch fehlte die Tendenz, nur die eigenen Interessen zu berücksichtigen. Schließlich war ihnen jedes egoistische Streben fremd [32]. Dies galt auch – oder besser: in besonderer Weise – für die Führungspersönlichkeiten. In vielen Kulturen gehörten der Häuptling und seine Familie nicht nur zu denjenigen, die überdurchschnittlich viel arbeiteten, um es an andere verteilen zu können, sondern sie pflegten überdies den bescheidensten Lebensstandard [33]. Nie stand beim Geben und Empfangen von Geschenken der materielle Austausch im Vordergrund, sondern lediglich die Verbesserung der sozialen Beziehungen [34;35].

Primitive Völker versuchten auch nie, die Natur zu beherrschen oder sie gar auszubeuten. Vielmehr ließen sie sie so weit als möglich in Ruhe und entschuldigten sich sogar bei ihr für größere Eingriffe, indem sie diese mit Zeremonien umgaben. Wenn beispielsweise die **Indianer Nordamerikas** dennoch Eingriffe in die Natur vornehmen mußten, etwa beim Baumfällen, so gestalteten sie den Eingriff so gering als möglich. Sie nahmen sich nur das, was sie wirklich brauchten. „Wenn ein Medizinmann Kräuter pflückt, dann betet er. Er sagt den Pflanzen, daß er sie nicht einfach ohne Grund abpflückt, sondern weil er ihre Hilfe benötigt, um jemanden zu heilen, der krank ist. Wenn ein Patient dann den Tee gebraucht hat, wirft er die Heilkräuter nicht fort, sondern vergräbt sie in der Erde mit einem Dankgebet, daß er durch sie wieder gesund geworden ist" [36]. Auch fühlten sich diese Ureinwohner nicht nur mit jeder Kreatur verbunden, sondern sogar verwandt; so mit Tieren ihres Lebensraumes wie Schildkröte, Adler und Eichhörnchen. Sie fühlten sich verbunden mit den Bäumen und Blumen und sagten: „Unter Verwandten kann man sich verständigen" [37].

Der Völkerkundler CLAUS BIEGERT berichtet beispielsweise von einem Team von Agrarexperten das sich auf den Weg zum Colorado-Plateau machte, um die Landbaumethoden der Hopi-Indianer zu erforschen. Es hatte sich nämlich gezeigt, daß trotz Anwendung neuester wissenschaftlicher Erkenntnisse der Boden- und Zuchtpflanzenkunde und trotz Einsatzes bester landwirtschaftlicher Maschinen und Geräte kaum Erträge in dem dortigen heißen, trockenen und windreichen Klima erzielt werden konnten. Jedes Jahr mußte man mit ansehen, wie die Pflanzen zwar früh auskeimten und emporwuchsen, schließlich aber verwelkten und verdorrten, ohne überhaupt ausgereifte Früchte hervorgebracht zu haben. Auf die Frage, warum denn die Saat der Hopi-Bauern zu einer Ernte führe, die der Wissenschaftler hingegen nicht, gaben die Indianer schlicht und kurz zur Antwort: „Der Unterschied ist einfach: Wir besingen unseren Mais" [38]. In einem anderen Fall wurden die Maisfelder eines indianischen Bauern von einer Erdhörnchen-Invasion heimgesucht. Es bestand die Gefahr, daß die Tiere die ganze Ernte vernichteten. Ein Weißer hätte höchstwahrscheinlich mit Flinte und Gift seinen Maisacker verteidigt. Nicht so die Eingeborenen. Sie riefen den Medizinmann. Dieser sprach mit den Tieren und erklärte ihnen höflich, sie seien zwar ebenfalls Kinder der Schöpfung und berechtigt, ihren Anteil an Mais zu haben, aber sie seien zu viele für dieses Feld, und sie sollten es künftig meiden. Am nächsten Tag waren die Erdhörnchen verschwunden [39].

Daß Lebewesen, wie zum Beispiel Pflanzen auch bei uns sehr positiv auf besonders liebevolle Behandlung durch uns Menschen reagieren, beweisen die immer wieder bekannt werdenden Meldungen von besonders großen Exemplaren bzw., Erträgen von Gemüsearten (Gurken, Kürbisse, Kohl) in der Obhut von Kleingärtnern. Dieses Phänomen konnte wissenschaftlich bislang noch nicht erklärt werden. Etwas sehr ähnliches, nämlich das Schmerzempfinden der Pflanzen wurde kürzlich in den USA wissenschaftlich näher untersucht: Bäume erscheinen uns Menschen mit unseren groben Sinnesorganen gewöhnlich als stumme Kreaturen. Schließt man sie aber an empfindliche Apparate an, so kann man hochfrequente Signale auffangen: unhörbare Töne im Bereich zwischen 50 und 200 Kilohertz (das menschliche Ohr hört nur Frequenzen bis maximal 20 Kilohertz). Auffälligerweise sind solche Baumsignale am deutlichsten, wenn die Pflanzen unter Streß stehen, wenn sie also verletzt sind oder etwa an Wassermangel leiden. Botaniker einer amerikanischen Forstbehörde haben jetzt sogar verschiedene Baumarten aufgrund ihrer „Schreie" zu unterscheiden gelernt. In der Natur interessieren sich Insekten für die Notsignale, vor allem die Parasiten und Pflanzenschädlinge. Diese stürzen sich mit Vorliebe auf geschwächte Bäume, was wiederum erklären könnte, weshalb zum Beispiel dem Windwurfholz so große Gefahr vom Borkenkäfer droht [40].

Aber wenden wir uns wieder dem Menschen zu:
In Amerika wie in Europa ist die Trostlosigkeit der im 19. Jahrhundert entstandenen Industriestädte und ihrer Arbeiterquartiere damit entschuldigt worden, daß es nun mal in der Natur des Menschen liege, zuerst für die materiellen Dinge zu sorgen und erst lange danach für die geistigen Bedürfnisse. Dies mag zwar für die abendländische Mentalität gelten, nicht aber generell für alle Völker. Ein Blick auf die Lebensweise primitiver Gesellschaften widerlegt diese These: Sie alle pflegen den Schönheitssinn obwohl das offenbar auf Kosten des materiellen Fortschritts geht. Anders gesagt: Unter primitiven Bedingungen zeigt sich der Mensch eindeutig als ein geistiges Geschöpf und die Gesellschaft als eine Kulturgemeinschaft [41]. Diese Feststellung wird abgerundet durch Erkenntnisse des amerikanischen Gesellschaftskritikers JOHN COBB. Er hält die Sprache „primitiver Menschen" – verglichen mit der unsrigen – für sehr komplex, da sie Dinge und Feinheiten auszudrücken vermag, die wir in unserer Zivilisation gar nicht mehr wahrnehmen" [42].

So beten die Ureinwohner Nordamerikas schon seit jeher: Laß mich weise sein, so daß ich die Dinge erkenne, die du mein Volk gelehrt hast, die Lehren, die du in jedem Blatt und in jedem Stein verborgen hast [43]. Die Indianer fühlen sich in ihrem Jagdland, dessen Grenzen übrigens nur mündlich festgelegt werden, nicht als die Besitzer, sondern als die Hüter und als Bewahrer für die „siebte

Generation nach ihnen". Dieses Zeitmaß ist interessanterweise allen eingeborenen Völkern Nordamerikas eigen. Der Nutzer eines Jagdgebietes läßt sein Gebiet alle zwei, drei Jahre in Ruhe, damit sich der Tierbestand wieder erholen kann. Zu dieser weitsichtigen Nutzungsweise paßt das indianische Sprichwort: „Der Frosch trinkt den Teich nicht aus, in dem er lebt".

Das Verhältnis der Jäger und ihrer Familien zum Wald und seinen Bewohnern ist also von tiefem Respekt geprägt [44]. Für den Indianer gehörte die Welt, in der er lebt und er selber stets als eine Einheit zusammen. Die Erde ist für ihn wie eine Mutter. Angesichts dieser Einstellung und der schonend-liebevollen Behandlung blieb das Land lebendig. Als Sohn der Erde war er ein Bruder aller Lebewesen. All seine religiösen Riten und Einstellungen zum Land waren von der Vorstellung einer unteilbaren Welt geprägt in der Gott der Meister allen Lebens ist. „Solange die Indianer einen Besitzanspruch hatten, blieb das Land unbefleckt und sicher vor Verletzungen, die nicht tiefer gingen als die Risse für Feldrodungen und Bewässerungsgräben der Hobokam-Indianer in der Wüste Arizonas" [45].

Ähnlich der **Afrikaner**. Für ihn steht zwar der Mensch im Zentrum irdischen Selbstverständnisses, und Gott wird oft – ähnlich wie es im Christentum der Fall ist – als Vaterfigur gesehen. Es ist jedoch nicht nur der Mensch, der nach dem Ebenbild Gottes geschaffen wurde, sondern vielmehr stellt das ganze Weltall ein Spiegelbild Gottes dar. Deshalb wird die ganze Umwelt des Menschen – die biotische wie die abiotische – in das von tiefer Religiosität geprägte afrikanische Weltbild miteinbezogen „und nichts ist seinem Wesen nach tot und ohne Leben" [46].

Blicken wir schließlich noch zu unseren Antipoden auf dem Globus, nämlich zu den australischen Ureinwohnern, den **„Aborigines"**. Ihre Lebensphilosophie gleicht ganz auffällig jener der Indianer Nordamerikas, der Asiaten oder der Afrikaner: „Unsere Geschichte ist in unserem Land zu lesen", sagen sie. „Sie ist in den Bergen und heiligen Stätten festgehalten. Das Land ist ein Teil von uns. Die Erde, die Felsen, sie gehen nicht weg, sie bleiben immer. Wir müssen sie achten, nicht zerstören. So lautet unser Gesetz seit der Traumzeit". Dieses alte Volk hatte sich im Laufe seiner langen Geschichte eine eigene Kultur, Religion und Philosophie geschaffen, die von sehr stabiler Struktur war – bis zu dem Zeitpunkt, als der Europäer auftauchte. Die Gesellschaftsordnung wurde von allen Stämmen respektiert. Wichtigste Lebensgrundlage war und ist für alle Australier die Beziehung zu ihrem Land, das ihnen selbst unter den harten klimatischen Bedingungen australischer Wüsten ein Überleben ermöglichte. Das Land diente dabei nie nur als Nahrungslieferant, sondern verkörperte zugleich auch die Geschichte ihrer Vorfahren, die sie auf diese Weise bis in die Gegenwart weiterleben lassen, und zwar in vielen Erscheinungen der Natur. Aborigines bezeichnen bestimmte Berge als ihre Schwestern. In Felsen, Flüssen, Tieren und Pflanzen begegnen ihnen ihre verstorbenen Familienangehörigen und ihre Geister werden bei heiligen Zeremonien gerufen. Die Welt mit all ihren Formen ist nach dem traditionellen Verständnis der Aborigines ein großer, geschlossener Kreislauf, worin der Mensch nicht bedeutsamer ist, als ein Känguruh oder ein Vogel, und in welchem die Vergangenheit schon immer Bestandteil der Gegenwart war.

Ähnlich wie andere Naturvölker kannte auch dieses Volk keinen Privatbesitz. Alles wurde geteilt. Ihr Zusammenleben beruhte auf gemeinschaftlicher Jagd und Nahrungssuche. In keiner der vielen Aborigine-Sprachen gab es ein Wort für „Privateigentum". Deshalb gab es auch keine Auseinandersetzungen um Besitztümer und keine Kriege, die darum hätten geführt werden können – bis vor 200 Jahren, als der Europäer kam. Die Zerstörung ihres Landes durch ihn empfinden diese Menschen deshalb wie die Vergewaltigung ihrer Schwestern. Man raubte ihnen darüber hinaus die eigene Identität und ihre spirituelle Lebensgrundlage schlechthin.

Mit dieser uneigennützigen, aber sehr weisen Einstellung konnten diese Menschen auf eine geschlossene Tradition von mehreren Tausend Generationen zurückblicken. Die gerade acht Generationen alte Besiedlung Australiens durch die Weißen nannte ein Aborigine im Vergleich dazu „eines Teelöffel aus dem Meer unserer Zeit" [47].

Wie recht er doch mit dieser Feststellung hat!

Es braucht nun nicht das Ziel von uns Europäern sein, von heute auf morgen auf das einfache Leben eines Indianers oder australischen Ureinwohners umzusteigen. Es geht auch nicht darum, eine fremde Kultur zu kopieren. Nein, es muß uns schlicht und einfach daran gelegen sein, in unseren Köpfen wieder mehr von dem Gedankengut dieser Naturvölker zuzulassen, um dadurch von unserem anthropozentrischen Nützlichkeitsdenken und unserer Ausbeuter-Mentalität abzurücken. Nur so können wir die Grundlage dafür legen, daß unsere mitweltzerstörende Lebensweise nach und nach wieder in eine „mitweltverträgliche" übergeht. Mit dieser weltanschaulichen Umorientierung muß aber – weil es ein langwieriger Prozeß sein wird – sofort begonnen werden. Es ist die Aufgabe aller gesellschaftlichen Schichten, vor allem aber der Regierungen und der Medien, daran mitzuwirken. Das Wort „Verzicht" muß wieder in unseren Wortschatz zurückkehren.

Eine andere Politik

Wegen ihrer oft zaudernden und halbherzigen Haltung, der vielfachen Verfilztheit mit der Wirtschaft, aber auch wegen ihrer Entscheidungsschwäche und Ignoranz macht sich die Politik in hohem Maße an den sich zunehmend verschlechternden Lebensbedingungen auf der Erde schuldig. Dabei denke ich besonders an die zeitliche Verschleppung von Entscheidungen, die in der Vergangenheit nötig gewesen wären, um einer drohenden globalökologischen Katastrophe vorzubeugen. Angesichts solcher **Versäumnisse** ist es nun aber in höchstem Maße unredlich, wenn politische Parteien heute so tun, als hätten sie schon immer den Gedanken des Umweltschutzes ins gesellschaftliche Bewußtsein gerückt. Sie schmücken sich damit mit fremden Federn, nämlich mit denen von weniger als 5 Prozent der Bevölkerung, die sich seit Mitte der 70er Jahre verstärkt zu Verbänden und Initiativgruppen zusammentaten, um ein ökologisches Denken in der Gesellschaft zu wecken. Überzeugungsarbeit leisteten und leisten also nicht die Regierungen, sondern in erster Linie die privaten Naturschutzverbände mit ihrem enormen Engagement, und dies bei dürftigster Mittelausstattung! (z.B. GREEN PEACE, Bund für Umwelt- und Naturschutz Deutschland (BUND), Deutscher Naturschutzverband (DNV), World Wide Fund for Nature (WWF), ROBIN WOOD). Offenbar ist es so, daß das Volk gezwungen ist, von sich aus – nämlich in „Selbsthilfegruppen" – sein künftiges

Schicksal selbst in die Hand zu nehmen, weil die gewählten Volksvertreter nicht in der Lage sind, weitsichtig zu handeln und dadurch Schaden vom Volk abzuwenden. Dies ist aber nicht nur hier in Europa, sondern überall auf der Welt so.

Veränderung in der politischen Denkweise

*Das Wesentlichste, was wir heute für die Nachwelt tun
können und tun müssen, besteht im Unterlassen.*

Herbert Gruhl (mit Blick auf unser bisheriges Wirtschaften)

„Denken in Weltzusammenhängen und trotzdem lokal handeln". Diese sehr bemerkenswerten und einsichtigen Worte stammen nicht etwa aus dem Munde eines ökologisch gebildeten Philosophen, sondern vom Umweltminister eines deutschen Bundeslandes [48]. Damit wurde eine der notwendigsten intellektuellen Eigenschaften angesprochen, die eigentlich jeder Politiker besitzen müßte. Neben dem Vermögen, querschnittsorientiert zu denken (um dann aber auch entsprechend zu handeln) wäre es auch sehr wichtig, daß sich viele Fach- und Denkrichtungen von Politik und Wissenschaft treffen, daß Experten die Grenzen ihrer Fachrichtungen überschreiten und sich mit den Fachleuten des Nachbargebiets unterhalten, daß sich Akademiker mit Nicht-Akademikern austauschen, kurz, daß die Verantwortlichen den **Mut** aufbringen, auch mal über den eigenen Tellerrand hinauszuschauen. Ideologische, fachliche und politische Grenzen sind nämlich nichts anderes als vom Menschen geschaffene, künstliche, in der Regel widernatürliche Grenzen die von der Natur nicht akzeptiert werden [49].

Ab sofort ist also nichts nötiger, als daß man sich – allen voran der politische Entscheidungsträger – den ökologischen Gesetzen anpaßt. Eine weitere, alleinige Orientierung an die scheinbaren Zwänge der Wirtschaft führt unweigerlich in den globalen Untergang. Im Hinblick darauf muß der Politiker endlich den Mut aufbringen, dem Wahlvolk klarzumachen, daß eine Anpassung an die Gesetzmäßigkeiten der Natur zwar nicht weniger hart ist als an die jetzigen ökonomischen, dafür aber einen wesentlichen Vorteil hat: Sie garantiert das Über-

177

leben auch künftiger Menschengenerationen! Der andere Weg dagegen führt in das Chaos. Denn, so sagte einmal ein gescheiter Kopf: „Wir haben unsere Erde nicht nur von unseren Eltern geerbt, sondern auch von unseren Kindern geliehen". Wer von den Politikern aber das Ende der Gesellschaft für den Fall prophezeit, daß das sogenannte „wirtschaftliche Wachstum" ausbleibt, der gehört zu den Demagogen.

Was die Solidarität mit der Dritten Welt anbetrifft, so wäre diesen Staaten am meisten geholfen, wenn wir in den Industrieländern unsere eigenen Konsumansprüche freiwillig zurückdrehen würden. Damit könnte man nämlich dazu beitragen, daß sich die Entwicklungsländer allmählich von der Verführung bzw. von dem Zwang befreien, den verschwenderischen und völlig einseitigen westlichen Lebensstil um jeden Preis nachahmen zu müssen. Wenn wir beispielsweise heute von der Dritten Welt verlangen, daß sie sich – etwa bei der Verwendung von FCKWs in der Kühltechnik – einschränken, so hört sich das erst dann ehrlich und redlich an, wenn wir auch bereit sind, einen entsprechender Ausgleich zu zahlen. Dazu gehört u.a. die Umverteilung der Nutzungsrechte für Rohstoffe, eine Veränderung im Austauschverhältnis der Preise für Güter aus Industrie- und Entwicklungsländern und eine partnerschaftliche Zusammenarbeit im Umweltschutz, in der die Bedürfnisse der Entwicklungsländer über jene der Industrieländer gestellt werden [50]. Vertreter von 310 Mitgliedsorganisationen des Weltkirchenrates forderten kürzlich sehr mit Recht eine **Begrenzung des Wirtschaftswachstums** in den Industrieländern und eine Befreiung der Dritten Welt von der Last der Auslandsschulden, die das Leben von Hunderten von Millionen Menschen gefährden. Die Staaten auf der Nordhalbkugel haben bekanntlich ihren Reichtum weitgehend durch die Ausbeutung der Länder des Südens erlangt [51].

Gesetzt der Fall, die Politiker würden den sehr honorigen Versuch einer grundsätzlichen Änderung machen, womit müßten sie beginnen? Sie müßten ehrlicherweise eingestehen, daß sie sich bisher geirrt haben und daß künftig das Gegenteil richtig sei. Das aber tut kein „normaler Politiker", zumindest keiner, der nach 4 Jahren wieder gewählt werden will. Erste staatsbürgerliche Pflicht wäre es aber zweifellos, dem Volk klarzumachen, daß das, was man bisher für richtig hielt falsch, und das bislang Bekämpfte richtig ist.

Eine einseitig anthropozentrisch ausgerichtete Politik hat unsere Welt in einen solch hohen Grad der Gefährdung hineingeführt, daß jetzt eine Politik der Bewahrung, Vorbeugung und des Verzichts statt des Fortschritts alter Prägung dringend notwendig geworden ist. – Wir brauchen eine neue Definition für den Begriff „Fortschritt" und zwar im Sinne von Weitsicht.

Notwendige politische Maßnahmen

Sieht sich der Politiker einem Problem gegenüber, neigt er dazu, Entscheidungen zu vertagen, indem er die Wissenschaft mit der Erstellung von Gutachten und Expertisen beauftragt. Dadurch gewinnt er Zeit und läßt zunächst einmal alle Angriffe von Kritikern ins Leere gehen. Wie aber jeder Ökologe weiß, können ökologische Gutachten und Untersuchungen immer nur einem Bruchteil derjenigen Zusammenhänge aufschlüsseln, die in der Natur tatsächlich ablaufen. Deshalb bleibt jede diesbezügliche Untersuchung von vorneherein ein Stückwerk. Die ökologischen Wirkungszusammenhänge sind viel zu komplex, als daß ein vom Menschen erdachtes Modell das in der Natur tatsächlich bestehende Beziehungsgeflecht auch nur annähernd beschreiben könnte. Am ehesten trifft noch das Gefühl eines naturverbundenen Menschen den wahren Sachverhalt. Weil dem nun mal so ist, reicht es einfach nicht aus, weltweite Entwicklungen und Störungen ständig neu zu untersuchen. Vielmehr sind soziale, wirtschaftliche und **politische Initiativen** gefordert, die dem Ausmaß der Veränderungen gerecht werden [52]. Je länger wir mit dem Ansteuern eines weltweiten ökologischen Gleichgewichts warten und nur an Symptomen herumkurieren, desto mehr werden puffernde Reserven und das Kompensationsvermögen der Natur aufgebraucht. Je länger wir also mit politischen Maßnahmen warten, desto mehr wird unser Handlungsspielraum eingeengt, desto schneller kommt die Katastrophe [53].

Für mehr als die Hälfte der Welt, nämlich für die Entwicklungsländer, wird der **Stopp des Bevölkerungswachstums** durch Geburtenkontrolle immer dringlicher. Die Regierungen täten gut daran, alle verfügbaren Kräfte daranzusetzen, um diese Herausforderung zu meistern. Dazu braucht man keine neuen Technologien. Die Erfahrung hat gezeigt, daß Empfängnisverhütungsmittel und Familienplanungsdienste die Geburtenrate deutlich zu senken vermögen. Woran es aber nach Ansicht des amerikanischen World Watch Institutes nach wie vor fehlt, ist politische Führung! Leider sehen immer noch nicht alle maßgebenden Politiker den grundlegenden Zusammenhang zwischen Bevölkerungswachstum, ökologischen Lebensgrundlagen und wirtschaftlicher Entwicklung. Die Regierungen in der Dritten Welt sind zum ersten mal vor die Aufgabe gestellt, die Geburtenrate bei gleichzeitig sich verschlechternden Lebensbedingungen zu senken. Wenn dies nicht gelingt, kann der wirtschaftliche Niedergang schließlich zum Zerfall der Gesellschaft führen, der schon frühere Kulturen vernichtet hat, als die Bedürfnisse der Bevölkerung nicht mehr befriedigt werden konnten [54]. Erster Schritt wäre also die Herstellung des Gleichgewichts zwischen Geburten- und Sterberate. Um diesem Ziel näher zu kommen, bräuchten Frauen in der Dritten Welt billige Verhütungsmittel mit möglichst langer Wirkung, da ihre Kontakte zu Kliniken und Ärzten in der Regel nur sporadisch sind. Leider gibt es aber für Privatfirmen in den Industrieländern kaum Anreize, nach Mitteln mit dieser Eignung zu forschen [55]. Dabei gibt es diesbezüglich durchaus positive Beispiele, etwa aus der Volksrepublik China: Dort entschloß man sich für ein Programm zur Förderung der Ein-Kind-Familie, wie es das vorher noch nicht gab. Dieses Programm wurde von einer breiten öffentlichen Kampagne begleitet, wobei Daten aus Langzeitprognosen zur zukünftigen Pro-Kopf-Quote für Ackerland, Wasser, Energie und Arbeitsplätze die Grundlage für eine groß angelegte Unterrichtung der Menschen über die Bevölkerungspolitik bildeten. Was heute gebraucht wird, um die Großstädte angemessen zu verwalten und die Zuwanderung zu bremsen, ist eine weitsichtige Politik des nationalen Gleichgewichts [56].

So ist heute die Politik gefordert, gleichzeitig

* *die Zunahme der CO_2-Konzentration in der Luft*
  zu stoppen und die Ozonschicht zu schützen,
* *das Bevölkerungswachstum aufzuhalten,*

- *die Gesundheit unserer Wälder und die Fruchtbarkeit unserer Böden wiederherzustellen,*
- *mit Energie viel sparsamer umzugehen, und*
- *schnellstens erneuerbare Energiequellen zu entwickeln,*

wenn ihr tatsächlich an einer lebenswerten Zukunft liegt. Erfolge hat es zum letzten Punkt ja schon gegeben (Nutzung der Windenergie, Solaranlagen). Auch hat das Bemühen, höhere Energiepreise durch Einsparmaßnahmen aufzufangen, neue Technologien entwickeln und Strategien entstehen lassen, die bereits zu einem wirtschaftlicheren Umgang mit Energie geführt haben [57]. Trotzdem muß aber mit allen verfügbaren Kräften darauf hingewirkt werden, daß der positive Effekt einer sparsamen Ressourcenverwendung nicht länger durch eine immer größere, mehr und mehr zum Selbstzweck gewordenen Produktion ausgeglichen wird. Es darf einfach nicht mehr sein, daß eine „gesunde" Wirtschaft nur zum Preis kranker Menschen möglich ist.

Abb. 28: Die direkte Verwandlung des Sonnenlichts in elektrischen Strom über Photovoltaik als eine der intelligentesten Erfindungen des Menschen sollte dringend zur Maxime einer dezentralen Energieversorgung werden (Foto: H.-G. Oed)

Abb. 29: Eine vermehrte Nutzung der Windenergie als ökologisch sinnvolle Alternative zu Atomstrom, Kohle und Erdöl scheitert oft genug sogar am ästhetischen Empfinden von Naturschützern (Foto: H.-G. Oed)

Erschwerend kommt dazu, daß das Obengenannte gleichzeitig zu geschehen hat. Keine Generation vor uns hat bisher vor so komplexen Problemen gestanden, die noch dazu keinen Aufschub dulden. Dies gilt ganz besonders für das Aufhalten eines weiteren CO_2-Anstiegs in der Atmosphäre. Unterstützend zu den direkten Maßnahmen, die zu einer Reduzierung der Kohlendioxid-Emissionen beitragen, sollte weltweit verstärkt Wald aufgeforstet werden. Dadurch könnte ein Teil des atmosphärischen CO_2 aus dem natürlichen Kreislauf entnommen werden, indem es als Kohlenstoff im Holz der Bäume konserviert wird.

Um die genannten Ziele zu erreichen, ist ein ganzes Bündel von **wirtschaftspolitischen Einzelmaßnahmen** erforderlich. Dazu gehören:

* *Die Qualität aller Produkte, insbesondere ihre Langlebigkeit, muß höchsten Stellenwert erhalten. Wegwerfprodukte sind zu ächten und auf das Notwendigste zu beschränken. Zur Lösung der Umweltprobleme gibt es im Grunde nur 3 Handlungsmöglichkeiten: Das Verbot, den freiwilligen Verzicht*

- *oder die marktwirtschaftliche Steuerung über den Preis. Da freiwilliger Verzicht erfahrungsgemäß von der Masse des Volkes nicht geübt wird, und das Verbot nach unserem Selbstverständnis in hohem Maße undemokratisch und wenig liberal wäre, verbleibt dem Politiker eigentlich nur die Preisgestaltung.*

- *Im Bereich der Dienstleistungen und des Verkehrs muß es zu Einschränkungen der individuellen Bequemlichkeiten und Gewohnheiten kommen, ohne daß allerdings wirkliche Bedürfnisse auf diesem Sektor unerfüllt bleiben müssen. In die gleiche Richtung zielt auch die wesentlich höhere Besteuerung der Kraftstoffe, was nach Auffassung des Physikers KARL FRIEDRICH VON WEIZSÄCKER auf eine Verdoppelung des Bezinpreises hinauslaufen müßte.*

- *Liegen ökologische Erkenntnisse vor, dann müssen diese voll in die Produktionsprozesse einfließen, sei es in Form von Förderung oder Verbot eines Produktes. So ließen sich beispielsweise viele PVC-Produkte durch andere Materialien wie etwa Holz, Gummi, Stein oder Pappe ersetzen.*

- *Es muß Schluß gemacht werden mit der Vergötzung des sogenannten Bruttosozialprodukts, bei dem die negativen Anteile, wie etwa die Krankheitskosten, die Kosten für die Verkehrsopfer oder die Beseitigung der Umweltschäden bekanntlich ständig wachsen. Viele soziale Leistungen sind darin überhaupt nicht enthalten.*

- *Um zur Bedarfswirtschaft anstelle der jetzigen Gewinnwirtschaft zu kommen, muß der Eigentumsanspruch an den Produktionsmitteln und am Betriebskapital neutralisiert bzw. befristet werden.*

- *Es ist eine Wirtschaftsform mit sich gegenseitig unterstützenden Branchen anzustreben, die einen Verdrängungswettbewerb unmöglich macht, und Produzent, Händler und Konsument zu echten Partnern mit gleicher Interessenlage werden läßt. Auch muß der gesellschaftliche Stellenwert von Großkonzernen und von kartellähnlichen Unternehmensfusionen künftig abgebaut werden. Dies, um einerseits mehr Wettbewerb zu ermöglichen, und um andererseits wieder zu überschaubaren Einheiten zurückzukehren. Damit könnte die Konzentration von wirtschaftlicher Macht, die zu unnötigen Abhängigkeiten führt, verringert werden.*

- *Durch eine neue Bewertung von Kapital und die Neutralisierung des Eigentums an den Produktionsmitteln verlöre schließlich das Geld seinen Warencharakter und die Zinspeitsche ihren Schrecken. Denn Zins ist nun mal arbeitsloses Einkommen. Mit vollem Recht forderte daher der Lutherischer Weltbund kürzlich, die Idole der Wirtschaft zu demaskieren. Dazu gehöre auch eine „Entmythologisierung" der Rolle des Geldes und des Kapitals auf politischer Ebene [vergl.: 58;59;60;61;62;63].*

Auch muß ökologisches, das heißt ganzheitliches Denken voll in das ökonomische Bewertungssystem eingebracht werden. Um einen genaueren Maßstab für die volkswirtschaftliche Erfolgsmessung zu erhalten, und um beispielsweise in der Landwirtschaft sinnvolle Methoden zur Ernährungssicherstellung von weniger sinnvollen zu unterscheiden, muß künftig zusätzlich ein **ökologischer Bewertungsfaktor** berücksichtigt werden. Nach dem gegenwärtigen ökonomischen Bewertungssystem kann nämlich die Nahrungsmittelproduktion auch dann noch eine zeitlang steigen, wenn die moderne Landwirtschaft jene Grundlagen zerstört, auf die der künftige Landbau angewiesen ist. Das bedeutet: Weg von der industriemäßig betriebenen Landwirtschaft und hin zum „ökologischen Landbau", damit

NOx-, Methan-, SO_2- und CO_2-Emissionen auch bei diesem Emittenten endlich geringer werden. Ganz zu schweigen von der Verseuchung des Grund- und Trinkwassers mit Nitratstickstoff, die nach Ansicht von Toxikologen nur durch „ökologischen Landbau" auf lange Sicht wieder vermindert werden kann [64].

Ohne einen solchen ökologischen Bewertungsfaktor ist eine sinnvolle langfristige Planung unmöglich [65]. Diese Aussage gilt nicht nur für den Boden als Träger der Fruchtbarkeit, sondern natürlich auch für alle anderen endlichen Ressourcen, wie das Wasser, die Luft und die biologische Vielfalt auf Erden!

Ferner besteht im Bereich der **Gesellschaftspolitik** ein erheblicher Handlungsbedarf: Dem Selbstverständnis der Bürger, Eigennutz fördere automatisch das Gemeinwohl, ist von politischer Seite konsequent entgegenzuwirken, So muß es beispielsweise zu einer Umkehr der Beweislast auch im Technologiebereich kommen, damit nicht – wie das weitgehend heute noch der Fall ist – einfach solange weitergewirtschaftet werden kann, bis endlich bewiesen ist, daß der

Schaden den Nutzen bei weitem übertrifft. Um dafür den Weg zu ebnen, gilt es, unsere allgegenwärtige Technologiebegeisterung abzubauen. Vor allem aber muß Abstand genommen werden von Großtechnologien, denn diese schaffen auf Jahrzehnte hinaus Abhängigkeiten und Sachzwänge, von denen kaum mehr wegzukommen ist. Ein wichtiger Schlüssel zur Rettung der Menschheit liegt somit auch in einer gezielten und möglichst raschen Eindämmung der Bedeutung des Wirtschaftsbereichs. Wir müssen endlich dazu kommen, nicht mehr zu leben um zu wirtschaften, sondern zu wirtschaften um zu leben, um langfristig zu überleben. Deshalb riet kürzlich der „CLUB OF ROME" den Ländern der Dritten Welt, bei dem Bemühen um notwendiges Wachstum den Entwicklungsweg der Industriestaaten nur bedingt als Vorbild zu nehmen. Daneben mißt der CLUB einer erzieherischen Aufklärung der Menschen besondere Bedeutung bei. Alle Industriemanager wurden aufgefordert, das an eigenen Interessen orientierte Verhalten zu ändern, wenn sie selbst überhaupt überleben wollten [66].

Eine **alternative Energiepolitik** hat intelligenter mit den Ressourcen umzugehen, als wir es heute tun. Ziel muß es sein, künftig weniger Material zu bewegen. Damit ist vor allem das Verkehrswesen und der immense Gütertransfer angesprochen [67]. Die globale politische Herausforderung liegt auch hier darin, die verkehrsbürtigen Emissionen von Kohlendioxid, Schwefeldioxid und Stickoxid zu reduzieren, indem einerseits viel sparsamer mit Energie umgegangen und andererseits die Umstellung auf erneuerbare Energiequellen wesentlich schneller vorangetrieben wird [68]. Dabei stellt die Atomenergie keinen Ausweg aus dem CO_2-Klimaproblem dar; vielmehr ist sie ein Hindernis. Auf allen Stufen des Prozesses werden nämlich große Energiemengen aus fossilen Energieträgern für den Bau und den Betrieb von Kernkraftwerken und die teilweise weltweiten Transporte benötigt. Indirekt ist also auch die Atomenergie an der CO_2-Belastung beteiligt. Für 10 Milliarden DM kann man ein Atomkraftwerk mit 1.250 Megawatt Leistung nebst anteiligen Einrichtungen für Brennstoffversorgung einrichten. Das Kraftwerk kann jährlich rund 9 Milliarden Kilowattstunden Endenergie (hier Strom) liefern. Außerdem erzielt ein Atomkraftwerk erst nach 7-12 Jahren Vollast (= 100prozentige Ausnutzung pro Jahr) einen Energieüberschuß. Würde man aber dieses Geld in kommunale und gewerbliche Blockheizkraftwerke investieren (es reichte für 5.000 solcher Anlagen), erhielte man das 7½fache an End-Energie. Die Energieeinsparung läge bei 30-40 Prozent! – Oder: In sämtlichen Wohnungen der Bundesrepublik Deutschland könnten für weniger als 10 Milliarden DM Thermostatventile eingebaut werden, wodurch 4 Mal mehr erreicht würde, als durch den Atomkraftausbau. Massives Energie- und Stromsparen wären also jetzt die nötigen politischen Konsequenzen, z.B.:

- *Absoluten Vorrang für Energie- und Stromsparen*
- *Erhebung einer Energiesteuer oder -abgabe auch für die Atomenergie und den elektrischen Strom*
- *Substantielle Änderungen im Energiewirtschaftsrecht*
- *Ausstieg aus der Atomenergie-Nutzung [69;70].*

Bisher hat aber kein Land entsprechende Schritte unternommen, um den allgemeinen Energieverbrauch drastisch zu senken, und damit auch die Kohlenstoffemissionen zu limitieren. Weil sich die Staaten ausschließlich auf Maßnahmen zur Luftreinhaltung (Rauchgasentschwefelungsanlagen, Naßabscheider in Kraftwerken und Abgaskatalysatoren für Kraftfahrzeuge) konzentrieren, wird versäumt, säurebildende Schadstoffe sowie die Anhäufung von CO_2 in der Atmosphäre gleichzeitig zu begrenzen. Ein sofortiges weltweites Verbot der FCKWs nicht nur in Sprühdosen sondern auch in Kühlschränken und sonstigen Dämmstoffen wäre ein erster und sehr effektiver Schritt [71]. Um andererseits den CO_2-Ausstoß wirksam herabzudrücken, sollten nach Meinung der Internationalen Energie-Agentur (IEA) in Paris eben auch die fossilen Brennstoffe verteuert werden. Die Agentur empfiehlt eine Kohlendioxid-Steuer von 50 US-Dollar pro Tonne Kohle und 8 Dollar für einen Barrel Erdöl (= 159 Liter) [72].

Laut Enquete-Kommission des Deutschen Bundestages könnte in der Bundesrepublik Deutschland bei einer rationelleren Energieausnutzung der jährliche Ausstoß an Kohlendioxid bis zum Jahr 2005 immerhin um 19 Prozent im Vergleich zu 1987 verringert werden. Der CO_2-Einspareffekt wird bei Privathaushalten mit 39 Prozent, im Kraftwerksbereich mit 36 Prozent veranschlagt. Allein bei der Raumwärme und Wassererwärmung könnte eine Verringerung um

42 Prozent erreicht werden [73]. Nach der Meinung von Fachleuten müßten technische **Maßnahmen zur Energie-Einsparung** im Detail wie folgt aussehen:

- *Vermeiden unnötigen Verbrauchs (z.B. Heizung der Wohnräume nur bei deren Nutzung; keine elektrische Beheizung; Vermeidung des Leerlaufs von Maschinen und Anlagen).*
- *Reduktion des Nutzenergie-Bedarfs durch technische Maßnahmen (z.B. durch Wärmedämmung, thermostatgerechte Heizung, aber auch passive Sonnenenergie-Nutzung durch entsprechende Gebäudegestaltung).*
- *Verbesserung der Nutzungsgrade bei der Energie-Umwandlung (z.B. durch konstruktive Verbesserung von Maschinen und Anlagen mit Hilfe der Steuer- und Regeltechnik in allen Nutzungsbereichen; aber auch energetisch richtige Betriebsweise).*
- *Energie-Rückgewinnung (hier in erster Linie Wärme-Rückgewinnung wie bei der Wärme-Kraft-Kopplung und die Rückgewinnung mechanischer Energie) [74].*

Ein praktisches Beispiel:

Um die Müll-Lawine zu stoppen schlägt das Heidelberger Umwelt-Prognose-Institut (UPI) deshalb **Öko-Steuern** auf Einweg-Glasflaschen, Getränkedosen, Kunststoff-Flaschen, Kunststoff-Verpackungen, auf Tetrapacks, Spraydosen, Alu-Folien und Werbematerial vor. Dadurch würde die Müllmenge um jährlich rund 4 Milliarden Getränke- Einwegverpackungen, 400.000 Tonnen Kunststoff, 15.000 Tonnen Aluminium und 500.000 Tonnen Farbpapier verringert werden. Der Staat könnte mit dieser Umweltmaßnahme rund 13 Milliarden Mark an Öko-Steuern einnehmen. Die Gemeinden würden sogar gleich zwei Fliegen mit einer Klappe schlagen: Durch das Kassieren von Steuern auf Einweg-Verpackungen beim Händler erschlössen sie sich neue Einnahmequellen und verringerten zugleich die Müllmengen, deren Beseitigung von Jahr zu Jahr schwieriger wird [75].

Der Grundgedanke der Ökosteuern (als Energiesteuern) ist eine völlige Neuordnung der Verbrauchssteuern, deren Höhe sich an Umweltschädlichkeit und Ersetzbarkeit von Produkten orientiert. So würden etwa tropisches Holz, Einwegflaschen, Dosen, Alufolien, Benzin, Streusalz, Pestizide und Waschmittel durch eine Steuer im Preis kräftig steigen. Der Liter Benzin zum Beispiel sollte durch den Staat mit zusätzlich 1,90 DM belastet werden und dann insgesamt deutlich über 2 Mark kosten. Der Benzinverbrauch und damit auch das allgemeine Fahraufkommen ginge daraufhin um ein Viertel zurück.

Abb. 30: Unsere Wegwerf-Gesellschaft produziert immer höhere Müllberge
(Foto: H.-G. Oed)

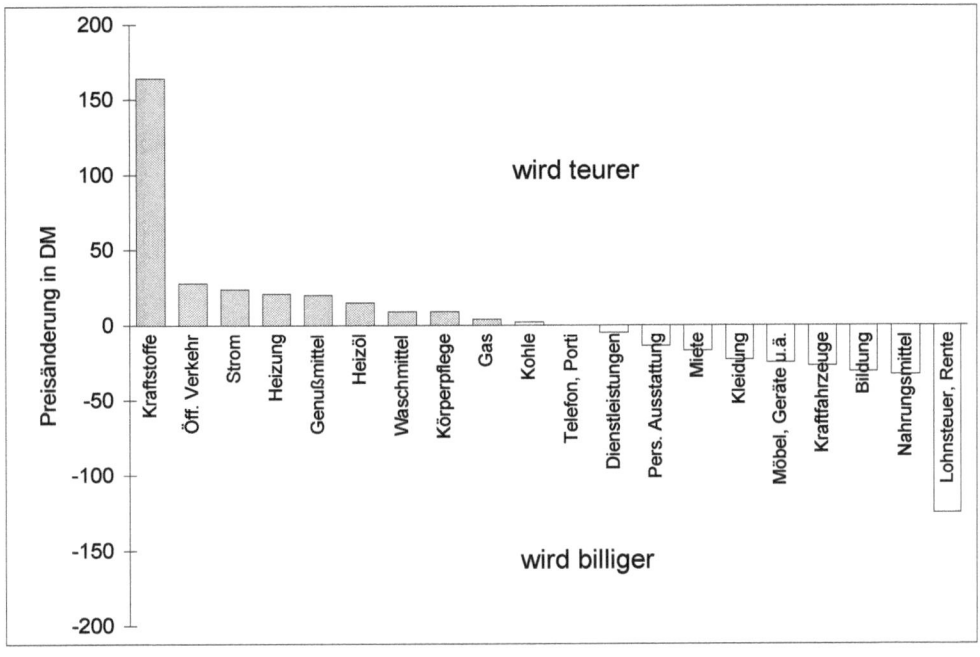

Abb. 31: Auswirkungen einer „ökologischen Steuerreform" auf die monatlichen Ausgaben einer Durchschnittsverdiener-Familie mit 2 Kindern in der BR Deutschland. Quelle: TEUFEL (1988)

Ein anderes Beispiel, das gerade für den Arten- und Biotopschutz von größter Bedeutung wäre: Seit Jahrzehnten nimmt der Landschaftsverbrauch für Siedlungen, Verkehrswege, Gewerbe- und Industriegebiete kein Ende. Das, was Baurecht, Landschaftsplanung und Naturschutzgesetz nicht stoppen konnten, könnte mit Hilfe einer Umweltsteuer gelingen. Das Heidelberger UPI-Institut schlägt deshalb vor, künftig jeden Quadratmeter Bodenversiegelung mit einer Steuer von 50 Mark zu belegen. Der Effekt: Da der Baulandpreis in ländlichen Räumen und in noch unverbauten Kulturlandschaften niedriger liegt als in Ballungsräumen, würde der Flächenverbrauch im Außenbereich relativ hoch besteuert, was aus der Sicht des Landschaftsschutzes erwünscht wäre. Ein Rückgang des Flächenverbrauchs um 12 Prozent wäre die Folge [76].

Schließlich noch einige Worte zur **Verkehrspolitik**: Wie in Kapitel 4.5.3 dargelegt wurde, hat die bisherige Verkehrspolitik den Verkehrsweg Straße und das umweltbelastende Automobil einseitig bevorzugt, während der umweltfreundlichere Schienenverkehr ebenso stark vernachlässigt wurde. Jegliche Verkehrspolitik muß sich aber ihrer Verantwortung für die Erhaltung von Natur und Umwelt bewußt sein. Das bedeutet aber: Oberstes Ziel muß es sein, die aus den stetig wachsenden Verkehrsleistungen und dem auswuchernden Verkehrsnetz entstandenen und immer noch entstehenden Schäden abzubauen und zu verhüten.

Kurzfristig sind erhebliche Verkehrsanteile weg von den umweltbelastenden hin zu den umweltverträglichen Verkehrsmitteln zu verlagern. Langfristig aber ist der **gesamte motorisierte Individualverkehr zu vermindern**, um endlich eine Verringerung des Schadstoffausstoßes zu erreichen. Das setzt jedoch voraus, daß die Grundbedürfnisse Arbeiten, sich Bilden, Einkaufen und sich Erholen künftig über wesentlich kürzere Wege als jetzt zu befriedigen sind. Dies dürfte nur über die Verbesserung der Lebensbedingungen in den Städten und eine verstärkte Dezentralisierung der Produktion – natürlich mit Verlagerung des Gütertransports auf die Schiene – möglich sein.

Allgemeine Umkehr in unserer Grundhaltung

Das Opfer sichert die Zukunft

Franz Vonessen

Umdenken tut not! – Der deutsche Friedenforscher und Physiker CARL-FRIEDRICH VON WEIZSÄCKER hat unlängst die Industrieländer aufgefordert, sie sollten sich so rasch wie möglich zu einer „asketischen Weltkultur" entschließen [77]. Ein Übergang zu dieser neuen Lebensphilosophie wäre aber nichts anderes als das Praktizieren einer, in vielen Bereichen enthaltsamen und entsagenden Lebensweise. Damit könnte neuen sittlichen und religiösen Idealen Platz gemacht werden. Dies würde freilich für manchen Zeitgenossen eine radikale Umkehr in seiner bisherigen Lebenseinstellung bedeuten. Also ein „zurück auf die Bäume"? wie man es ständig von Vertretern der Wirtschaft als Alternative zum jetzigen Zustand an die Wand gemalt bekommt? – Keineswegs! Überfällig aber ist ein neues ökologisches Bewußtsein der menschlichen Situation, eine nicht materialistische, tendenziell religiöse Ethik und **Gesinnung des Verzichts**. Dazu gehören nach Ansicht der Kirchen :

* *Verzicht auf Verhaltens- und Konsumgewohnheiten, die auf Kosten der natürlichen Umwelt gehen, sowie das Einüben neuer Verhaltensweisen*
* *Hinwendung zur Mäßigkeit, Bescheidenheit, Lebensdisziplin, Naturnähe, Mitmenschlichkeit und Solidarität mit den armen Völkern der Dritten Welt [78].*

Man kann der Menschheit nur wünschen, daß sich diese Elemente des Umdenkens möglichst bald als „mitreißende Idee" im Willen zum Überleben und alternativen Handeln artikulieren, einschließlich einer neuen Solidarität mit allem Lebendigen. Da die Gegenkräfte jedoch stark sind, wird dies vermutlich nicht ohne staatlichen Zwang zu mehr Bescheidenheit gehen.

Gemeinnutz vor Eigennutz

Dem Eigennutz übergeordnet muß wieder der **Altruismus**, also der **Gemeinnutz** stehen. Nur wenn wir Menschen heute die ausschließlich auf uns selbst bezogene, anthropozentrische Perspektive überschreiten, und den Reichtum des Lebendigen als einen eigenständigen Wert respektieren lernen, nur in einem wie auch immer begründeten religiösen Verhältnis zur Natur werden wir imstande sein, auf lange Sicht die Basis unserer Existenz zu sichern. Denn, „der anthropozentrische Funktionalismus zerstört am Ende den Menschen selbst" [79]. Wenn wir also die Botschaft weitsichtiger Philosophen und Vordenker, aber auch jene naturverbundener Kulturen richtig verstehen, dann müßten wir nach Meinung des evangelischen Theologen und Bischofs HANS OTTO WÖLBER in Richtung auf die „Arche" handeln und nicht in Richtung auf den „Turmbau". Das hieße: Unser Forschen und unsere Technik müßten der Idee der Bewahrung und nicht der Idee der Ermöglichung unterworfen werden. Man darf sogar noch einen Schritt weitergehen und sagen: Wer aufgrund seiner hervorgehobenen gesellschaftlichen Stellung und den ihm dadurch zur Verfügung stehenden Möglichkeiten im Leben etwas bewirkt und bewegt, dabei aber nicht beurteilen kann, ob dieses Handeln schützt und bewahrt oder aber zerstört und vernichtet, sollte moralisch disqualifiziert werden [80].

In der ganzen Gesellschaft bedarf es eines neuen kategorischen Imperativs, also einer neuen Ausrichtung menschlichen Handelns für eine gemeinsame Zukunft. Die Verantwortung für künftige Menschengenerationen verlangt vor allem vom gläubigen Menschen ein neues Verhalten in der von Technik geprägten Umwelt. Der funktionale Fortschritt, zu dessen Erreichen derzeit noch jedes Mittel recht ist, darf nicht mehr unser höchster Wert sein. In einigen Lebensbereichen wird es – wie gesagt – um eine asketische Kultur gehen, also um einen neuen Grundkonsens angesichts ökologischer und sittlicher Grenzen. Unsere Sympathie für diese Erde muß jedenfalls **Demut und Verzicht** einschließen. Freilich müßte auch etwas dabei sein vom Franziskanischen Ideal: „Alle Kreatur ist Bruder und Schwester" [81]. Diese Einstellung würde es mit sich bringen, daß man künftig eher von „Mitwelt" statt von „Umwelt" spricht, weil der „Mensch" von der „Umwelt" eben nicht zu trennen ist [82;83]. Mit dem Motto „weniger ist mehr", das in letzter Zeit vermehrt auch von einigen wenigen politischen Vordenkern aufgestellt wird, könnten wir uns aus dem Zwang zu immer unnützerer, immer einseitigerer und immer krankmachenderer Leistung lösen. Wir würden damit endlich auch die Drehrichtung jener verhängnisvollen Spirale ändern, die uns das Lebensglück in ständig mehr Konsum suchen läßt [84].

Nach Ansicht des amerikanischen Soziologen LEWIS MUMFORD wird nur eine grundlegende Umorientierung unserer vielgerühmten technologischen Lebensweise diesen Planeten überhaupt davor retten, zu einer toten Wüste zu werden. Ohne eine solche weitreichende Veränderung der menschlichen Wünsche, Gewohnheiten und Ideale werden die notwendigen technischen Maßnahmen zum Schutz der Menschheit und der Biosphäre – von deren weiterer Entwicklung ganz zu schweigen – nicht angewendet werden können [85]. Dabei müssen wir uns vor allem von unserem gängigen Wirtschaften und von dem Dogma eines ständigen Wirtschaftswachstums lösen. Nach Ansicht des deutschen Ökologen KONRAD BUCHWALD wäre es jedoch falsch, eine, aus ökologischer Sicht dringend notwendige **„Gleichgewichtswirtschaft"** mit völliger Stagnation zu verwechseln. Wesentlich für sie ist etwas anderes, nämlich die Möglichkeit, sie in einer endlichen Welt annähernd beliebig lang weiterführen zu können. Dazu wird vor allem das erweiterungsfähige menschliche Wissen und Können künftig beitragen müssen [86]. Auch bei einer alternativen Denkweise bliebe ja der Mensch im Mittelpunkt des Wirtschaftsgeschehens. Er käme allerdings vor dem Kapital und vor der Technik, indem der Mensch wieder Arbeit und sinnvolle Tätigkeiten erhält. Eine solche Wirtschaft nach den genannten ökologischen und ökonomischen Kriterien wäre dann von großem sozialen Verantwortungsbewußtsein geprägt. In allen Bereichen würde auch der Gedanke der gesellschaftlichen Verpflichtung lebendig werden. Die Erkenntnis, daß **Konsumverzicht** anstelle von Konsumanreiz (durch immer mehr Werbung) richtiger ist, müßte sich durchsetzen [87]. Der amerikanische Ökonom KARL POLANYI erkannte dies schon sehr früh als er feststellte: „Soll der Industrialismus nicht zur Auslöschung der Menschheit führen, so muß er den Erfordernissen der menschlichen Natur untergeordnet werden" [88]. Das unerbittliche Ringen um Marktanteile müßte ferner einem menschlicheren Wettbewerb Platz machen, in welchem es kaum noch um das Gewinnen, sondern um das vor sich und anderen immer wieder neu zu verantwortende Mitmachen im Sinne eines Ganzen geht. Auch dürfte Leistung nicht länger als etwas gesehen und bewundert werden, das lediglich der Erzeugung von geldmäßig bewert- und verwertbaren Produkten dient, ohne je hinterfragt zu werden, welchen Schaden sie dabei stiften kann. Damit im Zusammenhang müßte die Liebe zum Geld und zu menschengemachten Dingen durch die Liebe zum Mitmenschen und zur natürlichen Mitwelt ersetzt werden. An die Stelle von nach außen sichtbaren Erfolgen und Entwicklungen müßte mehr und mehr die Entwicklung innerer Werte treten.

Der gesamte ökologisch-philosophische Umdenkungsprozeß hat im Rahmen der wichtigsten Errungenschaft der Menschheit, nämlich der **Freiheit** zu erfolgen. Eng mit der Freiheit verbunden ist die Demokratie als weitere wertvolle Errungenschaft der Neuzeit. Physische Folter und die willkürliche Knechtung

193

durch rücksichtslose Diktatoren müssen – auch unter möglichen und denkbaren ökologischen Vorzeichen – der Vergangenheit angehören.

Erforderliche Änderungen bei uns selbst

Obwohl die Regierungen für viele Versäumnisse verantwortlich sind, kann die Verantwortung nicht allein auf die Politiker abgewälzt werden. Schließlich wählen wir sie alle paar Jahre aufs Neue und mit ihnen ihr Programm und ihre Weltanschauung. Ein beträchtlicher Teil der Mitschuld liegt bei jedem von uns selbst. Wir sind in der überwiegenden Mehrzahl viel zu unkritisch und gleichgültig, lassen uns von schönen Worten und Reden viel zu rasch zufriedenstellen. Der chinesische Philosoph und Denker LAO TSE, der schon vor zweieinhalb Tausend Jahren die wesentlichsten Kennzeichen des menschlichen Verhaltens und die daraus zu ziehenden Lehren formulierte, kam diesbezüglich zu dem Schluß:

> *Wahre Worte sind nicht gefällig,*
> *gefällige Worte sind nicht wahr*

Diese Grunderkenntnis müßten wir Wähler uns spätestens dann vor Augen halten, wenn alle 4 Jahre das Gerangel um Macht und Ehre von neuem in einer Art Gladiatorenkampf entbrennt. Zwar wird in dem sogenannten „Wahlkampf" keiner mehr tätlich angegriffen, erschlagen oder erstochen, dafür geht es aber verbal nicht weniger brutal zu – eben wie in einem „Kampf". Wäre also unser Sinn durch solche Erkenntnisse geschärft, würden wir mit unserem Plebiszit automatisch unter den Volksvertretern eine Selektion vornehmen, eine Auswahl nämlich in Richtung Wahrheit, Aufrichtigkeit und Ehrlichkeit. Genau das Gegenteil aber ist bis jetzt noch der Fall! Dies mag zwar seit Menschengedenken schon immer so gewesen sein, bekommt aber, wo es um den zukünftigen Bestand der menschlichen Rasse schlechthin geht, plötzlich eine noch nie dagewesene Relevanz.

Unserem inneren Widerstand gegen ein naturverträgliches Wirtschaften kann nur mit einem Mittel wirksam begegnet werden: Wir müssen diese ablehnende Haltung erkennen und – so merkwürdig das zunächst klingt – sie annehmen. Das ist wie bei Alkoholikern: Solange sie sich einreden, kein Alkoholiker zu sein, werden sie immer wieder rückfällig. Ihre einzige Chance besteht darin, sich klarzumachen und zuzugeben, daß sie Alkoholiker sind, daß sie die Sucht in sich tragen, und dieses Schicksal auf sich nehmen. Das bietet zwar keine Gewähr dafür, daß sie trocken werden, aber es gibt ihnen immerhin die Chance dazu [89].

Der Schlüssel zu anderen Wertmaßstäben und damit auch zu einer Zukunftsperspektive für kommende Generationen, liegt ganz klar in unserem Denken und der Möglichkeit seiner Veränderung. Dabei gilt es zunächst, sich den Ernst der heutigen Probleme bewußt zu machen und sie nicht ständig zu verdrängen. Dazu würde beispielsweise eine Abkehr vom „süßen Leben" gehören. Darunter bräuchte aber keineswegs ein Wechsel zu einem übertrieben asketischen oder gar von Selbstkasteiung geprägten Lebenswandel verstanden werden, sondern lediglich ein Übergang zu einer nach innen wie nach außen abzielenden **einfacheren Lebensweise**. Diese ist aber nur zu erreichen, wenn Genuß und Verzicht in einem ausgewogenen Verhältnisstehen, was aber hieße: Verzicht auf sinnlose Zivilisationsgüter, auf Chrom und Lack, auf Prestigeartikel, auf Supersauberkeit, auf Modetorheiten, auf Überfressen, auf überzogene Ansprüche [90]. Viele Zeitgenossen, die aus modischen Gründen auf der Öko-Welle mitreiten um auch bei diesem Trend von Anfang an dabei zu sein, glauben, daß ihnen ein „ökologisches Leben" das Paradies brächte. Dies ist jedoch eine Illusion und durch nichts begründet. Ohne den Verzicht geübt zu haben würden diese Menschen tief fallen. Naturverträglich leben, das hohe Konsumniveau aber beibehalten, damit lügt man sich in die eigene Tasche! Erforderlich ist also der Verzicht auf überflüssigen Konsum von Sachgütern. Würde es gelingen, die Konsumgüter aus ihrem Rang als Statussymbole zu verdrängen und an ihre Stelle vermehrt Dinge zu setzen wie Wissen und Können, Vertrautheit mit Kunst oder Kultur, Auszeichnungen bei Liebhabereien oder beim Sport, musische oder handwerkliche Betätigung, Anteilnahme an der Politik oder am Gemeinschaftsgeschehen schlechthin, so wäre schon allerhand erreicht. Der „Konsumprotz" sollte sich mit seiner aufwendigen Lebensweise nicht länger Achtung und Respekt unter den Zeitgenossen verschaffen können, sondern im Gegenteil der Verachtung anheimfallen. Für die Erlangung von Sozialprestige müssen künftig immaterielle Güter besser geeignet sein als materielle [91]. So müßten wir beispielsweise das **„Nichtkauferlebnis"** entdecken. Analog zum Kauferlebnis gibt es nämlich ein solches, das sich dann einstellt, wenn man ein Produkt trotz der verlockenden Art, wie es angeboten wird und aufgemacht ist, im Regal stehen läßt [92].

So wie bisher kann es jedenfalls nicht mehr weitergehen. Wir alle müssen Umdenken, Umlernen und unser Verhalten ändern. Dies ist durchaus nicht leicht und erfordert Überwindung. „Aber ist es nicht sinnvoller und vor allem gesünder", so fragt uns die Umweltschutzorganisation GREEN PEACE, „anzuhalten und vielleicht einen anderen Weg zu wählen, anstatt wie ein Geisterfahrer auf der Autobahn durch den Nebel zu rasen?" [93].

Wie könnte das im Alltag eines Wohlstandsbürgers der westlichen Hemisphäre konkret aussehen? – Wir sollten uns endlich als geistig-seelisch „reifere" Konsumenten zeigen. Dann müßten sich auch die Produzenten umstellen. Gegen die Macht starker Charaktere wären auch die stärksten Konzerne mit der ausgeklügeltsten Werbung machtlos [94]. Auch könnte damit manches Gesundheitsrisiko verringert werden, vor allem auch dann, wenn wir uns weniger auf potentiell schädliche Chemikalien verlassen würden. Viel wäre – wie gesagt – schon erreicht, wenn wir ein **alternatives Kauf und Konsumverhalten** an den Tag legten, z.B.:

- *kritisch überprüfen, ob es für unser Selbstwertgefühl unbedingt erforderlich ist, den Urlaub per Flugzeug an fernen Stränden zu verbringen*
- *ein neues Auto nur noch mit Katalysator kaufen und auf einen Zweitwagen verzichten, stattdessen aber ein Fahrrad anschaffen,*
- *den Verbrauch von nicht wieder aufbereitbaren Rohstoffen vermeiden, indem auf Wegwerfartikel gänzlich verzichtet wird,*

- *möglichst nichts kaufen, was in Plastikpackungen oder Dosen verpackt ist, wenn es den gleichen Artikel auch ohne Verpackung oder in Gläsern zu kaufen gibt; d.h. beispielsweise: Pfandflaschen bevorzugen,*
- *statt Spraydosen mit Treibmitteln Pumpsprüher verlangen,*
- *Energiesparlampen verwenden,*
- *umweltfreundliche Farben und Lacke benutzen,*
- *bevorzugt bei Bauern einkaufen, die naturgemäß erzeugen, keine Biozide und synthetischen Stickstoffdünger ausbringen und eine energetische Kreislaufwirtshaft betreiben.*
- *Taschen, Netz oder Korb mit zum Einkaufen nehmen; Plastiktüten ablehnen,*
- *möglichst nur Recycling-Schreibpapier benutzen,*
- *mithelfen, den Zellstoffverbrauch einzuschränken, indem Stoff-Taschentücher verwendet werden,*
- *Recycling-Toilettenpapier benutzen.*

Oder, wenn wir den **Haushalt umweltfreundlicher** und dadurch sinnvoller führten. Dazu würde gehören:

- *Die Wiederverwendung von Rohstoffen durch Trennen in verschiedene Müll-Arten unterstützen,*
- *die Entstehung von Müll generell vermeiden: Alle organischen Küchen- und Gartenabfälle aussortieren und kompostieren. Altpapier, Altkleider, Glas und Altmetall sammeln und der Wiederverwertung zuführen,*
- *Spül- und Waschmaschinen nur in vollem Zustand betreiben, da sie viel wertvolles Trinkwasser und Energie verbrauchen,*
- *möglichst phosphatfreie Waschmittel verwenden bzw. verlangen. Die Wäsche nur vollwaschen, wenn unbedingt erforderlich. Die Waschmittel sparsam dosieren. Vollwaschmittel nur für Kochwäsche verwenden. Auf Weichspüler verzichten.*
- *Reinigungs- und Putzmittel sparsam verwenden. (Übertriebenes Putzen schadet sowohl den Haushaltsgegenständen, den Gewässern als auch der eigenen Gesundheit). Durch Entkalken mit Essig läßt sich die Verwendung von agressiven Mitteln vermeiden;*

- *mit Chemikalien sehr sorgsam und sparsam umgehen. Chemikalien gefährden die Natur und die eigene Gesundheit!*

Oder, wenn wir mehr Selbstversorgung und eine **alternative Ernährung** betreiben würden, wie etwa:

- *wenn ein Garten vorhanden ist, dort nicht mehr den heute noch obligaten „Englischen Rasen" unterhalten und aufwendig pflegen, sondern eigenes Gemüse anbauen,*
- *bei der Ernährung möglichst das tierische Eiweiß durch pflanzliches ersetzten. Es gibt viele Rezepte für sehr schmackhafte, fleischlose Gerichte. Der Löwenanteil des menschlichen Eiweißbedarfs kann 7 bis 8 mal billiger als z.B. mit Rindfleisch gedeckt werden;*
- *möglichst gesunde Vollwertnahrungsmittel zu sich nehmen; zu stark veränderte Nahrungsmittel wie Weißmehl, raffinierten Zucker und denaturiertes Fett vermeiden.*

Oder, wenn wir uns zu einer **anderen Lebensführung** entschlössen. Dazu würde beispielsweise zählen:

- *den PKW sooft es geht, stehen lassen; stattdessen öffentliche erkehrsmittel benutzen. Noch besser: wenn irgendwie machbar mit dem Fahrrad fahren oder zu Fuß gehen;*
- *wenn das Auto benutzt werden muß, sich bewußt an Tempo 30/80/100 halten. Damit werden Kraftstoffe und damit fossile Energieträger gespart, weniger Abgase erzeugt und die Mitmenschen weniger gefährdet;*
- *wo auf den PKW nicht verzichtet werden kann: Fahrgemeinschaften bilden,*
- *möglichst die Dusche benutzen und auf Vollbäder verzichten. Ein Vollbad verbraucht 200 l Wasser, eine Dusche nur 50 bis 100 l bei gleicher Reinigungswirkung!*
- *den Raumthermostat auf höchstens 20 C einstellen. Das spart nicht nur Energie, sondern ist auch gesünder.*

Diese stichwortartige Auflistung erhebt natürlich keinen Anspruch auf Vollständigkeit; sie soll nur Machbares und Zumutbares für jeden Einzelnen aufzeigen. Äußerst lobenswerte Pionierarbeit in dieser Hinsicht haben die großen **Umweltverbände** geleistet. In der Bundesrepublik Deutschland sind dies: der Bund für Umwelt- und Naturschutz Deutschland (BUND), der Deutsche Naturschutzverband (DNV), und der Deutsche Naturschutzring (DNR). Sie haben seit Mitte der 80er Jahre unter anderem derartige Listen ausgearbeitet und in beispielhafter, effektiver und mitreißender Weise unters Volk gebracht.

Eine Zusammenstellung lediglich der technischen Möglichkeiten des „Umweltschutzes für Jedermann" bliebe aber unvollständig, wenn nicht auch die Grundsätze einer **anderen Erziehung** beachtet werden. Analog stichwortartig wäre hierzu etwa zu nennen:

- *die Kinder bewußt an die Natur heranführen, sie den Respekt und die Achtung vor jeglichem Lebendigen lehren. Den Kindern klarmachen, daß auch kleine Tiere (Ameisen, Käfer, Schnecken) Schmerzen haben können, und daß es grundsätzlich keine „bösen" und „häßlichen" Tiere gibt;*
- *den Mitmenschen, vor allem den Kindern mehr Zeit und Liebe schenken, anstatt sich immer nur mit materiellen Geschenken von ihnen „loszukaufen";*
- *Verzicht auf zusätzliches Familieneinkommen zugunsten der Kindererziehung: sich Zeit nehmen, mit den Kindern zu spielen und sich mit ihnen zu beschäftigen. – Die Kinder werden es einem danken!*
- *sich immer wieder klar machen: das Fernsehen macht aus dem Kreis der Familie einen Halbkreis. Die Kinder nicht mit Videos sich selbst überlassen!*
- *die Kinder nicht mit Ansprüchen an die schulische Leistung überfordern. In Gesprächen mit Lehrern darauf drängen, daß die Kinder eine „ganzheitliche" Bildung und Erziehung bekommen, die für das spätere Leben wichtiger ist als alles Spezialwissen;*

Und schließlich noch:
- *versuchen, nicht immer „mit den Wölfen zu heulen", sondern stets nur das zu tun, was uns das eigene Gewissen vorschreibt. Das chinesische Sprichwort: „Wer zur Quelle will, muß gegen den Strom*

schwimmen" bekommt heute mehr denn je Bedeutung, wobei dieses Angehen gegen den allgemeinen Trend nebst Mut, natürlich auch Kraft und Ausdauer erfordert.

Zur gemeinsamen Bewältigung der globalen Umweltprobleme sind gewaltige Anstrengungen von allen Teilen der Gesellschaft erforderlich. Jeder von uns ist dazu aufgerufen, seinen Teil dazu beizutragen, daß dem Menschen ein lebenswertes Dasein auch in Zukunft ermöglicht werden kann. Ein jeder von uns hat aber unterschiedliche Fähigkeiten und Talente mit in die Wiege gelegt bekommen. So ist der eine eher praktisch, der andere eher theoretisch veranlagt und wird somit in einem überwiegend manuellen bzw. geistigen Beruf tätig werden. Jeder aber hat die Aufgabe, seine besonderen Fähigkeiten zu entdecken, zu fördern und nach besten Kräften zum Wohle der Gesellschaft in diese einzubringen. – Die Startbedingungen sind jedoch nie die gleichen. Jeder von uns wurde in eine andere soziale wie wirtschaftliche Umwelt hineingeboren. Der eine kommt als armer Wurm in den Slums einer Dritte-Welt-Großstadt, der andere als Prinz in einer königlichen Familie zur Welt. Bessere Start- und Lebensbedingungen verpflichten zu mehr Leistung, zur Übernahme von mehr Verantwortung; schlechtere zu weniger!

Die Grundzüge menschlichen Verhaltens – oder: Wie groß sind die Chancen für Änderungen in der Grundeinstellung?

Unser gesellschaftliches Selbstverständnis

Jeder Kultur liegen stillschweigend akzeptierte, nicht hinterfragte, aber elementare Annahmen über die Welt und den Menschen zugrunde. Solche gesellschaftlichen Selbstverständlichkeiten sind in uns sehr mächtig. Weil sie von kaum jemandem ins Bewußtsein gerückt oder in Frage gestellt werden, lenken sie das Denken und Handeln der Menschen. Sie bestimmen darüber, was als Realität angesehen wird, und schließen andere mögliche Sichtweisen aus. Der deutsche Sozialwissenschaftler GERHARD SCHERHORN hat diesen Sachverhalt näher untersucht. Hinsichtlich unseres Verhältnisses zur Natur schält er **drei Selbstverständlichkeiten** heraus:

Erste Selbstverständlichkeit:

Das Recht des Stärkeren regiert die Welt. Es hat zwar durch die Entwicklung rechtsstaatlicher Grundsätze manche Einschränkung erfahren. In der internationalen Politik, im Verhältnis zwischen den Geschlechtern, vor allem aber in den ökonomischen Beziehungen, ist unsere Kultur von der stillschweigenden Annahme durchdrungen, daß der Stärkere seinen Willen durchsetzt, und daß das nun mal so ist. Statt „der Stärkere" kann es auch heißen „der Schlauere", „das Schlitzohr", „der über die Schwächen des anderen besser Informierte", „der mit den besseren Beziehungen" usw. Wir nehmen es als gegeben hin, daß er sich durchsetzt. Das fördert natürlich die Tendenz, sich auch selbst um vorrangige, einflußreiche Posten zu bemühen, und mindert gleichzeitig die Bereitschaft, Positionen zu räumen.

Zweite Selbstverständlichkeit:

Natürliche Gefühlsregungen gelten in unserer Kultur als **etwas Negatives**, namentlich die Sexualität ist mit tiefsitzenden Schuldgefühlen beladen, aber auch Wut und Angst äußert man nicht als die heftigen Emotionen, die sie eigentlich sind; z.B. Weinen geziemt sich nicht für Männer. Kurz: Es wird uns seit früher Kindheit angewöhnt, unsere emotionalen Regungen mit Schuldgefühlen zu verbinden, sie zu ersetzen durch eine zwanghafte Härte und Leistungsforderung gegen uns selbst. Das wird dann damit kompensiert, daß wir uns Ersatzbefriedigungen kaufen. So wird auf der einen Seite Gefühllosigkeit – gerade auch gegen die Bedürfnisse und Belange der Natur – und auf der anderen Seite die Abhängigkeit von Leistung und Konsum gefördert.

Dritte Selbstverständlichkeit:

Die Trennung von Geist und Materie ist die jüngste der drei Selbstverständlichkeiten. Sie wurde im Jahre 1649 von dem französischen Philosophen und Mathematiker RENÉ DESCARTES zum ersten Mal formuliert. Seitdem betrachten wir die Materie als geistlos, unsere natürliche Mitwelt ebenso wie unseren eigenen Körper. Wir behandeln beide wie Mechanismen, deren Teile beliebig austauschbar und veränderbar sind, und die durch Zufuhr von Materie in ihrer Funktionsweise nach Belieben verbessert werden können. Wir beherrschen und gestalten die Erde, als hätten wir Menschen Gott darin abgelöst, ja übertroffen. Der menschliche Geist schwebt darüber, er versteht sich als der Herr der Materie, die er seinen Gesetzen unterwirft, den Gesetzen des Verstandes. Daß die Naturwissenschaft mittlerweile auf dem Wege zu einem eher ganzheitlichen Weltverständnis ist, hat bislang in der Geltung dieser Selbstverständlichkeit nicht viel geändert. Man beginnt zwar zu erkennen, daß Geist, Seele und Bewußtsein des Menschen Naturprodukte und vom Körperlichen nicht zu trennen sind. Aber noch ist eine große Mehrheit – auch der Wissenschaftler – daran interessiert, an der alten Auffassung festzuhalten.

SCHERHORN folgert daraus, daß neue Ansätze zum Ethos eines naturverträglicheren Verhaltens solange einen hartnäckigen Widerpart haben werden, als diese drei Glaubenssätze unwidersprochen gelten bzw. nicht hinterfragt werden. Sie seien zwar seit Jahrtausenden oder, im Fall der dritten, seit Jahrhunderten Bestandteile unserer Kultur. Man müsse sie aber dennoch nicht zu deren gänzlich unverzichtbaren Grundlagen zählen [95].

Stimmte dies – es gäbe Anlaß zur Hoffnung!

Passivität und Gleichgültigkeit

Der englische Premierminister WINSTON CHURCHILL hat einmal – aus der Sicht eines Politikers sicher unklug, dafür aber um so mehr realistisch – die Menschen in drei Gruppen eingeteilt: In die wenigen, die dafür sorgen, daß etwas geschieht; in die vielen, die zuschauen, wie etwas geschieht; und in die überwältigende Mehrheit, die keine Ahnung hat, was überhaupt geschehen ist [96]. Diese Beobachtung ist sicher richtig, denn es liegt offenbar in unserer Natur, passiv zu bleiben, zumindest solange es uns noch nicht an die Existenz geht.

Daneben ist weiterhin eine bemerkenswerte **Unbekümmertheit** festzustellen: Auch heute noch, wo mit der Erdölkrise der 70er Jahre, dem Waldsterben, der Reaktorkatastrophe von Tschernobyl oder den Chemieunfällen von Seveso und

Bhopal der 80er Jahre innerhalb kurzer Zeit gleich mehrmals und in globalem Maßstab jene Gefahren voll offenbar wurden, die ein schrankenloses Wirtschaften des Menschen für das „Raumschiff Erde" zur Folge haben kann. Man zeigt sich zwar von diesen Dingen alarmiert, geht dann aber mehrheitlich sobald als möglich wieder zur Tagesordnung über, bzw. läßt sich beim Produzieren und Konsumieren, das zum lapidaren Lebensinhalt geworden ist, möglichst nicht weiter stören [97]. Und obwohl z.B. vielerorts das Grundwasser bereits so vergiftet ist, daß viele Brunnen nicht mehr benutzbar sind, ist diese Tatsache fast schon zu einer Selbstverständlichkeit geworden, die von der Masse des Volkes fraglos hingenommen wird. Denn schließlich kann man den Wohlstand auch dann noch genießen, wenn Wasser und Luft nicht mehr ganz so sauber sind. Nahrungsmittel kann man auch dann noch essen, wenn sie mit Schadstoffen kontaminiert sind. Warum also sollten wir darauf bestehen, daß Wasser, Luft und Nahrungsmittel sauber und rein gehalten werden, wenn doch der Aufwand, der dafür erforderlich wäre, die Güterproduktion vermindern würde? So schrauben wir unsere Ansprüche an die Ressourcen zurück, weil wir auf unsere Wohlstandsprodukte einfach nicht verzichten wollen [98]. Während im Privatleben nur ein Wahnsinniger bei der Bedrohung seiner existentiellen Grundlagen untätig bleiben würde, unternehmen die für das öffentliche Wohl Verantwortlichen praktisch nichts, und diejenigen, die sich ihnen anvertraut haben, lassen sie gewähren. Wie ist es möglich – so fragt sich der Psychologe ERICH FROMM – daß der stärkste aller Instinkte, der Selbsterhaltungstrieb, nicht mehr zu funktionieren scheint? [99].

Die Realität besitzt indessen eine merkwürdige Zwiespältigkeit: Jeder ist im Prinzip für Umweltschutz, aber wenige handeln danach. Dies mußte auch der baden-württembergische Umweltminister ERWIN VETTER erkennen, wenn er feststellt: „Jeder verlangt Freiheit, fordert aber gleichzeitig das gleichmachende Gesetz, mit dem z.B. der Drei-Wege-Katalysator zwingend vorgeschrieben wird. Ich verlange zwar den Katalysator, wo immer ich im Lande hinkomme, als das „ethisch-moralische Minimum", aber trotzdem steigen die Ausstattungszahlen nur langsam" [100]. So ist es auch nicht weiter überraschend, daß das Interesse an Fernsehsendungen mit ökologischen und umweltpolitischen Themen im deutschen Fernsehen nach anfänglichem Anstieg inzwischen deutlich zurückgegangen ist. Die Einschaltquote bei solchen Sendungen reduzierte sich von 24 Prozent im Jahre 1985 auf 16 Prozent im Jahre 1988. In sogenannten „Kabelaushalten", in denen aufgrund des vielfältigen Programmangebots durch den Privatfunk der Wettbewerbsdruck am größten ist, sieht es sogar noch schlechter aus: Hier verlieren die Ökomagazine noch einmal rund ein Drittel ihrer Zuschauer [101].

Zwar bejahen laut Meinungsumfragen drei Viertel der Bevölkerung die Einsicht, daß umweltfreundliches Verhalten nicht davon abhängig sein sollte, ob andere das Gleiche tun. Aber wenn ihr Handeln tatsächlich dieser Einsicht folgen würde, gäbe es bei uns allein schon durch den freiwilligen Verzicht beispielsweise keine Einwegflaschen mehr. Die Produzenten von Umweltschutzpapier würden der Nachfrage nicht Herr, Spraydosen mit Treibgas wären längst aus den Ladenregalen verschwunden und in der Produktion von Wasch- und Reinigungsmitteln hätte sich eine Revolution vollzogen [102].
Dies alles kann man mit der Feststellung auf den Punkt bringen: Zwischen Erkenntnis und dem tatsächlichen Handeln liegt ein sehr tiefer Graben!

Und was sagt unser Gewissen angesichts globaler Menschheitsprobleme wie etwa des sich stetig verschärfenden Welthungers? – Die Germanistin GERTRUD HÖHLER dazu: „Wir haben ein humanitäres Großflächen-Ethos entwickelt, mit dem wir weltweit Beglückung planen; auch mit dieser kosmischen Umarmung begründen wir erfolgreich unsere Verweigerung von hautnahen Einsätzen. Diese ganz persönlichen Einsätze sind so undramatisch und so wenig publikumswirksam. Der theatralische Einsatz für fremde Hungernde fordert weniger reale Zuwendung von uns – fast gar keine – und viel weniger von unseren kostbaren Konsumzeit". Weltweit kann man sich also ganz beliebig in humanitäre Theorien ergehen, ohne persönlich gefordert zu werden. Der Frage: „Und was tust du selbst dafür?" kann man bei diesen Dimensionen leicht ausweichen, während die Frage: „Was tust du für deine engere Umgebung?" oder: „Was tust du für deine Familie?" in höchstem Maße peinlich wäre [103].
So ist leider festzustellen: Je größer die Masse der Menschen ist, um so geringer ist die Betroffenheit des Einzelnen. Die dadurch aufgeteilte Verantwortung führt für den Einzelnen zu einem Anteil nahe Null [104]. Dies gilt, so meine

ich, besonders für unsere Mitverantwortung gegenüber künftigen Menschenge-
schlechtern.

Hang zur Bequemlichkeit

Im Alltag bestimmt die, durch die Technik geförderte Bequemlichkeit wesentlich unser Verhalten. Sie wird von den meisten Menschen weit über alles andere gestellt. Es ist aber den wenigsten von uns klar, zu welch fatalen Auswirkungen sich viele, im Einzelfall zwar unbedeutende, aber in ihrer Gesamtheit
verheerend wirkenden Schädigungen der Umwelt aufsummieren können. Aber
es geht ja nicht nur um die ökologische Relevanz, es geht auch um uns selbst
und um den Umgang mit dem „Nächsten". Es ist ein Trugschluß, zu glauben,
das gute Leben unserer Zeit führe zu mehr Mitmenschlichkeit oder gar zu mehr
Moral. Vielmehr ist das Gegenteil der Fall. Luxus und überzogener Wohlstand
führen zu berechnender materialistischer Rücksichtslosigkeit und präkriminel-
len Handlungen. Bevor nicht die wahren Ursachen der Demoralisierung – nämlich das mühelose Leben vieler und die mechanistische Weltauffassung – in unser Bewußtsein gerückt und abgeschafft sind, wird es wohl kaum eine Änderung geben. Sowohl die Anthropologie als auch die Geschichtswissenschaft liefern vielsagende Beweise dafür, daß eine Gesellschaft dazu neigt, unbequeme
Wahrheiten und Erkenntnisse von sich fernzuhalten; denn sie hat zu befürchten,
daß neue Erkenntnisse den gegenwärtigen (gewohnten) Zustand bedrohen
könnten. Gerade aber dieses Wissen wäre nach Auffassung des Futurologen
WILLIS HARMAN bitter nötig, um die grundlegendsten Probleme zu lösen
[105].

Das **Automobil** beispielsweise wird vor lauter Technikhörigkeit nach wie vor
als faszinierendes und bestaunenswertes Wunderwerk erlebt. Es wird eben
nicht – wie es eigentlich sein sollte – als schlichtes Fortbewegungsmittel angesehen, das deshalb höchst unvollkommen ist, weil es mit schlechtem Wir-
kungsgrad in riesigem Ausmaß unersetzbare Rohstoffe verbraucht, „und der
Umwelt 4.000 mal pro Minute oder 240.000 mal pro Stunde, einmal mit jeder
Umdrehung des Motors, einen Giftstoß versetzt" [106]. Zaghafte Versuche der
von den privaten Naturschutzverbänden gedrängten Regierung, gegen Ende der
80er Jahre ein Tempolimit wenigstens schrittweise einzuführen, wurden vom

Bürger unverzüglich mit Protesten quittiert. So haben sich spontan 2.200 Motorradfahrer aus der ganzen Bundesrepublik zu einer Demonstration in der Bundeshauptstadt getroffen. Aus Angst vor einer möglicherweise bevorstehenden Geschwindigkeitsbegrenzung sprachen sie sich bei der Kundgebung gegen politische Entscheidungen aus, die die Freiheit der Motorradfahrer einschränken [107]. Desgleichen fuhren mehrere Tausend Menschen mit 5.500 Autos und 1.500 Motorrädern durch die Berliner Innenstadt, um gegen ein kurz zuvor verhängtes Tempolimit auf der 6,5 km langen Autobahn „Avus" zu protestieren. Sie warfen dem rot-grünen Senat vor, die Bürger schikanieren zu wollen [108]. Auch in der sonst so vorbildlichen Schweiz gab es kürzlich einen – leider vergeblichen – Versuch in dieser Richtung: Die stimmberechtigten Schweizerinnen und Schweizer haben ein klares Bekenntnis zur Vollendung des geplanten schweizerischen Autobahnnetzes abgegeben. Mit rund 70 Prozent Nein-Stimmen lehnten sie die Forderung von Umweltschützern ab, die dem weiteren Autobahnbau Einhalt gebieten wollten. In der Abstimmung sprachen sich weit über eine Million Stimmberechtigte gegen die Initiative „Stopp dem Beton – für eine Begrenzung des Straßenbaus" aus. Damit wurde der Versuch gestoppt, die Straßenfläche in der Schweiz auf den Stand vom April 1986 einzufrieren [109].

Das Festhalten an Gewohntem ist in erster Linie ein psychologisches Phänomen. Nach Ansicht des amerikanischen Psychologen TIBOR SCITOVSKY kann die Gewöhnung an die Annehmlichkeiten des Wohlstands suchtartigen Charakter annehmen, denn nach Etablieren einer Gewohnheit verlagert sich die Motivation: Vorher war das Verhalten durch Lustempfinden, nun wird es durch Furcht vor dem Entzug bestimmt [110]. Deshalb ist es eine natürliche Reaktion, daß das Opfer, wann immer es den Entzug fürchtet, die Vorteile dieser „Droge" preist [111].

So gibt es offenbar auch bei durchaus umweltbewußten Zeitgenossen einen inneren Widerstand dagegen, sich konsequent naturverträglich zu verhalten, wenn dies Abstriche von Gewohnheiten und Ansprüchen verlangen würde. Anders ausgedrückt: Wir sind ja bereit, naturverträglich zu handeln, aber es darf keine Wohlstands-Einbuße damit verbunden sein. Abgesehen davon hält jeder grundsätzlich den andern für den Hauptverursacher und fühlt sich selbst zunächst nicht angesprochen. „Wie sonst, wenn nicht aus innerem Widerstand, wäre es zu erklären, daß wir unverdrossen Skilaufen, riesige Mengen Verpakkung in Kauf nehmen, weiterhin Landschaft zugunsten von Wohnhäusern und Straßen zubetonieren, daß der Wasserverbrauch steigt, daß starke Automotoren gefragt sind wie nie zuvor?" [112].

Sonstige Wesensmerkmale mit ökologischer Relevanz

Bei der Frage, wie groß die Chancen für Änderungen in unserer Grundhaltung sind, spielen eine ganze Menge psychischer, soziologischer, philosophischer und kultureller Elemente herein. Selbst wenn der Einzelne erkenntnismäßig soweit gekommen ist, einen anderen Weg einzuschlagen, achtet er sorgsam darauf, daß er dabei bloß nicht alleine ist. Keiner will gerne als Außenseiter dastehen.

Seit uralten Zeiten fühlt sich der Mensch nur in der Gruppe wohl. Darin zu leben ist nach Auffassung des deutschen Psychologen ERICH FROMM sein „biologisches Bedürfnis". Die eigene Entwicklungsgeschichte hatte den Menschen gelehrt, daß er als isoliertes Individuum nicht überleben kann, sondern nur in einer zusammengewachsenen Gruppe. Deshalb muß er sich stets so verhalten, daß er aufgenommen und als deren Mitglied akzeptiert wird. Das ist genauso wichtig wie die tägliche Nahrung; denn er fürchtet nichts so sehr, als in eine „Außenseiterposition" zu geraten [113].

Doch auch außerhalb des Gruppenzwangs dominieren Wesenseigenschaften, durch die eine raschere gesellschaftliche Weiterentwicklung verhindert wird. Aus einer Art angeborener **Kurzsichtigkeit und Blindheit** heraus scheinen wir aus Ereignissen und Fehlern nichts zu lernen. Die überwiegende Mehrheit der Menschen ist außerstande, künftige Entwicklungen geistig zu erfassen, und erst recht nicht bereit, daraus konkrete Schlußfolgerungen für ihr gegenwärtiges Leben zu ziehen. So hat sich seit den ersten Alarmglocken, die der CLUB OF ROME zu Beginn der 70er Jahre läutete, wirklich Grundlegendes nicht verändert. Offenbar bringt bis heute keine Einsicht die Menschen davon ab, im Prinzip so weiterzumachen wie bisher. Zu stark sind seine kurzsichtigen Interessen.

Es dürfte also eine Frage menschlicher Sensibilität sein, inwieweit Einzelne bereits in einem Stadium des Überflusses heutige und kommende Schäden erkennen, während die große Masse noch ahnungslos in den Tag hinein lebt. Zu diesen Merkmalen gesellen sich meist noch Maßlosigkeit, Hang zu Superlativen und die Gigantomanie. Diese Attribute werden von vielen Ökologen als entscheidendes Hindernis für das Erreichen eines natürlichen Gleichgewichts angesehen. Zwar lehnen sich heute viele gegen die Zwänge der Zivilisation, also auch gegen den weiter zunehmenden „Anpassungsdruck" auf. Sie rebellieren in aller Regel jedoch nur gegen die Auswirkungen, nicht aber gegen die Ursachen! Bei der Empörung über die zunehmende Umweltverschmutzung nimmt beispielsweise nur ein Bruchteil der Bürger zur Kenntnis, daß die Zerstörung der Natur eine automatische Folge des eigenen Konsumverhaltens ist; eines Konsums, dessen Steigerung die große Mehrheit – laut den Wahlergebnissen – fortsetzen will. Da wir von der Ressourcen- Zerstörung vorläufig noch profitieren, sind wir de facto an ihr interessiert, und so wehren wir uns innerlich dagegen, daß sie radikal und einschneidend bekämpft wird [114;115;116;117].

In vielen Köpfen spukt der Wunschtraum einer „Alternative" nach Art des Schlaraffenlandes, die uns Komfort und Konsum ebenso beschert wie die moderne Technik, nur eben mit vermeintlich gesunden, umweltfreundlichen Mitteln. Diese Leute wollen aber keine wirkliche Umkehr zu Natur und Einfachheit, sondern sie wollen Fortschritt und Technik, nur eben in der neuen Version, also ohne Schädigung der Natur. Sie wollen Üppigkeit nach neuen Methoden, eben grün verkleidet [118]. Dies geht aber nicht. Denn zunehmende Industrialisierung mit materiellem Luxus für Alle auf der einen Seite, und Naturschutz auf der anderen, schließen sich gegenseitig aus!

Schließlich muß mit dem **Streben nach Ansehen, Ehre, Macht und Einfluß** noch ein Wesensmerkmal angesprochen werden, das wie kaum ein anderes den Weg zu einem einfacheren Lebensstil versperrt.
Nicht von ungefähr handelt es sich bei den beliebtesten Statussymbolen vorwiegend um relativ dauerhafte Konsumgüter. Sie alle aber müssen die Eigenschaft besitzen, herzeigbar zu sein. Solche Objekte sind insbesondere das Wohnhaus, das (Zweit-)Auto, die Ausstattung der Wohnung und der Ehefrau,

das Ferienhaus, die Ski-Ausrüstung, das Boot. Von diesen Dingen ist natürlich das Auto besonders zum Herzeigen geeignet, weil es beweglich ist. Dies hat denn auch zur Folge, daß die Pflege des Prestigewertes bei den Automobilkonzernen zur Entwicklung entsprechend „edler" Modelle und Typen geführt hat [119].

Nicht etwa der Kampf um das Lebensnotwendige und auch nicht die Vermehrung des materiellen Komforts als solche veranlaßt die Menschen zu ihrem Streben nach immer mehr Besitz, sondern sie suchen die **Auszeichnung**, die mit dem Reichtum verbunden ist. Alle Bevölkerungsschichten, vor allem natürlich die Armen, sind davon überzeugt, daß in erster Linie der Reichtum das Ansehen und den entsprechenden Rang in der Gesellschaft bestimmt. Darum wird der Reichtum vorgezeigt. – So hat es der amerikanische Soziologe THORSTEIN VEBLEN um die Jahrhundertwende gesehen, und dies stimmt ohne jegliche Abstriche auch noch heute. Trotz des hohen Wohlstandsniveaus stellen wir immer neue Forderungen. Forderungen nach mehr Lohn, mehr Freizeit, mehr gesellschaftlichem Einfluß. Man braucht nur die täglichen Verlautbarungen der unzähligen Interessensverbände zu verfolgen: Keiner hat genug. Selbst die Ärzte, Psychologen und Psychotherapeuten die eigentlich um die Schädlichkeit des Überkonsums wissen müßten, sind still oder sagen bestenfalls hier und da mal etwas dagegen. Aber ihr Einkommen steigt ja nicht etwa mit der Gesundheit des Volkes, sondern mit seiner Krankheit. Wer wird es ihnen in einer total vermarkteten Welt auch verargen wollen, daß sie ebenfalls „marktgerecht" denken? [120].

Zitate zu diesem Kapitel

[1] vergl. KÜNG,E. 1972:190; [2] HORKHEIMER; M. 1969:27; [3] BATAILLE G. 1975:60; [4] HÖHLER,G. 1979:229; [5] Die Bibel, Altes Testament, 1 Mose 8,22; [6] LORENZ,K. 1973:107; [7] zit. in HÖHLER,G. 1981:23; [8] SCHUMANN,H. 1919:204f; [9] STÖRIG,H. 1981:129f; [10] SCHWEITZER,A. o.J.:71; [11] KÖCHER,R. 1989; [12] KALTENBRUNNER,G.K. 1976:77; [13] JASPERS,K. 1958:326f; [14] MUMFORD,L. 1978:718; [15] BIBEL, Neues Testament, MATTHÄUS 16,24 bzw. 6,26; [16] BATEILLE,G.

1975:232f; [17] SCHILLER,f. 18 :2.Brief; [18] GRUHL,H. 1982:205,279; [19] MISHAN,E.J. 1980: 89; [20] POLAK,F. 1961, zit.in HARMAN,W. 1978:166; [21] vergl. CRAMER,F. 1975: 30; [22] BETZ 1981; [23] Gondrom Verlag , Bayreuth 1976:248ff; [24] FRANKE,H. 1983:56; [25] SCHWEITZER,A. 1982.63; [26] STÖRIG,H. 1981: 46; [27] SCHWEITZER,A. 1982:66; [28] FRANKE,H.1983:58; [29] STÖRIG,H. 1981.112; [30] vergl. GREENPEACE 1989: Rundschreiben; [31] vergl. SAHLINS,M. 1972: 9f,69ff,114f; [32] PO-LANYI,K. 1979:136; [33] SAHLINS,M. 1972:130ff; [34] POLANYI,K. 1977:73f; [35] OERTL,M. 1985:119; [36] KAISER,R. 1985:61; [37] BIE-GERT,C. 1989:74; [38] ebenda:76; [39] ebenda:192f; [40] vergl. SZ, 12.3.90; [41] HEIMANN,E. 1963:12; [42] COBB,J. 1972:61; [43] KAISER,R. 1985:56; [44] BIEGERT,C. 1989:72; [45] UDALL,S. 1970:4, zit. in COBB,J. 1972:60; [46] MBITI,J. 1974:60f,115; [47] RÖSSEL,K. 1988:36ff; [48] VETTER,E. 1989:11; [49] vergl. BIEGERT,C. 1989:69; [50] FLASBARTH,J. 1989:15; [51] dpa, 13.3.90; [52] BROWN & WOLF 1987:312; [53] FORRESTER,J.W. 1972; [54] BROWN,R. 1987:41,295ff, [55] BROWN & WOLF 1987:308; [56] BROWN & JACOBSON 1987:77,295; [57] BROWN & WOLF 1987:303,312; [58] vergl. SZ, 9.8.89; [59] HAGENAUER,H. 1989:101f; [60] HENDER-SON,H. 1985:165; [61] dpa, 30.8.89; [62] TEUFEL,D. 1988:19; [63] epd, 25.9.89; [64] vergl. WASSERMANN,O. 1989; [65] BROWN,L.R. 1987:221; [66] CLUB OF ROME in: dpa,15.6.89; [67] vergl. GRASSL,H. 1989:37; [68] BROWN & WOLF 1987:303; [69] LÖSER,G. 1989:BW11; [70] ROBIN WOOD 1990b; [71] POSTEL,S. 1987:282; [72] dpa, 2.2.90; [73] dpa, 20.1.90; [74] BACH,W. 1989:5; [75] TEUFEL,D. 1988:22; [76] FLASBARTH,J. 1989:35; [77] epd, 25.9.89; [78] Rat der EKD & Deutsche Bischofskonferenz 1985:43f; [79] SPAEMANN,R., zit. in BIRNBACHER,D. 1980:198; [80] vergl. WÖLBER,H.O. 1979; [81] ebenda; [82] vergl. VETTER,E. 1989:10; [83] HAGENAUER,H. 1989:103; [84] STUDER,H.P. 1987:458; [85] MUM-FORD,L. 1978:807; [86] BUCHWALD,K. 1980:23; [87] HAGENAUER,H. 1989:103f; [88] POLANYI,K. 1977:307; [89] SCHERHORN,G. 1989:63f; [90] CRAMER,F. 1975:266; [91] BUCHWALD,K. 1980:25f; [92] vergl. STU-DER,H.P. 1987:454; [93] GREENPEACE 1989: Rundschreiben; [94] vergl. STUMPF,H. 1976:235; [95] SCHERHORN,G. 1989:61f; [96] ULRICH,H. 1984:311; [97] STUDER,H.P. 1987: 396; [98] SCHERHORN,G. 1989: 53f;

[99] FROMM,E. 1977:19f; [100] VETTER,E. 1989:12; [101] Bund für Umwelt & Naturschutz Deutschland (BUND):1989; [102] SCHERHORN,G. 1989:55; [103] HÖHLER,G. 1979:178f,214; [104] GRUHL,H. 1982:231; [105] HARMAN,W. 1978:24; [106] MEYER-ABICH,K.M. 1984:265; [107] SZ, 11.9.89; [108] ap, 5.6.89; [109] SZ, 3.4.90; [110] SCITOVSKY;T. 1977:108ff; [111] MISHAN,E.J. 1980:257; [112] SCHERHORN,G. 1989:56; [113] FROMM,E. 1977:105f; [114] vergl. SCHERHORN,G. 1989:57; [115] VETTER,E. 1989:8; [116] GREENPEACE 1989; [117] HONECKER,M. 1989:49; [118] SCHÖNAUER,G. 1979:94; [119] vergl. MÜLLER-WENK,R. 1980:34; [120] GRUHL,H. 1982:217,258.

Die Aussichten für künftige Generationen

Fahrt fort euer Bett zu verseuchen,
und eines Tages werdet ihr
im eigenen Abfall ersticken.
Häuptling Seattle

Bedingungen für ein Überleben

N ach nur 120 Jahren weltweiter Industrialisierung hat die Menschheit sich, ihre belebte Mitwelt und die natürlichen Ressourcen in einen Zustand gebracht, der es nicht mehr erlaubt, im gleichen Sinne wie bisher weiterzumachen. Die Reaktionen des Planeten und seines Ökosystems auf unser Wirtschaften gelangen in eine Phase, in der sich die Eingriffe in die Natur und in deren Wirkungsgefüge zunehmend gegen uns selbst richten und einer sich ständig vermehrenden Menschheit ein Weiterleben auf lange Sicht erschweren. Schon im Jahre 1854 hatte der Indianerhäuptling SEATTLE in seiner inzwischen berühmt gewordenen Rede den weißen Mann gemahnt, was die Erde befalle, befalle auch die Söhne und Töchter der Erde. Und warnend fügte er hinzu: „Fahrt fort euer Bett zu verseuchen, und eines Tages werdet ihr im eigenen Abfall ersticken" [1]. Seither entwickelte sich die menschliche Naturzugehörigkeit nach Auffassung des deutschen Physikers und Naturphilosophen KLAUS MICHAEL MEYER-ABICH immer mehr „zum blinden Fleck in der industriegesellschaftlichen Wahrnehmung der natürlichen Mitwelt" [2].

Wichtigste Aufgabe der Völkergemeinschaft muß es künftig sein, weltweit eine Wirtschaftsordnung zu reformieren, die bisher nur zerstörerisch wirkte. **Ökologische Maßstäbe** und Ziele **müssen** nicht nur gleichwertig in die Ökonomie eingebracht werden, sondern sie müssen **absoluten Vorrang bekommen.** Geschieht dies, kann es aber kein Wachstum der Wirtschaft nach bisherigem Modus mehr geben, da der ausbeutende Charakter wegfällt, durch welchen ein ständiges „Wirtschaftswachstum" überhaupt erst ermöglicht wurde. Ein „Umsteigen" auf bloßen technologischen Umweltschutz wird nicht ausreichen, da er die Eingriffe in den Naturhaushalt in einer sich weiter entwickelnden Wachstumswirtschaft ja nicht vermindert. Vielmehr muß eine **„Ökologische Kreislaufwirtschaft"**, in der es keine umweltschädigenden Abfälle und keine Zerstörung der Lebewelt mehr gibt, das Ziel sein.

Kurzfristig aber ist das gegenwärtige „quantitative Wirtschaftswachstum" durch ein „qualitatives Wachstum" abzulösen. Dabei wird die Technologie vorrangig dafür benutzt, zu einem sparsameren Umgang mit den natürlichen Ressourcen zu gelangen. Deren Verfügbarkeit ließe sich dadurch soweit strecken, daß sie für lange Zeiträume ausreichen und künftigen Generationen Zeit für die Entwicklung neuer Produktionsformen läßt. Angesichts der Tatsache, daß die Grundstoffe längerfristig ohnehin verknappen werden, ist es absehbar, daß die energiebetriebenen Maschinen in den nächsten Jahrzehnten zwangsläufig immer teurer werden. Andererseits dürfte sich die menschliche Arbeitskraft dagegen verbilligen, weil die Zahl der Menschen weltweit ansteigt. Das „Rationalisieren" in der Wirtschaft könnte dann insofern von selbst eine Wandlung erfahren, als Energie und Rohstoffe eingespart, dagegen mehr „billige" Menschen eingesetzt werden. Dieser Prozeß sollte durch unterstützende Maßnahmen beschleunigt werden. Mit Sicherheit aber werden neue ökonomisch-ökologische Rahmenbedingungen auch eine Dezentralisierung der Wirtschaft geradezu erzwingen.

Grundsätzlich aber ist die Umweltpolitik in die Wirtschaftspolitik voll zu integrieren, wobei die Leistungen der Natur wie auch alle immateriellen Leistungen der Gesellschaft in das Kalkül einbezogen werden müssen. Richtschnur für beide muß die Wohlfahrt auch künftiger Generationen sein. Den Ökonomen muß klargemacht werden, daß der Mensch durch seine schöpferischen Fähigkeiten, die ihn aus der Tierwelt herausheben, die natürlichen Grenzen höchstens erweitern, nicht aber sprengen darf.

Gegenwärtig zwingt der arbeitssparende sogenannte „technische Fortschritt" zu ständiger Produktionsausdehnung, um die freigesetzten Arbeitskräfte weiterhin zu beschäftigen. Es müssen deshalb dringend arbeitssparende durch energie- und rohstoffsparende Rationalisierungs- Investitionen ersetzt werden. Nicht die Arbeitskraft, sondern die Verbrauchsgüter müssen in Zukunft höher besteuert werden. Nur so kann die permanent unerträglich hohe Arbeitslosigkeit zurückgeschraubt werden, und der ständige Zwang zu mehr Wachstum aus Beschäftigungsgründen entfällt.

Das gegenwärtige Meßinstrument für den Wohlstand eines Volkes, das Bruttosozialprodukt, ist aus ganzheitlicher Betrachtungsweise irreführend: Es enthält Leerlauf-Produktionen, die den Wohlstand nicht erhöhen (z.B. die Reparatur von Umweltschäden, Wiederherstellung menschlicher Gesundheit und Arbeitsfähigkeit, Neuanschaffung von zu kurzlebigen Gütern, Zeitverluste im Berufsverkehr). Vor allem aber werden Minderungen des Volksvermögens durch Qualitätseinbußen beim „ökologischen Kapital" im Sozialprodukt nicht erfaßt. Dagegen wird die Verdrängung unentgeltlicher Eigenleistungen durch käufliche Leistungen fälschlicherweise als Wohlstandszuwachs interpretiert (Beispiel: Delegation der häuslichen Altenpflege an öffentliche Pflegeheime).[3].

Die Gesellschaft wird künftig viel **mehr** finanzielle **Mittel für die allgemeine Umweltvorsorge** bereitstellen müssen. Allein die Kosten für die Reparatur von Umweltschäden nehmen immer größere Ausmaße an. So ist nach Meinung von Fachleuten für die Modernisierung der osteuropäischen Industrie unter Umweltgesichtspunkten in den kommenden 20 Jahren der immense Betrag von rund 340 Milliarden Mark nötig. Interne Berechnungen der staatlichen Planungsbehörden zeigen, daß die Umweltverschmutzung jährlich weit höhere ökonomische Schäden verursacht als Geld in den Umweltschutz investiert wird. Dazu zählen u.a. Arbeitszeitverluste und Aufwendungen für das Gesundheitswesen wegen umweltbedingter Erkrankungen, Korrosionsschäden durch Luftverschmutzung und Verluste für die Fischerei durch Gewässerverschmutzung. In der Sowjetunion werden diese Schäden heute schon auf etwa 10 Prozent des Nationaleinkommens geschätzt, in Polen sogar auf bis zu 20 Prozent.

Demgegenüber machen die Umweltinvestitionen in diesen Ländern weniger als 1 Prozent aus. Für das Gebiet der ehemaligen DDR werden die jährlichen Umweltschäden auf 28 bis 30 Milliarden Mark beziffert, die Investitionen dagegen lagen bisher nur bei 1 Milliarde Mark [4].

Voraussetzung für die Einführung einer „ökologischen Kreislaufwirtschaft" ist aber ein Umdenken in den Köpfen aller, also ein **Verzicht auf überkommene Verhaltens- und Konsumgewohnheiten.** Neue Verhaltensweisen müssen erlernt oder eingeübt werden!

Ernüchterndes

Die Geschichte lehrt die Menschen,
daß die Geschichte die Menschen nichts lehrt.
Mahatma Gandhi

Fossile Brennstoffe als Energieträger haben bislang die entscheidende Rolle bei der Realisierung von Wirtschaftswachstum und höherem Lebensstandard gespielt. Die damit zusammenhängende Veränderung der chemischer Kreisläufe bedroht jetzt aber die natürlichen Systeme auf unserer Erde, von denen zukünftiges menschliches Wohlergehen entscheidend abhängt. Der bereits eingetretene Ozonschwund und der Treibhauseffekt durch Verbrennungsvorgänge wird die Energiehaushalte der oberen und der unteren Atmosphärenschichten so verändern, daß sich die Erde weiter erwärmt. Nimmt man die steigenden Konzentrationen von Kohlendioxid und allen anderen „Treibhausgasen" zusammen, so wird dies eine Verdoppelung der vorindustriellen CO_2-Werte bedeuten, und zwar schon in den Jahren um 2030. Neuere Modellrechnungen deuten darauf hin, daß es in den kontinentalen Gebieten wie auch in den Regionen der mittleren Breitengrade der nördlichen Halbkugel sehr trockene Sommer geben wird. Die Anpassung an die Klimaveränderung wird auf jeden Fall sehr kostenträchtig sein. Schätzungen gehen davon aus, daß die Kosten einer globalen Erwärmung (neue Entwässerungssysteme, neue Hochwasserschutzanlagen, neue Anbaumethoden, neue Getreidesorten) 3 Prozent der jährlichen Bruttoausgaben der gesamten Weltwirtschaft betragen werden. Die durch das Klima verursachten Störungen könnten somit neue Hungergebiete, Einkommensverluste und die Notwendigkeit von riesigen Kapitalinvestitionen bedeuten, die sich die meisten Länder aber kaum leisten können [5].

Die Aussichten auf Änderung der ökologisch-ökonomischen Rahmenbedingungen in der Welt sind aber nach wie vor schlecht. Durch die herrschenden politischen, sozialen und institutionellen Kräfte, aber auch durch die ungleiche Verteilung der Bevölkerung und der natürlichen Rohstoffe sind den Möglichkeiten enge Grenzen gezogen. Dazu kommt die Unfähigkeit des Menschen, große und komplexe Systeme zu durchschauen und zu lenken [6].

Werden aber die Industrieländer überhaupt bereit und willens sein, das Steuer herumzureißen?
Der deutsch-amerikanische Sozialwissenschaftler EDUARD HEIMANN meinte schon zu Beginn der 60er Jahre: „Psychologisch kann kaum etwas schwerer vorstellbar sein, als daß der westliche Wohlstandsmensch sich von der Straße, die ihn zu seinem Triumph getragen hat, im Augenblick dieses Triumphes abwendet. Der Mensch sehnt sich danach, seine Erfolge zu verewigen" [7]. Der Wirtschaftswissenschaftler EMIL KÜNG verdeutlicht die Problematik, in der wir ökonomisch Denkenden uns befinden, wenn er feststellt: „Wer während sechs Tagen in der Woche mit allen Fasern seines Herzens dem Mammon dient und um das goldene Kalb tanzt, wird im allgemeinen wenig bereit sein, am siebten Tag einen Kurswechsel zu vollziehen. Er läßt dann eben den lieben Gott einen guten Mann sein und kümmert sich weniger um sein Seelenheil als um den Stand der Börsenkurse." [8].

In der Tat sind die Chancen, möglichst rasch zu einschneidenden Veränderungen zu kommen, gering. Dies wird an der Unmöglichkeit, zu einer drastischen Reduzierung des Kohlendioxid-Ausstoßes zu gelangen, deutlich: Das eigentliche Konferenzziel einer in den Niederlanden stattgefundenen internationalen Klimakonferenz – nämlich verbindliche Absprachen der großen Industriestaaten über einen Abbau ihre CO_2-Emissionen – wurden nicht erreicht. Die USA, Großbritannien und Japan haben sich einer Verpflichtung zur Reduzierung solcher Emissionen strikt widersetzt. Die in dieser Hinsicht wesentlich einsichtigere deutsche Bundesregierung bezeichnet unter diesen Voraussetzungen das angestrebte Ziel, die CO_2-Emissionen bis zum Jahr 2005 um nur 20 Prozent! abzubauen, als „unerhört anspruchsvoll" [9]. Eine im Jahre 1990 erneut angesetzte internationale Klimakonferenz in Washington erbrachte wiederum keine politischen Entscheidungen. Die Amerikaner blockten Forderungen der Europäer mit dem Hinweis ab, der Wirtschaft könnten Milliardenausgaben nicht zugemutet werden, solange nicht völlige Klarheit über alle Ursachen herrsche [10]. Dieses ständige Hinauszögern überfälliger Maßnahmen wird aber fatale Folgen für den Planeten haben: Schließlich haben die stofflichen Veränderungen in der Erdatmosphäre und der damit zusammenhängende Treibhauseffekt ihre Ursache nicht in den heutigen Emissionen, sondern in denen von vor 20 Jahren! Maßnahmen der 90er Jahre können also erste Effekte frühestens im nächsten Jahrhundert zeitigen. Nach Berechnungen der Internationalen Energie-Agentur (IEA) in Paris wird der Ausstoß von Kohlendioxid in die Atmosphäre in den kommenden 15 Jahren weltweit um nochmals die Hälfte der gegenwärtigen Emissionen ansteigen!! Auch in den Entwicklungsländern werde sich der Ausstoß bis zum Jahre 2005 um 50 Prozent erhöhen [11]. Laut Enquete-Kommission des Deutschen Bundestages ist in den kommenden Jahren bei der deutschen Industrie eine Zunahme des CO_2-Ausstoßes um 7 Prozent, beim Verkehr aufgrund des weiteren Anstiegs von Fahrzeugzahl und Fahrleistung gar um 16 Prozent zu erwarten [12].

Auf anderen Gebieten herrscht dasselbe Dilemma bzw. politische Handlungsdefizit: So hat beispielsweise die britische Regierung erneut Anträge der Industrie auf Einleitung von hochbelastetem Industriemüll in die Nordsee genehmigt [13]. Auch konnte sich London nicht dazu entschließen, die Verklappung von Klärschlämmen in der Nordsee vor 1998 zu beenden. Zudem wird England weiterhin bis 1992/93 Industrieabfälle in die Nordsee kippen, obwohl die Mehrheit aller Wissenschaftler diese Stoffe eindeutig als schädlich für das marine Ökosystem eingestuft hat. Schließlich haben sich die Briten geweigert, endgültig auf die theoretische Möglichkeit zu verzichten, radioaktive Abfälle in der Nordsee zu versenken [14].

Ähnliches gilt nach Ansicht des Vorsitzenden des Bundes Natur- und Umwelt-schutz Deutschland (BUND) HUBERT WEINZIERL auch für den vorsorgen-den Natur- und Biotopschutz. Dieser ist bisher in keinem Mitgliedsstaat, auch nicht auf EG-Ebene realisiert. Es existiert lediglich eine in der Diskussion be-findliche Habitat-Richtlinie (Richtlinie zur Sicherung von Lebensstätten für die Pflanzen- und Tierwelt). Viele Jahre werden aber noch vergehen, bis dieses rechtliche Instrument EG-weit zum Tragen kommt. In diesem Punkt wird eine zentrale Schwachstelle der Europäischen Gemeinschaft deutlich, die sich be-sonders im Natur- und Umweltschutz verheerend auswirken wird. Die EG ist als Staatengemeinschaft viel zu schwerfällig, um rasch wirksame Maßnahmen einzuleiten. Eine Regionalisierung der Politik wäre deshalb dringend nötig [15].

Das Verhängnisvolle bei Umweltveränderungen der heutigen Zeit ist, daß sich ein Großteil der Zerstörungen gar nicht mehr rückgängig machen läßt. Wenn sich in gewissen Bereichen die Situation entgegen dem allgemeinen Trend et-was bessert, so liegt das nicht etwa am sorgenden Menschen, der die Natur quasi geheilt hätte, sondern an ihrer eigenen Regenerationskraft, soweit sie noch vorhanden ist. Die ökologische Katastrophe wird aber um so früher ein-treten, je länger die Wachstumswirtschaft in den Industriestaaten bestehen bleibt und je erfolgreicher sie in den Entwicklungsländern wie den Ostblock-staaten kopiert und vorangetrieben wird. Parallel dazu nimmt der psychische und kulturelle Niedergang der noch „unverdorbenen" Völker in gleichem Maße zu, wie Materialismus und Technokratie sich ausdehnen und obsiegen! Der deutsche Philosoph KARL JASPERS wähnte schon in den 50er Jahren die zu-nehmende Unbeherrschbarkeit der Technik als Fluch, als er schrieb: „Wäre die Möglichkeit, auf technischem Wege die Grundlage allen Menschendaseins zu vernichten, so ist kaum zu zweifeln, daß sie auch eines Tages verwirklicht würde. Unsere Aktivität kann hemmen, verlängern, Aufschub für eine Spanne Zeit gewinnen. Nach allen Erfahrungen von Menschen in der Geschichte wird auch das Furchtbarste, das möglich ist, irgendwann und irgendwo, von jeman-dem vollbracht [16].

Daß die herrschende Wirtschaftsphilosophie die Menschheit in den Untergang führen muß, wird neuerdings selbst von (dazulernenden) Ökonomen eingeräumt. So haben kürzlich 26 Wirtschaftswissenschaftler aus der Bundesrepublik Deutschland, Frankreich und der Schweiz eine „Arbeitsgruppe ökologische Wirtschaftspolitik" gegründet. Sie prophezeiten, daß die unveränderte Produktion unseres gegenwärtigen Bruttosozialprodukts in einer Umweltkatastrophe enden wird, und zwar auch dann, wenn kein weiteres Wirtschaftswachstum mehr stattfinden sollte! [17].

Ein **praktisches Beispiel** zum Schluß:
Man stelle sich vor, unter den Bewerbern um den Posten eines Bürgermeisters wäre ein Ökologe, der folgende weitsichtige Gemeindepolitik anböte:

- *Kein Landschaftsverbrauch mehr durch neue Baugebiete und Straßen, sondern nur noch Auffüllen vorhandener Baulücken.*
- *Keine Ansiedlung von umweltschädigenden Gewerbe- und Industriegebieten mehr.*
- *Autofahrverbot im Innenstadt-Bereich. Stattdessen sollen die Leute mit Fahrrad und Handwagen zum Einkaufen gehen.*

Würde ein solcher Kandidat wohl gewählt werden? – Nein!

Übertragen wir nun diese Wahl-Situation analog auf die höheren Verwaltungsebenen, nämlich Kreis, Bundesland, Bund, Europäische Union, so wird klar, daß solche, den Verzicht predigenden Öko-Kandidaten auch dort scheitern würden. – So kurzsichtig ist der Mensch!

Aus psychologischer Sicht muß man resignierend feststellen, daß es über die Jahrtausende der Menschheitsgeschichte offenbar keine Wesensveränderung beim abendländischen Menschen gegeben hat. Selbst das Auftreten von JESUS CHRISTUS hat den Menschen nicht verändern können. Jeder Historiker wird zugeben müssen, daß das Wesen des Menschen vor und nach Christus das gleiche war und geblieben ist. Und dies, obwohl Christi Lehre sicherlich eine der größten geschichtsbildenden Mächte gewesen ist, die es überhaupt gegeben hat.

Man muß also wohl davon ausgehen, daß die Völker erst unter dem Zwang lebensbedrohlicher Veränderungen dazu bereit sind, ihren zerstörerischen Lebensstil aufzugeben; denn es gibt – leider Gottes – keine weise Umkehr, keinen klugen Verzicht [18].

Dann wird es aber zu spät sein!

Hoffnungsvolles

Nur die Hoffnung ließ mich dieses Buch schreiben,
nicht die Realität.

Es wäre wenig objektiv, würden nicht auch die inzwischen erkennbaren positiven und begrüßenswerten, ökologisch relevanten Attribute der Gesellschaft registriert und erwähnt.

Wie in diesem Buch an verschiedenen Stellen dargelegt wurde, tragen wir Menschen des abendländischen Kulturkreises zwar egoistische Züge in uns und streben mehr oder weniger ausgeprägt nach Macht und Besitz. Diese Schwäche darf uns aber nicht länger davon abhalten, nicht mehr gegen solche ökologisch ungünstigen Verhaltenszüge anzugehen. Jeder von uns hat nämlich außer der Tendenz zum „Haben" auch die weit grundlegendere und menschlichere Tendenz zum „Sein" im Herzen; also die Fähigkeit zu lieben, zu teilen, sich hinzugeben, mitzuempfinden und zu verstehen. Eigenschaften, die heute in der Tat verkümmert sind, die dann aber von neuem aufblühen könnten, wenn sie im Zusammenspiel mit der Veränderung der gesellschaftlichen Grundprinzipien wieder vermehrt gefördert würden. Der deutsche Psychologe ERICH FROMM ist der Auffassung, daß Habsucht und Neid nicht etwa von Natur aus besonders stark ausgeprägt sind, sondern daß sie die Folge des allgemeinen gesellschaftlichen Druckes sind, „ein Wolf unter Wölfen" zu sein. Sobald sich das gesellschaftliche Klima, die allgemeinverbindlichen Wertmaßstäbe ändern, wird seiner Meinung nach auch der Übergang vom Egoismus zum Altruismus um vieles leichter sein [19]. Wenn wir wieder einen neuen, zukunftsgerichteten „Schöpfungsmythos" beherzigen, wenn wir einsehen, daß laut dem indischen

Politiker MAHATMA GHANDI „die Erde genug bietet, um das Bedürfnis jedes Menschen zu befriedigen, nicht aber seine Habsucht" [20], dann werden wir auch fähig sein, das Erbe unserer Vorfahren zu pflegen und nicht weiter zu verprassen. Vielleicht ist es aber einfach auch nur so, daß erst eine Katastrophe kommen muß, um die Voraussetzungen für mehr Einsicht zu schaffen [21].

Immerhin scheint sich in unserer **ethischen Grundhaltung** gegenüber der Mit-Lebewelt – und dies halte ich für einen der wichtigsten Ansatzpunkte für Veränderungen – etwas zu bewegen. Hier einige hoffnungsvoll anmutenden Beispiele:

Gemäß einem Änderungsbeschluß für das Bürgerliche Gesetzbuch (BGB) der Bundesrepublik Deutschland sollen Tiere zivilrechtlich nicht mehr einfach nur als Sache, sondern künftig als schmerzempfindliche Lebewesen angesehen werden. Wertvolle Haustiere wie beispielsweise Rassehunde, Edelkatzen oder Papageien sollen dann nicht mehr gepfändet werden dürfen [22]. Auch existiert jetzt in der Europäischen Gemeinschaft ein Handelsverbot für gefährdete Tiere und Pflanzen. Danach dürfen z.B. Ozelot-Pelzmäntel und Elfenbeinschnitzereien nicht mehr verkauft werden. Die EG hat die Vermarktung weiterer bedrohter Tier- und Pflanzenarten, Teilen und Erzeugnissen davon sowie Produkte wie Pelzmäntel untersagt [23]. Angesichts der Gefahr einer internationalen Isolierung entschloß sich kürzlich die Regierung in Tokio – trotz innenpolitischer Widerstände – zu einem Einfuhrverbot für Elfenbein. Japan war in den letzten Jahren für nicht weniger als 40 Prozent aller Elfenbein-Importe verantwortlich [24].

Auch in Südamerika scheint sich etwas zu bewegen: Die brasilianische Regierung versucht jetzt von sich aus, die tropischen Regenwälder zu schützen. Es sind geplant: Neue Indianer-Reservate, ein Verbot von Quecksilber bei der Goldwäscherei, Kontrolle von Pflanzenschutzmitteln, Verbot der Ausfuhr von Nutzhölzern sowie eine verschärfte Überwachung und Bekämpfung der Brandrodungen [25]. Um dies durchzusetzen sollen in Zukunft sogar die Streitkräfte eingesetzt werden [26]. – Ob diese Bekenntnisse bzw. gesetzlichen Vorschriften dann tatsächlich auch für die Natur im positiven Sinne wirksam werden, ist nach aller Lebenserfahrung jedoch fraglich.

Als positiv auf dem Gebiet der **alternativen Energieerzeugung** ist zu vermerken, daß in Jerusalem und Tokio Sonnenkollektoren zur Warmwasserbereitung inzwischen zum allgemeinen Stadtbild gehören. Auch überwiegt im Verkehrswesen der brasilianischen Millionenstadt Sao Paulo der Einsatz von Brennstoffen, die aus Zuckerrohr gewonnen werden. San Francisco gewinnt immer mehr Strom aus nahegelegenen geothermischen Feldern und aus Windfarmen. Die isländische Hauptstadt Reykjavik benutzt schon lange geothermische Energie für die Raumheizung, während philippinische Städte wie Manila einen wachsenden Anteil der Elektrizität in geothermischen Kraftwerken produziert [27]. „Strom aus der Sonne" dürfte als Energieträger in den nächsten Jahren ebenfalls an Bedeutung gewinnen. Bereits bis zum Jahr 2000 könnte die umweltfreundliche Nutzung der Sonnenenergie – bei entsprechender politischer Förderung, versteht sich – gegenüber den heutigen Energiequellen in Preis, Leistung und Umfang eine konkurrenzfähige Alternative darstellen. Dies erklärten Wissenschaftler zum Abschluß der 9. Europäischen Photovoltaik-Konferenz in Freiburg [28]. Im Grunde genommen ist auch die Idee, unsere Abfälle auf dem Wege des Recyclings für eine alternative Energieerzeugung zu nutzen, ein durchaus guter Ansatz. So gewinnt beispielsweise die Stadt München 12 Prozent ihres Stroms aus der Müllverbrennung, und ein 55-Megawatt-Kraftwerk bei Rotterdam wandelt über 1 Millionen Tonnen Abfälle jährlich in Elektrizität um. Dagegen steht aber die Gefahr erneuter Umweltvergiftung durch freiwerdende Dioxine, wodurch der beabsichtigte günstige ökologische Effekt wieder relativiert wird. Viel besser wäre natürlich die Müllvermeidung!

Dem unermüdlichen Einsatz der privaten Umweltschutzverbände, allen voran GREEN PEACE ist es zu verdanken, daß europäische Dünnsäure nicht mehr in die Nordsee eingeleitet wird. Eine Entsorgungsgesellschaft hat im Dezember 1989 zum letzten Mal 20prozentige Schwefelsäure in die Nordsee geschüttet. Die Verklappung in der Nordsee hatten die EG-Umweltminister endlich verboten [29].
Lobend erwähnt seien an dieser Stelle auch jüngste Bemühungen einiger weitsichtiger Kommunen, die bislang ausschließlich technische Müllbeseitigung durch Werbung für eine Mentalität der Müllvermeidung abzulösen, oder aber

wenigstens ein Recycling von Rohstoffen wie z.B. Glas und Metalle zu betreiben. Zu begrüßen ist ferner der staatliche Einsatz von Mitteln der Steuerpolitik, wenn es darum geht, etwa Plastik-Getränkeflaschen zu verteuern oder aber Anreize zur Anschaffung von Abgas-Katalysatoren bei Autos zu geben. Auch werden die Kinder in den Kindergärten und Schulen vielerorts vermehrt in Richtung Umweltschutz erzogen (Beispiel: Sortieren von Abfall); und die Erwachsenen können sich – wenn sie wollen – sogar in der Boulevard-Presse mit ökologischen Themen befassen. Schließlich ist die Tatsache, daß die Zahl ökologisch wirtschaftender landwirtschaftlicher Betriebe steigt und so mancher „Naturladen" inzwischen wirtschaftlich überleben kann, ein Hinweis auf ein höheres Maß an bewußter Ernährung bei den Menschen. Es ist auch höchste Zeit, daß die Industriegesellschaft wieder mehr für landwirtschaftliche Erzeugnisse bezahlt (heute 15 Prozent des Einkommens, vor 40 Jahren noch 50 Prozent), sonst werden auch noch die letzten Kleinbauern von „Agrarfabriken" aufgefressen.

Nicht zuletzt noch ein ganz anderer, ebenfalls positiver Aspekt mit ökologischer Relevanz: Das erhöhte **Selbstbewußtsein der Frau** in den westlichen Gesellschaften hat dazu geführt, daß die Frauen künftig auch in der Politik mehr vertreten sein wollen. Dies halte ich für eine ausgesprochen glückliche Entwicklung. Es ist bekannt, daß Menschen mit einer „organischen Weltauffassung" – und dafür ist meines Erachtens eher die Frau als der Mann empfänglich – den rücksichtslosen Gebrauch der Technik gegen die Natur ablehnen. Wir können also hoffen, daß die vermehrte Repräsentanz von Frauen in der Führungsspitze von Regierungen, Parlamenten, Verwaltungen und im industriellen Management zu einer qualitativ anderen Bewertung technischer und weltanschaulicher Fragestellungen führt, als es jetzt noch der Fall ist.

Hoffen läßt auch die Tatsache, daß die Menschen sich – weltweit – zunehmend zu **Selbsthilfegruppen und Bürgerinitiativen** zusammentun, um so ihr Schicksal selbst in die Hand zu nehmen. Zwar behindern Regierungen und Bürokratien vielfach noch solche spontanen Ansätze aus dem Volk, aber der Überlebenswille der Menschen ist größer. Die zu bewältigenden Aufgaben – vom Stopp des Bevölkerungswachstums bis zur Wiederaufforstung – werden ein gigantisches Maß an menschlicher Energie erfordern. Die Bürgerinitiativen, deren Mitgliederzahl sich weltweit in Millionen bewegt, sind ein Beispiel dafür, wie solche Energien freigesetzt werden können. Die nationalen Regierungen und internationale Organisationen, die nur zu oft Bürgerinitiativen ignoriert oder sie zu kontrollieren versucht haben, werden aber lernen müssen, mit ihnen zu arbeiten. Insbesondere die konventionelle Entwicklungshilfe wird sich völlig neu orientieren müssen, wenn sie ihrer Rolle als Helfer vor Ort gerecht werden soll. In Zukunft werden die Selbsthilfegruppen kontinuierlich mehr und mehr Verantwortung für die Arbeit vor Ort übernehmen, die Entwicklungshilfe- Organisationen aber in die Rolle der Geldgeber zurückgedrängt werden. Ihre wichtigste Aufgabe wird es sein, in den Industrieländern Aufklärungsarbeit über die fatale Lebenssituation in der Dritten Welt zu leisten und Druck auf die Regierungen auszuüben, mit dem Ziel, die Lebensperspektiven für den größten Teil der Weltbevölkerung zu verbessern [30].

Fazit und Ausblick

Der allgemeine Anstieg der Weltbevölkerung, vor allem aber das starke **Bevölkerungswachstum** in den meisten Ländern der Dritten Welt wird zusammen mit der dortigen Verstädterung dazu führen, daß sich die sozialen, kulturellen, ja existentiellen Bedingungen eines großen Teiles der Menschheit massiv verschlechtern. Dazu wird das vermehrte Auftreten klimabedingter Naturkatastrophen (Dürreperioden, Überschwemmungen, Orkane usw.) seinen Teil beitragen. Wie heute schon zu beobachten ist, wird die Witterung künftig vermehrt an Ausgeglichenheit einbüßen und in Extreme verfallen, z.B. in länger andauernde Regen- oder Hitzeperioden. In vielen Gegenden der Welt wird deshalb der **Grad der Ernährungssicherung** weiter abnehmen. Besonders auf die Landwirtschaft, die immer schon mit den Unbilden des Wetters zu kämpfen hatte, kommen durch die ins Haus stehende Klimaänderung zusätzliche Risiken zu. Der geschätzte Temperaturanstieg wie auch Veränderungen bei der Niederschlagsmenge und -verteilung werden innerhalb der nächsten Jahrzehnte alle vergleichbaren Ereignisse seit den Anfängen der Landwirtschaft schlechterdings in den Schatten stellen. Ein ungeheurer Kapitalaufwand wird beispielsweise nötig sein, um die künstlichen Bewässerungs- und Drainage-Systeme den veränderten Bedingungen anzupassen. In den nächsten Jahrzehnten werden zum ersten Mal alle Anstrengungen für die Sicherung der landwirtschaftlichen Erträge aufzuwenden sein, und nicht mehr für deren Erhöhung. Es ist vorauszusehen, daß in vielen übervölkerten Gebieten der Erde, wie etwa in Mittelamerika, in Teilen von Südamerika und Afrika, auf dem indischen Subkontinent wie auch in Indonesien durch den dort überall erfolgenden Raubbau an der Natur der **Hungertod** die übliche Todesart sein wird. In den vergangenen zwei Jahrzehnten verringerte sich zwar der Anteil derjenigen Menschen, die weniger Kalorien als die von der Weltgesundheitsorganisation (WHO) festgesetzte Mindestmenge erhielten. Dieser positive Trend wurde aber durch das Bevölkerungswachstum insofern wieder aufgehoben, als die absolute Zahl unterernährter Menschen von 680 Millionen auf 730 Millionen gestiegen ist [31]. Dem Hunger in der Welt folgt die **Krankheit**. 20 Prozent der Menschen auf der Welt sind laut Bericht der Weltgesundheitsorganisation der Vereinten Nationen (WHO) krank. Allein in Afrika sind 160 Millionen Menschen krank oder dramatisch unterernährt. In Asien – vor allem in Indien, Bangla Desch, Indonesien und Sri Lanka – sind etwa 600 Millionen Menschen nicht gesund. In Mittel- und Südamerika leidet ¼ der Bevölkerung unter einer Krankheit. Obwohl die WHO seit Jahrzehnten Erfolge bei der Bekämpfung mancher Krankheiten erreichen konnte, haben die Bemühungen – nach eigenem Bekunden der Behörde – nicht ausgereicht [32].

Die meisten Bürger, vor allem aber die Politiker, versprechen sich Verbesserungen im Umweltbereich durch den **technologischen Fortschritt.** Es hat sich aber gezeigt, daß technologische Verbesserungen, die einen sparsameren Rohstoffeinsatz zur Folge haben, durch erhöhte Produktion bzw. vermehrten Konsum wettgemacht oder sogar überkompensiert werden! Dies um so mehr, als weltweit immer mehr Menschen am materiellen Wohlstand teilhaben wollen und man dadurch den Forderungen nach einem erneuten beschleunigten Wirtschaftswachstum nachkommt [33]. So glaubte man beispielsweise, bei den Bemühungen um Verringerung der SO_2- und Blei-Emissionen, im PKW-Katalysator das Ei des Kolumbus' gefunden zu haben. Inzwischen eingeleitete Untersuchungen haben aber ergeben, daß bei den gängigen Platin-Katalysatoren Platin-Teilchen im Abgas frei werden und nach Meinung verschiedener Krebsforscher wegen des vorhandenen Blausäureanteils Lungen- und Blutkrebs verursachen. Damit wird nach Meinung von Fachleuten möglicherweise die Umweltfreundlichkeit der gesamten Katalysatortechnik erheblich in Frage gestellt [34]. Es ist eine alte Erfahrung, daß jede, auch noch so gut gemeinte technische Maßnahme neben der positiven nun mal auch eine negative Seite hat. Dies ist eines der Grundprobleme der Technik überhaupt.

Was die Lebewelt auf der Erde und ihre Zerstörung anlangt, besteht derzeit noch Ungewißheit über Verteilung und Umfang lebender Organismen. Schätzungen über die Gesamtzahl von Pflanzen- und Tierarten reichen von 5 bis zu 30 Millionen, aber nur 1,6 Millionen von ihnen sind bislang beschrieben worden. Allein für die Bestandsaufnahme aller lebenden Arten wären etwa 25.000 Wissenschaftler erforderlich, um sämtliche Pflanzen und Tiere zu sammeln, zu analysieren und zu beschreiben. Laut WORLDWATCH INSTITUTE haben deshalb Vertreter der internationalen Wissenschaft das „Global Change Programm" als neues gigantisches Forschungsprojekt vorgeschlagen. Es soll interdisziplinär, also querschnittsorientiert und weltweit angelegt sein und den zeitlichen Rahmen eher in Jahrzehnten als in Jahren haben. Dieses Programm soll sich schwerpunktmäßig mit den Wechselwirkungen zwischen Geosphäre und Biosphäre befassen. Im Wesentlichen sollen dabei die physikalischen, biologischen und chemischen Vorgänge, die zur **Erhaltung des Lebens auf der Erde** beitragen, im Mittelpunkt stehen. Zu den Bereichen, die ebenfalls intensiv erforscht werden sollen, gehören die Konzentrationen von Kohlendioxid und Spurengasen in der Atmosphäre sowie die in der Ozonschicht ablaufenden Prozesse [35]. – Dieses großangelegte internationale Forschungsprojekt hört sich zwar gut an. Es ist jedoch zu befürchten, daß damit das Warten auf Forschungsergebnisse wieder einmal als Alibi für politisches Nichtstun vorgeschoben wird.

Wie dieses Buch deutlich gezeigt hat, sind die Regierungen aufgerufen, sofort zu handeln, und nicht mehr länger zuzuwarten. Die bereits heute vorliegenden Erkenntnisse gebieten es. Wenn es im Zuge weltweiter Entspannungspolitik und der (hoffentlich) damit verbundenen Reduzierung der Militärhaushalte in den kommenden Jahren gelingt, die freiwerdenden Mittel zum Überleben der Menschheit einzusetzen, besteht Hoffnung.

Zitate zu diesem Kapitel

[1] zit. in GRIEFAHN, M. 1983:205f; [2] MEYER-ABICH,K.M. 1984:94; [3] vergl. BINSWANGER,H.C., H.BONUS & M.TIMMERMANN 1980:2ff; [4] ap, 29.12.89; [5] POSTEL.S. 1987:265ff,284; [6] MEADOWS,D.L.et al 1972:165f; [7] HEIMANN,E. 1963:331; [8] zit.in FIEDLER-WINTER,R. 1977;213; [9] dpa, 7.11.89; [10] dpa, 18.4.90; [11] dpa, 2.2.90; [12] dpa, 2.1.90; [13] dpa, 17.2.90; [14] ap, 10.3.90; [15] WEINZIERL,H. 1989:3; [16] JASPERS,K. 1956: Philosophie III:219f; [17] lsw, 5.10.89; [18] SPENGLER,O. 1931:88; [19] FROMM,E. 1976:189f; [20] vergl. SCHUMACHER,E.F. 1985:29; [21] vergl. MUMFORD,L. 1978:805; [22] ap, 29.6.89; [23] ap, 1.2.90; [24] dpa, 31.10.89; [25] dpa, 8.4.89; [26] dpa, 12.3.90; [27] BROWN & JACOBSON 1987:58; [28] dpa, 30.9.89; [29] dpa, 30.12.89; [30] DURING,A.B. 1989:257ff; [31] BROWN,L.R. 1987:219f; [32] epd, 26.9.89; [33] vergl. STUDER,H.P. 1987: 420; [34] SZ, 21.8.89; [35] BROWN & WOLF, 1987:292f.

Quellennachweise

Literatur

ALT,F. 1985: Frieden ist möglich. Die Politik der Bergpredigt. - 20. Auflage, München, Zürich

AMERY,C. 1976: Natur als Politik. Die ökologische Chance des Menschen. – Reinbek b. Hamburg

ANU, BUND & GdED o.J.: Jetzt die Weichen für die Zukunft stellen! – Aufklärungsbroschüre der Aktionsgemeinschaft Natur- und Umweltschutz (ANU), des Bundes für Naturschutz Deutschland (BUND) und der Gewerkschaft der Eisenbahner Deutschlands (GdED)

BACH,W. 1989: Untätig in die Katastrophe? – Natur & Umwelt, 3/89

BADEN,H.J. 1981: Das einfache Leben aus dem Geist des Christentums. – Herder Verlag, Freiburg

BASLER,E. 1973: Strategie des Fortschritts. Verlag Huber, Frauenfeld

BATAILLE,G. 1975: Das Theoretische Werk – Die Aufhebung der Ökonomie, Bd. 1, Verlag Roger & Bernhard, München

BERGSON,H. 1964: Materie und Gedächtnis – und andere Schriften. S. Fischer Verlag Frankfurt/M.

BIEGERT.C. 1981: Seit 200 Jahren ohne Verfassung. - Reinbek b. Hamburg BIEGERT,C. 1989: „Our Land is our Live". Zum Naturverständnis der Ureinwohner Nordamerikas. – in: Umweltethik, Verlag Margraf, Weikersheim

BINSWANGER,II.C. 1979: Natur und Wirtschaft. in: Meyer-Abich,K.M.: Frieden mit der Natur, Herder Freiburg

BINSWANGER,H.C., H.BONUS & M.TIMMERMANN, 1980: Wirtschaft und Umwelt. Möglichkeiten einer ökologieverträglichen Wirtschaftspolitik. – Gutachten im Auftrag des Ministeriums für Ernährung, Landwirtschaft und Umwelt des Landes Baden-Württemberg, Stuttgart (Zusammenfassung)

BINSWANGER,H.C. 1982: Geld und Wirtschaft im Verständnis des Merkantilismus. in: Schriften des Vereins für Sozialpolitik, Neue Folge, Bd.115/II:93ff, Berlin

BINSWANGER,H.C.,H.FRISCH, H.G.NUTZINGER & B.SCHEFOLD, 1983: Arbeit ohne Umweltzerstörung. Strategien einer neuen Wirtschaftspolitik. – Publ. des BUND e.V., 3. Auflage, Frankfurt/M.

BIRNBACHER,D.(Hrsg.), 1980: Ökologie und Ethik. – Reclam, Stuttgart

BLIN,M. 1977: Die veruntreute Erde. Herder-Verlag, Freiburg

BLUM,R. 1982: Neoklassische und neomerkantilistische Perspektiven in der modernen Wirtschaftspolitik. – in: Schriften des Vereins für Sozialpolitik, NF Bd.115/II, Berlin, S. 63ff.

BOULDING,K. 1976: Ökonomie als Wissenschaft. Band 31. – Piper & Co. Verlag, München

BRECHT,B. 1981: Die Gedichte von Berthold Brecht. - Suhrkamp- Verlag, Frankfurt/M.

BRENTANO,L. 1929: Wirtschaftsleben in der antiken Welt. Vorlesungen, gehalten als Einleitung zur Wirtschaftsgeschichte des Mittelalters, Jena

BRIEMLE,G. 1980: Zusätzlicher Straßenbau verantwortungslos. – Schwäbische Zeitung Leutkirch v. 9.8.1980

BRIEMLE,G. 1987: Quälen von Tieren als Sportveranstaltung. Schwäbische Zeitung Leutkirch v. 30.4.1987

BRIEMLE,G. 1989: Geld und Technik als Goldenes Kalb. – Schwäbische Zeitung Leutkirch v.1.8.1989

BROWN,L.R. et al. 1987: Zur Lage der Welt 87/88 – Daten für das Überleben unseres Planeten. - Worldwatch Institute Report, Fischer Verlag Frankfurt/M., 328 S.

BUCHWALD,K. 1979: Heimat für eine Gesellschaft von heute und morgen. – in: 75 Jahre Deutscher Heimatbund: 13-48, Siegburg

BUCHWALD,K. 1980: Umwelt und Gesellschaft zwischen Wachstum und Gleichgewicht. in: Buchwald/Engelhardt (Hrsg.): Handbuch für Planung, Gestaltung und Schutz der Umwelt. – BLV Verlagsgesellschaft, München

BÜRGIN,A. 1982: Merkantilismus. Eine neue Lehre von der Wirtschaft und der Anfang der politischen Ökonomie. in: Schriften des Vereins für Sozialpolitik, Neue Folge Bd.115/II:9ff, Berlin

BUNER,R. 1983: Das moralische Engagement von John Stuart Mill unter besonderer Berücksichtigung seiner sozialphilosophischen und nationalökonomischen Lehren. – Dissertation der Hochschule St. Gallen Nr.869, Wil

Bund für Umwelt- und Naturschutz Deutschland (BUND), 1989: Hang zu Ökothemen. – Natur & Umwelt, H.4, 89:9

BUND-Umwelt-Telex 12/1989 – Regelmäßiges Informationsblatt über Öko-Fakten des Bundes für Umwelt- und Naturschutz Deutschland (BUND)

CAPRA,F. 1983: The Turning Point. dt.: Wendezeit, Bausteine für ein neues Weltbild. - 5. Aufl. Bern, München, Wien

CRAMER, F. 1975: Fortschritt oder Verzicht. – Nymphenburger Verlagshandlung, München

Christlich Demokratische Union Deutschlands (CDU): Warum wir für den Wohlstand kämpfen. – Anzeige in der Schwäb. Zeitung Leutkirch zur Europawahl, 9.6.1989

COBB,J.B. 1972: Is it too late? dt.: Der Preis des Fortschritts, München

CRAMER, F. 1975: Fortschritt oder Verzicht. – Nymphenburger Verlagshandlung, München

DALY,H. 1977: Steady State Economics. – Freeman & Co., San Francisco

DER SPIEGEL, 1986: Das Weltklima gerät aus den Fugen. – Nr.33 v.11.8.86,S.122ff

DEUTSCHEER NATURSCHUTZRING (DNR), 1989: Kampagne: Verzicht auf Tropenholz. – Faltblatt

DREWERMANN,E. 1989: Der tödliche Fortschritt – Von der Zerstörung der Erde und des Menschen im Erbe des Christentums. – 5. Aufl., Verlag F. Pustet, Regensburg

DRUCKER,P.F. 1980: Managing in Turbulent Times. dt.: Management in turbulenter Zeit. – Düsseldorf und Wien

DURING,A.B. 1989: Die Graswurzelrevolution: Die Basis kommt in Bewegung. – in: Worldwatch Insitute Report 89/90: 255-289; S. Fischer, Frankfurt/M.

DYLLICK,T. 1982: Gesellschaftliche Instabilität und Unternehmungsführung. Ansätze zu einer gesellschaftsbezogenen Managementlehre. Bern, Stuttgart

ELLENBERG;H. 1973: Ökosystemforschung. Springer-Verlag, Berlin

ELLENBERG,H. et al 1982: Straßennetz darf nicht noch dichter werden. Eine Studie über die Auswirkungen von Straßen und Autobahnen auf die Umwelt. – Auszug in: Schwäbische Zeitung Leutkirch v. 11.2.82)

FIEDLER-WINTER,R. 1977: Die Moral der Manager. Dokumentation und Analyse. – Stuttgart

FINLEY,M.I. 1977: The Ancient Economy. dt.: Die antike Wirtschaft. – München

FLASBARTH,J. 1989: Der geplünderte Planet. – Naturschutz Heute, 4/5,89, DBV-Verlag Kornwestheim

FLASBARTH,J. 1989: Ökologische Steuerreform. – Naturschutz heute, 1/2,89, DBV-Verlag Kornwestheim

FLAVIN;C. 1987: Atomenergie: Neue Einschätzung. - in: Worldwatch Institute Report: Zur Lage der Welt 1987/88. S. Fischer Verlag, Frankfurt/M.

FORRESTER,J.W. 1972: Der teuflische Regelkreis. – Stuttgart

FRANKE,H. 1983: Geschichte und Natur. – Betrachtungen eines Asi-
en-Historikers. in: H. MARKL (Hrsg.): Natur und Geschichte. München, Wien

FRIEDRICH,H. 1982: Kulturverfall und Umweltkrise. Plädoyers für eine Denk-
wende, München

FROMM,E. 1977: Haben oder Sein – Die seelischen Grundlagen einer neuen Gesellschaft. – Dt. Verlagsanstalt Stuttgart

GALBRAITH,J.K. 1979: The Age of Uncertainty. dt.: Die Tyrannei der Umstän-
de. Ursachen und Folgen unseres Zeitalters der Unsicherheit, Zürich

GLOBAL 2000. The Global 2000 Report to the President. Hrsg.: Council of Envi-
ronmental Quality und US-Außenministerium. G.O. Barney, Study Director.
Washington, U.S. Government Printing Office, 1980. Dt.: bei Verlag Zweitau-
sendeins, Frankfurt/M., 10. Aufl. 1/81

GOETHE, J.W. v. 1840: Sämtliche Werke in 40 Bänden. – Cotta`scher Verlag
Stuttgart und Tübingen

GOLDSMITH,E. 1978: The Stable Society. – Wadebridge Press, Cornwall GON-
DROM VERLAG BAYREUTH, 1976: Kinder- und Hausmärchen. – Gesammelt durch die Brüder Grimm, 639 S.

GRASSL,H. 1989: Globale Folgen menschlichen Wirtschaftens: Klima-Änderung
und Ozon-Abbau. – Naturschutz Heute,4/5/89:36-37, DBV-Verlag Kornwestheim

GRIEFAHN,M.(Hrsg.): 1983: Wir kämpfen für eine Umwelt, in der wir überleben
können. - Reinbek bei Hamburg

GRUHL,H. 1975/86: Ein Planet wird geplündert – Die Schreckensbilanz unserer
Politik- Fischer Taschenbuch-Verlag, Frankfurt/M., 1. bzw. 11. Auflage

GRUHL,H. 1982: Das irdische Gleichgewicht – Ökologie unseres Daseins. –
Erb-Verlag, Düsseldorf

GRUHL,H. 1984: Glücklich werden die sein ... Zeugnisse ökologischer Weitsicht
aus vier Jahrtausenden. – Düsseldorf

HAGENAUER,H. 1989: Alternative Produktions- und Finanzierungsverfahren. –
in: Umweltethik, Verlag Margraf, Weikersheim

HANSMEYER,K.H.& B.RÜRUP,1974: Umweltgefährdung und Gesellschaftssy-
stem. – Umwelt 30/74

HARMAN,W.W. 1978: Gangbare Wege in die Zukunft? – Darmstädter Blätter,
Darmstadt

HEIDEGGER,M. 1953: Einführung in die Metaphysik. – Max Niemeyer-Verlag,
Tübingen

HEIMANN,E. 1963: Soziale Theorie der Wirtschaftssysteme. – Mohr-Verlag, Tübingen

HEINZE,W. 1977: Verkehr und Raumordnung in neuerer Sicht. in: Erz, W. (Hrsg.): Naturschutz und Verkehrsplanung

HEITLER,W. 1977: Die Natur und das Göttliche. 4. Aufl., Zug

HENDERSON,H. 1985: Das Ende der Ökonomie. Die ersten Tage des nach-industriellen Zeitalters, München

HERDER-VERLAG KG, 1970: Die neue Herder-Bibliothek in 15 Bänden, Freiburg

HEUSSER,H. 1984: Gefährdung der Welternähung durch Bodenerosion. Eine alarmierende Studie. in: Neue Züricher Zeitung, 27.12.84

HÖHLER,G. 1979: Die Anspruchsgesellschaft – Von den zwiespältigen Träumen unserer Zeit. – Econ Verlag, Düsseldorf

HÖHLER,G. 1981: Das Glück – Analyse einer Sehnsucht. – Econ Verlag, Düsseldorf

HONECKER,M. 1989: Schöpfungsbewahrung aus theologischer Perspektive. -in: Umweltethik, Verlag Margraf, Weikersheim

ILLICH,I. 1975: Selbstbegrenzung – Eine politische Kritik der Technik. – Rowohlt, Reinbek

IMMLER,H. 1985: Natur in der ökonomischen Theorie. Teil I: Vorklassik – Klassik – Marx; Teil II: Naturherrschaft als ökonomische Theorie. – Die Physiokraten, Opladen

Institut für Forstbotanik und Holzbiologie d. Universität Freiburg, 1989: Viren nicht Schuld am Waldsterben. – Schwäb. Zeitung v. 5.8.89

Institut für Landschaftsplanung der Universität Stuttgart, 1981: EDV-gestütztes Verfahren zu Umweltverträglichkeitsprüfung von Straßentrassen

JÄNICKE,M. 1979: Wie das Industriesystem von seinen Mißständen profitiert. – Westdeutscher Verlag, Opladen

JASPERS,K. 1958: Rechenschaft und Ausblick. – Piper-Verlag, München JASPERS,K. 1956: Philosophie Band 1-3. – Springer-Verlag, Berlin

JORDI,B. 1985: Wie lange trinken wir noch reines Wasser? Chemische Produkte bedrohen unser wichtigstes Lebenselement. - in: Brückenbauer Nr.24, S.12

JONAS,H. 1982: Das Prinzip der Verantwortung – Versuch einer Ethik für die technologische Zivilisation. – 3. Auflage, Insel Verlag, Frankfurt/M.

KAESER,P. 1983: Die Zerstörung des tropischen Regenwaldes. – Neue Züricher Zeitung vom 30.3.83

KAISER,R. 1985: Gesang des Regenbogens. Indianische Gebete. Münster KAL-TENBRUNNER,G.K. (Hrsg.) 1976: Überleben und Ethik. – Herderbüche-rei-Initiative, Freiburg

KASCH,V., U.LEFFLER, P.SCHMITZ & R.TETZLAFF, 1985: Multis und Men-schenrechte in der Dritten Welt. – Bornheim-Merten 1985

KESSLER, W. 1990: „Koka pflanzen oder krepieren"; Drogen sichern den Land-bewohnern Südamerikas den Lebensunterhalt. – Schwäb. Zeitung, 8.3.90

KEYSERLINGK,L. v. 1980: Jenseits des Nennbaren. Sinnsprüche nach dem Tao Te King. – Herder Verlag, Freiburg

KLAGES,L. 1956: Mensch und Erde. – 10 Abhandlungen. – Verlag Alfred Krö-ner, Stuttgart

KLÖTZLI,F. 1980: Unsere Umwelt und wir – Eine Einführung in die Ökologie. – Verlag Hallwag, Bern u. Stuttgart

KNIERIEMEN,H. 1986: Lebensmittel müssen Farbe bekennen. – in: Natürlich Nr.1/2,86:26ff)

KOCH,E. & VAHRENHOLT,F. 1980: Seveso ist überall. Die tödlichen Risiken der Chemie. – völlig überarbeitete und aktualisierte Ausgabe, Frankfurt/M.

KÖCHER,R. 1989: Der religiöse Lebensbereich schrumpft weiter. Empirische Un-tersuchungen des Instituts für Demoskopie Allenbach. – Schwäb. Zeitung, 16.9.89

KONSTANTY,R. 1989: Hineingeboren in eine Giftwelt. – Natur & Umwelt, 3/89

KROLZIK,U. 1979: „Machet Euch die Erde untertan...!" und das christliche Ar-beitsethos. in: K. Meyer-Abich (Hrsg.): Frieden mit der Natur. Freiburg, Basel, Wien

KÜNG,E. 1972: Wohlstand und Wohlfahrt. – Mohr-Verlag, Tübingen

KURT,F., T.FLÜELER & D.PREISIG, 1986: Das Bild der Schweiz. Report zur Lage unserer Umwelt. – in: Schweizer Illustrierte Nr. 13

Landesanstalt für Umweltschutz, Baden-Württemberg (LfU), 1983: Umweltquali-tätsbericht 1983

LAO TSE: 1979: Tao Te King – Das Buch vom Weltgesetz und seinem Wirken. – Verlag O.W. Barth

LAY,R. 1983: Ethik für Wirtschaft und Politik. – München

LINDENBERG,C. 1985: Soziale Innovation in Vergangenheit und Gegenwart. in: Vereinigung für freies Unternehmertum (Hrsg.): Unternehmerische Kreativität und Soziale Innovation. Schaffhausen

LOCHER,R. 1985: Weshalb blieb das Waldsterben 10 Jahre unentdeckt? Waldsterben ist für Experten wie für Laien ein Wahrnehmungsproblem. – in: Ta-
ges-Anzeiger v. 9.7.85

LÖBSACK,T. 1974: Versuch und Irrtum – Der Mensch: Fehlschlag der Natur. –
Verlag Bertelsmann, Gütersloh

LÖSER,G. 1989: Atomkraft – ein Ausweg aus dem Klimaproblem? – Natur &
Umwelt, 3/89

LÖTSCH,B. 1983: Fracht statt Pracht. – Natur, 3/83:84

LÖW,R. 1989: Gentechnologie und Ethik. – in: Umweltethik, Verlag Margraf,
Weikersheim

LORENZ,K. 1973: Die acht Todsünden der zivilisierten Menschheit. -Verlag Piper, München

LOVEJOY,T.E. 1988: Will Unexpectedly the Top Blow off? Plenary Adress to the
Annual Meeting of the American Institute of Biological Sciences. – University
of California at Davis, 14.8.1988. zit. in: Worldwatch Institute Report: Zur Lage der Welt 89/90: 322

LÜNING,J. 1983: Leben in der Steinzeit. in: H. Markl (Hrsg.): Natur und Ge-
schichte:129ff.- München, Wien

LUTZ,R. 1984: Die sanfte Wende. Aufbruch ins ökologische Zeitalter. – München

LUTZENBERGER,J. 1989: Rauch über Südamerika. – Natur & Umwelt, 3/89

MACCOBY,M. 1977: Gewinner um jeden Preis. Der neue Führungstyp in den
Großunternehmen der Zukunftstechnologie. – Reinbek b. Hamburg, 1977

MARKL,H. 1986: Natur als Kulturaufgabe. Über die Beziehung des Menschen zur
lebendigen Natur. – Dt. Verlags-Anstalt, Stuttgart

MBITI,J.S. 1974: African Religions and Philosophy. dt.: Afrikanische Religion
und Weltanschauung. Berlin, New York

MEADOWS,D.& DONELLA,H. 1973: Das globale Gleichgewicht. – Dt. Verlags-
anstalt, Stuttgart

MEADOWS,D.L., D.H. MEADOWS, E. ZAHN & E. MILLING, 1972: Die Grenzen des Wachstums – Bericht des CLUB OF ROME zur Lage der Menschheit.
– Dt. Verlagsanstalt, Stuttgart

MERZ,H. 1989: Bürger gegen Hamburger. – Natur & Umwelt, 3/89

MEYER-ABICH,K.M. 1984: Wege zum Frieden mit der Natur. Praktische Natur-
philosophie für die Umweltpolitik. München, Wien.

MEYER-ABICH,K.M. & B.SCHEFOLD, 1986: Die Grenzen der Atomwirtschaft.
– Beck Verlag, München

MILL,J.S. 1871: Grundsätze der politischen Ökonomie, mit einigen ihrer Anwendungen auf die Sozialphilosophie. – übers. v. W. Gehrig, 1.u.2.Band, Jena 1924

MISHAN,E.J. 1980: Die Wachstumsdebatte – Wachstum zwischen Wirtschaft und Ökologie. – Klett-Cotta-Verlag, Stuttgart

MÜLLER,E.R. 1985: Unser Boden, der letzte Dreck? Über die Zerstörung von Landschaft und Umwelt durch die moderne Landwirtschaft. Gümligen

MÜLLER-WENK,R. 1980: Konflikt Ökonomie / Ökologie. Schritte zur Anpassung von Unternehmensführung und Wirtschaftsordnung. – Karlsruhe

MUMFORD,L. 1978: Mythos der Maschine. – Fischer Taschenbuch-Verlag Frankfurt/M.

MUROZUMI,M.,I.CHOW & C.PATTERSON, 1969: Chemische Konzentration von Bleiteilchen, von Staub und Seesalz in den Schneeschichten von Grönland und dem Südpol. – zit. nach: Deutsche Zeitung – Christ und Welt v.29.1.1971

Münchener Rückversicherungsgesellschaft (Weltkarte der Naturgefahren), 1989: Immer mehr Naturkatastrophen. in: Schwäbische Zeitung Leutkirch v.21.7.89, dpa)

MYERS,N.(Hrsg.), 1985: Gaia. Der Öko-Atlas unserer Erde. Frankfurt/M.

NATUR & UMWELT, 1988: Hungrig, heimatlos und ohne Schulbildung. – Tagung „Umweltzerstörung und Weltbank" in Berlin, Sept. 1988.; NATUR & UMWELT, 68.Jg. H.4:2

NATUR & UMWELT, 1989: Touristen nicht willkommen. – Natur & Umwelt, 3/89:21

NATURSCHUTZ HEUTE, 1990: Spätfolgen in Bhopal. – Naturschutz heute, 1/90:11)

NOLL,P. 1984: „Was wir überall sehen und mit Händen greifen ist die Ungerechtigkeit". Letzte Diktate von Peter Noll, in: Tagesanzeiger-Magazin, 20 v.19.5.84, S.32ff

OERTL,M. 1985: Was soll aus den „Inseln der Liebe" werden? in: P.M. – Peter Moosleitners interessantes Magazin, Nr.11,18.10.85:114ff

ORETEGA Y GASSET,J. 1956: Der Aufstieg der Massen. – Verlag Rowohlt, Hamburg

PACKARD,V. 1961: The Waste Makers. dt.: Die große Verschwendung. – Düsseldorf

PASSIAN,R. 1984: Freundesbrief Nr. 17. – Ohne Ort, August 1984

PATSCHKE,W. 1978: Steuerung raumbedeutsamer Entwicklungen im Verdichtungsraum Rhein-Neckar durch Neuordnung des öffentlichen Personalverkehrs. – Int. Verkehrswesen 2:94-99

PIETSCHMANN,H. 1983: Das Ende des naturwissenschaftlichen Zeitalters. – 1. Ausg. 1980, Frankfurt/M., Berlin, Wien 1983

POLAK,F. 1961: The Image of the Future. – A.W. Sythoff, Leyden; Oceana Publikations, New York

POLANYI,K. 1977: The Great Transformation. dt.: Politische und ökonomische Ursprünge von Gesellschaften und Wertsystemen. – Europa-Verlag, Wien

POLANYI,K. 1979: Ökonomie und Gesellschaft. Frankfurt/M.

POSTEL,S. 1987: Chemische Kreisläufe: Sie müssen stabilisiert werden. in: World Watch Institut Report: Zur Lage der Welt 1987/88, S. Fischer-Verlag, Frankfurt/M.

Rat der Evangelischen Kirche in Deutschland & Deutsche Bischofskonferenz, 1985: Verantwortung wahrnehmen für die Schöpfung. – Bachem-Verlag, Köln

REICHESBERG,N. 1927: Adam Smith und die gegenwärtige Volkswirtschaft. Bern

RICHTER,H.E. 1976: Flüchten oder standhalten. – Reinbek b. Hamburg

RIFKIN,J. 1982: Entropy: A New World View. dt.: Entropie – ein neues Weltbild). – Hamburg

ROBIN WOOD, 1989 a: Fliegen – Traum oder Alptraum? – Robin Wood Aktuell Nr. 5/89

ROBIN WOOD, 1989 b: Leben statt Zerstörung. – Robin Wood aktuell Nr. 6/89
ROBIN WOOD, 1990 a: Müllverbrennungsanlagen – Die Dreckschleudern unserer Konsumgesellschaft.

SCHILLER-DICKHUT: Müllverbrennung, Bielefeld 1989, zit. in: Robin Wood Aktuell, Nr. 1/90:1-3

ROBIN WOOD, 1990 b: Sackgasse statt Ausweg. – Robin Wood aktuell, Nr. 2/90

RÖPKE,W. 1958: Jenseits von Angebot und Nachfrage. – Verlag E. Rentsch, Zürich

RÖSSEL,K. 1988: Kein Platz für die „Wilden". – Natur,2/88:34-43

ROSZAK,T. 1971: The Making of a Counter Culture. dt.: Gegenkultur. Gedanken über die technokratische Gesellschaft und die Opposition der Jugend. – Düsseldorf, Wien

RÜSTOW,A. 1950: Ortsbestimmung der Gegenwart. – Eugen Rentsch-Verlag, Zürich

SAHLINS,M. 1972: Stone Age Economics. – Chicago, New York

SALIN,E. 1951: Geschichte der Volkswirtschaftslehre. – 4. erw. Auflage, Bern, Tübingen

SAMPLES,B. 1975: Der Geist von Mutter Erde. Ganzheitlichkeit und planetarisches Bewußtsein. – Basel

SAMUELSON,P. 1972: Volkswirtschaftslehre. Band 1 u. 2.- Bund-Verlag, Köln

SCHÄFER,H. 1986: Endlagerstätte Mensch? Analysen, Tatsachen, Hintergründe. – München

SCHERHORN,G. 1989: Der innere Widerstand gegen eine naturverträgliche Ökonomie. – in: Umweltethik, Verlag Margraf Weikersheim

SCHILLER,F. v.: Über die ästhetische Erziehung des Menschen. – Die ästhetischen Briefe; Verlag der Kooperative Dürnau, 1987

SCHINZINGER,F. 1977: Ansätze ökonomischen Denkens von der Antike bis zur Reformationszeit. - Erträge der Forschung, Bd.68. – Darmstadt

SCHUMACHER,E.F. 1981: A Guide for the Perplexed. dt.: Rat für die Ratlosen. Vom sinnerfüllten Leben. – Zürich

SCHUMACHER,E.F. 1985: Small is Beautiful. A Study of Economics as if People Mattered. dt.: Small is Beautiful. Die Rückkehr zum menschlichen Maß. – Reinbek bei Hamburg

SCHUMANN,H. 1919: Die Seele und das Leid. - Verlag C.Reißner, Dresden

SCHWAAR,J. 1988: Freie und gelenkte Vegetationsentwicklung. – Zeitschrift f. Kulturtechnik und Flurbereinigung, 29:335-342; Verlag Paul Parey

SCHWEITZER,A. 1923: Kultur und Ethik. – München; abgedruckt in: ders. 1984: Die Ehrfurcht vor dem Leben. – Beck-Verlag, München

SCHWEITZER,A. 1960: Kein Sonnenstrahl geht verloren. – Worte Albert Schweitzers. – Hyperion-Verlag, Freiburg

SCHWEITZER,A. 1987: Die Weltanschauung der indischen Denker. Mystik und Ethik. – C.H. Beck, München

SCITOVSKY,T. 1977: Psychologie des Wohlstands. – Campus-Verlag, Frankfurt/M.

SIEFERLE,R.P. 1984: Fortschrittsfeinde? Opposition gegen Technik und Industrie von der Romantik bis zur Gegenwart. – München

SOULE,G. 1955: Ideas of the Great Economists. dt.: Die Ideen der großen Nationalökonomen. – Frankfurt/M.

SPENGLER,O. 1931: Der Mensch und die Technik – Beitrag zu einer Philosophie des Lebens. – C.H.BECK`sche Verlagsbuchhandlung, München

SPRANDEL,R. 1983: Die Geschichtlichkeit des Naturbegriffs: Kirche und Natur um Mittelalter. in: H. Markl (Hrsg.): Natur und Geschichte, 237 ff. – München, Wien

STEIN,W. 1981: Der große Kulturfahrplan. - Die wichtigsten Daten der Weltgeschichte bis heute in thematischer Übersicht. – Herbig, München, Berlin

STÖRIG,H.J. 1981: Kleine Weltgeschichte der Philosophie, Band 1 und 2.- 11. überarbeitete und ergänzte Auflage; Kohlhammer Stuttgart

STÖRIG,H.J. 1965: Kleine Weltgeschichte der Wissenschaft. – 3. Auflage Stuttgart, Berlin, Köln, Mainz

STRAHM,R. 1986: Warum sie so arm sind. Arbeitsbuch zur Entwicklung der Unterentwicklung in der Dritten Welt mit Schaubildern und Kommentaren. – 3. Auflage, Wuppertal

STUDER,H.P. 1987: Jenseits von Kapitalismus und Kommunismus. Kritik der materialistischen Gesellschaft und Wege zu ihrer Überwindung. – Bamberg

STUMPF,H. 1976: Leben und Überleben – Einführung in die Zivilisationsökologie. – Sewald-Verlag, Stuttgart

SUKOPP,H.& D.KORNECK, 1988: Rote Liste der in der Bundesrepublik Deutschland ausgestorbenen verschollenen und gefährdeten Farn- und Blütenpflanzen und ihre Auswertung für den Arten- und Biotopschutz. – Schr.-R. f. Vegetationskunde, H.19, Bonn Bad Godesberg, 210 S.

TEUFEL,D. 1988: Die Lösung, Herr Stoltenberg: Führen Sie die Öko-Steuer ein! – in: Natur,4/88:17-23, Ringier-Verlag, München

THORWARTH,A. 1989: Globus – Die Welt von der wir leben. – Westdeutscher Rundfunk Köln vom 5.2.89, Mskrpt.

THÜRKAUF,M. 1975: Sackgasse Wissenschaftsgläubigkeit. Zur Überbewertung der exakt-naturwissenschaftlichen Betrachtungsweise durch die Erfolge der Technik. – Zürich

TOFFLER,A. 1981: The Third Wave. dt.: Die Zukunftschance. Von der Industriegesellschaft zu einer humaneren Zivilisation. – Zürich

TOYNBEE,A. 1949: Studie zur Weltgeschichte. – Verlag Classen & Goverts, Hamburg

TUIAVII, 1976: Der Papalagi. Die Reden des Südsee-Häuptlings Tuiavii aus Tiavea. – Adliswil

UDALL,S. 1970: The Quiet Crisis. – New York

ULRICH,H. 1984: Management, herausgegeben von Th. Dyllick und G. Probst. – Bern und Stuttgart

ULRICH,P. 1986: Die Transformation der ökonomischen Vernunft. -Fortschrittsperspektiven der modernen Industriegesellschaft. – Bern, Stuttgart

VEBLEN,T. 1987: Theorie der feinen Leute. – Fischer Wiss. TB 7362

VESTER,F. 1985: Neuland des Denkens. Vom technokratischen zum kybernetischen Zeitalter. – 3. durchgesehene und ergänzte Auflage, München

VETTER,E. 1989 a: Grußwort zur 21. Hohenheimer Umwelttagung. – in: Umweltethik, Verlag Margraf, Weikersheim

VETTER,E. 1989 b: „Wir brauchen Wachstum, um die Umweltprobleme zu lösen". – Schwäbische Zeitung, 31.10.89

VOIGT,F.& H.WITTE, 1978: Integration und Koordination von Raumordnungs- und Verkehrspolitik. – Int. Verkehrswesen, 2:73-77

WEIAND,H.J. 1989: Belgiens Vogelfänger in Aktion. - Schwäbische Zeitung, Leutkirch

WEINSCHENCK,G. 1989: Den Schöpfungsauftrag neu hören. - in: Umweltethik, Verlag Margraf, Weikersheim

WEINZIERL,H. 1989: Umwelt in Europa. – Natur & Umwelt, 3/89

WEINZIERL,H. 1987: Biotechnik und Gentechnologie. - Natur & Umwelt, 67.Jg. H.4:2

WEIZSÄCKER,E. v. 1972: Humanökologie und Umweltschutz. – Verlag Klett, Stuttgart, Kösel, München

WEIZSÄCKER,R. v. 1989: Das Grundgesetz schützt die Würde des Menschen. Rede des Bundespräsidenten zum 40-jährigen Bestehen der Verfassung der BRD. – Schwäbische Zeitung Leutkirch, v. 26.5.89

Weltarbeitsgruppe für Greifvögel und Eulen (WAG), 1989: Rundbrief Nr.10:2

WICKE,L. 1989: Umweltökonomie – Eine praxisorientierte Einführung. – 2. überarbeitete Auflage, Verlag Vahlen 1989; zit. bei

WAHL,P., Schwäbische Zeitung v.26.10.89

WINGERT,E. 1983: Stirbt nach dem Wald nun auch der Boden? – Natur, 3/83:46

WITTMANN,W. 1984: Wider die organisierte Verantwortungslosigkeit. Ein Plädoyer für die Soziale Marktwirtschaft. – Frauenfeld u. Stuttgart

WIZNITZER,L. 1986: Willkommen im Jahr 2000....Wie sich amerikanische Spitzenmanager unsere Zukunft vorstellen. in: Brückenbauer Nr.7:22f, 12.2.86

WWF & SBN & SGU (Hrsg.), 1984: Biozid-Report Schweiz. Schadstoffe in unserer Umwelt: Situation und Lösungsansätze – Zürich

239

Meldungen von Presseagenturen

Associated Press (ap)

23.02.88: Antikes Wasser in Reinform
23.03.89: Güterverkehr auf die Schiene
05.05.89: Streit ums Geld bei der Ozonkonferenz
10.05.89: Eine breite Front gegen Tempolimit
05.06.89: Protestfahrt gegen Tempolimit
19.06.89: Klage für Tempolimit abgelehnt
26.06.89: Drei Tankerunfälle innerhalb von 24 Stunden
29.06.89: Tiere werden per Gesetz Mitgeschöpfe
17.08.89: Laute Autos und Flugzeuge
26.08.89: Wirtschaftsministerium für Öko-Steuer auf Kohle. Allgemeine Energiesteuer findet keine Zustimmung
30.08.89: Für Umweltschutz zu Opfern bereit
14.10.89: 190.000 Liter Treibstoff versickert
09.11.89: Wälder kränkeln in ganz Europa. 42 Prozent sind geschädigt. EG-Studie
gibt Anlaß zu Besorgnis
09.11.89: Vermutlich mehr Tschernobyl-Opfer
21.12.89: Kranker Wald in Nord-Thüringen
29.12.89: Umweltschutz im Osten kostet 340 Milliarden
13.01.90: Protest gegen Treibnetzflotten
25.01.90: Sylt schrumpft immer mehr
01.02.90: Handelsverbot für Molukken-Kakadu
15.02.90: In 50 Jahren kaum noch Schnee
21.02.90: Cadmium-Belastung zu hoch
10.03.90: Ergebnisse der Nordseekonferenz unzureichend
12.03.90: Tonne kostet auch ohne Müll
30.03.90: 30 Prozent der Gewässer sind tot; Minister Töpfer informiert EG über
die Umweltsituation in der DDR
02.04.90: Pro Jahr sterben 15 Millionen Kleinkinder
05.04.90: Elbmetalle sind fast abbauwürdig; Belastung entspricht eine Abwasser-
menge von 36 Millionen Menschen
07.04.90: Tschernobyl kostet noch Milliarden
19.06.90: Am Freitag ist's am schönsten
19.07.90: USA: 45 Millionen leben in Armut

Deutsche Presseagentur (dpa)

16.08.86: Unfälle kosten halbe Automobilproduktion

18.10.86: Weniger Unfälle bei Tempo 100/80. Ergebnis einer Untersuchung der Bundesanstalt für Straßenwesen

07.10.87: Dreimal Verzicht aufs Auto kommt Tempolimit gleich. – Bericht über Ergebnisse des Wirtschaftsforschungsinstitutes PROGNOS (Basel)

26.01.88: Sauer Regen nimmt Tierwelt in Gewässern die Lebensgrundlage. - Neue Studie im Auftrag des Umweltbundesamtes läßt aufhorchen

Jan. 1988: Mehr als 1.200 Tierarten vom Aussterben bedroht. – Süddeutsche Zeitung

13.09.88: Sauberes Wasser kostet Milliarden

07.04.89: Krebstod nach Dioxin-Vergiftung

08.04.89: Kairo soll nicht weiter wachsen

08.04.89: Brasilien schützt die Regenwälder

21.04.89: Verfassungsschutz für Käfig-Hühner

26.04.89: Dem Hochtemperatur-Reaktor in Hamm droht das Aus

09.05.89: Fast zehn Prozent Urwald zerstört. „Club of Rome fordert Bildung von Umwelt-Sicherheitsrat der UNO

15.06.89: Globale Strategie statt Egoismus

16.05.89: Giftmüll-Verbrennung in der Sahara geplant

13.06.89: Wilderer plündern Afrikas größtes Tierreservat

14.06.89: Kerosin-Schicht auf dem Grundwasser

19.06.89: Schlechtes Wasser an Stränden

01.08.89: Wenig Chancen für eine sauberere Luft

14.08.89: Düstere Perspektive für Tschernobyl

23.08.89: Plädoyer für ökologischen Landbau

30.08.89: Weltmeister im PVC-Verbrauch

08.09.89: Mord und Totschlag hinter Christus' Rücken

18.09.89: Der Bundesrepublik droht der Verkehrsinfarkt

21.09.89: Brände vernichten Israels Naturwald

30.09.89: Solarstrom wird konkurrenzfähig. - Europäische Photovoltaik-Konferenz in Freiburg zu Ende gegangen

26.10.89: Zimmermann droht nun Österreich ein LKW-Nachtfahrverbot an

27.10.89: Tschernobyl-Folgen kosten Milliarden

31.10.89: Kein Elfenbein nach Japan

03.11.89: Rußigster Tag in Athen

07.11.89: Tagung wider den Treibhauseffekt. Chancen zur Verringerung des Kohlendioxid-Ausstoßes gering

09.11.89: Aralsee versalzt seine Umgebung. Angeblich Gefahr für den ganzen Planeten

24.11.89: Umweltschützer warnen vor „Wand des Todes"

25.11.89: Klimaveränderung durch Flugzeuge. Globalstrahlung hat vermutlich durch Lufttrübung abgenommen

12.12.89: Totes Meer in der Adria

30.12.89: Dünnsäure nicht mehr in die Nordsee

05.01.90: Mißbildungen bei Fischembryonen. Besonders viele tödliche Schäden in der Deutschen Bucht

11.01.90: Späth wurde „Goldenes Schlitzohr"

13.01.90: Nutzen der Gentechnik betont

16.01.90: Auf der Erde wird es wärmer

20.01.90: CO_2-Ausstoß kann verringert werden

23.01.90: Ölpest jetzt vor Madeira

02.02.90: Kohlendioxid-Ausstoß steigt um die Hälfte

09.02.90: EG-Staaten mißachten Umweltvorschriften

09.02.90: Zustand der Nordsee besorgniserregend

09.02.90: Heute abend Mondfinsternis

17.02.90: Kritik an London wegen Nordsee-Müll

23.02.90: Angst vor dem Leitungswasser

12.03.90: Soldaten schützen den Urwald

13.03.90: Christen: Kampf gegen Bedrohung der Menschheit

17.03.90: Regenwälder auf Dauer verloren

20.03.90: Wohlstand und Industrie nagen an den Küsten; UNO-Studie erklärt die Randzonen der Weltmeere zum Problemgebiet

20.03.90: Außergewöhnlicher Winter: Wetterkapriolen wie noch nie; Rekordtemperaturen, verheerende Stürme und Dürre

21.03.90: Ölunfälle an der Tagesordnung

18.04.90: Bei Klimakonferenz Kritik an Washington

14.08.90: In den USA brennen die Wälder

20.08.90: 37.000 Brände in einem Monat Evangelischer Pressedienst (epd)

20.04.89: Regenwald wird Toilettenpapier

13.05.89: Am Steuer sinkt die Fahrensfreude

25.09.89: Physiker Weizsäcker verlangt: Den Benzinpreis verdoppeln

26.09.89: Schwere Krankheiten vor allem bei Armen

17.02.90: Gleichgültigkeit beim Umweltschutz

06.04.90: Müllkolonialismus als Ausweg; Greenpeace: Entsorgung in den Ländern der Dritten Welt oft als Recycling-Projekt getarnt

Landesdienst Südwest der Deutschen Presseagentur (lsw)

18.09.87: Mit dem Verkehrsaufkommen steigt auch die Zahl der Unfälle

23.10.87: Umweltschutz und Straßenbau müssen sich nicht widersprechen

22.07.89: Wenig Interesse für Computer

23.08.88: Herbizidrückstände im Mineralwasser

05.10 89: Wissenschaftler in Öko-Gruppe vereint

19.10.89: Extrem hohe Dioxinwerte auf Rastatter Firmenareal festgestellt

06.07.90: Sondermüll wird gern zum „Wirtschaftsgut" umdeklariert. – Unsaubere Praktiken bei Lackschlammbeseitigung

Schwäbische Zeitung Leutkirch (SZ)

21.02.80: Fernstraßen in Baden-Württemberg sind der Industrie zu wenig

02.08.80: Konstanzer Biologe und Umweltschützer vergleicht den Straßenbau mit den Greueln des Dritten Reiches

13.09.84: Zwei Tübinger Trinkwasserbrunnen wegen zu hoher Schadstoff-Konzentration abgestellt

17.02.86: Sinnlos wird der Baikal-See geschunden. Sowjet-Schriftsteller hat die Umweltsünden an dem Trinkwasserreservoir publik gemacht

06.10.86: Die Bevölkerung nimmt ab, die Zahl der Autos nimmt zu.

10.05.88: Die Pestizide im Trinkwasser machen am Kaiserstuhl Sorgen

15.04.88: Der Aralsee wird zur ökologischen Leiche. Wassermangel macht das einst saubere Gewässer zur Lake

19.08.88: 3.300 Fische durch Abwässer getötet

20.08.88: Ölhaltiges Kühlmittel in Ulmer Grundwasser

05.05.89: Weniger Phosphor, mehr Algen: Bodensee immer noch verschmutzt

10.05.89: Zur Einschüchterung Trauermusik

24.05.89: Im Südwesten hoher Ozongehalt in der Luft

01.06.89: Nach neunjährigem Drama ein milliardenteures Stückwerk

09.06.89: IHK für Maßnahmen gegen Nachtfahrverbot

26.06.89: 120-Kilometer-Stau zu Ferienbeginn

21.07.89: Neuer Förderschwerpunkt „Treibhauseffekt"

09.08.89: Lutherischer Weltbund verurteilt Weltbank

12.08.89: Viele Wasserversorger können EG-Norm nicht einhalten und setzen auf Ausnahmeregelung

25.08.89: Ärzteinitiative verzeichnet Anstieg der Krebsfälle in der Ortenau

28.08.89: Prof. Reichelt beklagt Krise im privaten Naturschutz.

28.08.89: Viel Dreck an Italiens Küsten

02.09.89: In manchen Fremdenverkehrsorten des Landes wird Unmut wegen der vielen Touristen laut

11.09.89: Kurz notiert: 2 200 Motorradfahrer...

20.09.89: Austausch der verseuchten Böden kostet über 10 Millionen Mark.

21.09.89: Die Verteilung der Welt

27.09.89: Brenner-Konferenz: Österreich bleibt beim Nachtfahrverbot für Lastwagen hart.

28.09.89: Waldschäden durch indirekte Ursachen

04.11.89: Die Jugend rückt immer mehr von der Kirche ab

12.12.89: Spaniens grüne Zone trocknet aus.

12.12.89: Eine starre Norm behindert den Umweltschutz. - Ozonkiller für die Produktion von Hartschäumen noch immer vorgesehen

22.01.90: Wehners gefürchtete Zwischenrufe

23.01.90: Im Landkreis Biberach beziehen 15 Prozent der Einwohner stark nitratbelastetes Wasser.

25.01.90: Abfälle im türkisblauen Meer und Müllberge am Meeresgrund

25.01.90: Bundesbürger bleiben Weltmeister. – Ausgaben für Auslandsreisen im letzten Jahr wieder gestiegen.

30.01.90: Bodensee-Wasserversorgung übt Kritik an den neuen EG-Grenzwerten für Trinkwasser

05.03.90: Apachen auf dem Kriegspfad

12.3.90: Auch Bäume können schreien

14.03.90: Zugvögel reagieren auf Klima-Erwärmung. – Star und Lerche entwickeln sich zu Standvögeln

30.03.90: Überfüllte Skigebiete künftig mit Schranken absperren?

30.03.90: Trinkwasser von über 100 Versorgern ist mit giftigen Wirkstoffen zu stark belastet

03.04.90: CDU schleust gezielt Prominente bei Müllverbrennungsgegnern ein

03.04.90: Schweiz kann Straßennetz weiter ausbauen. „Stopp dem Beton" hat 1990 keine Mehrheit erhalten – Forderungen verworfen

23.06.90: Belastende Freizeit

Sonstige Quellen

upi, 14.10.1989: Milliardenheer der Armen wächst,
Welt am Sonntag, 15.04.1979

Fachbegriffe und Fremdwörter

- abiotisch: nicht lebend, nicht zur Biosphäre bzw. zum Leben gehörig.
- absurd: widersinnig, dem gesunden Menschenverstand widersprechend
- Altruismus: Selbstlosigkeit; durch Rücksicht auf andere gekennzeichnete Denk- und Handlungsweise
- Anämie: Blutarmut, verminderte Anzahl roter Blutkörperchen
- anorganisch: nicht dem Leben zugehörig bzw. nicht von Lebendem herstammend; in der Chemie: Alle Stoffe, die nicht Kohlenstoff enthalten, meist Salze. Gegensatz: organisch
- Antagonist: Gegenspieler; beispielsweise ein Hormon, das die Wirkung eines anderen wieder aufhebt.
- anthropogen: durch den Menschen hervorgerufen, verursacht.
- anthropozentrisch: Weltanschauung, die den Menschen in den Mittelpunkt stellt.
- apodiktisch: keine andere Meinung gelten lassend
- Assimilation: Aufbau körpereigener Substanzen aus körperfremden Nahrungsstoffen. Bei der Photosynthese grüner Pflanzen: Aufbau von Kohlenhydraten aus CO_2 (Kohlendioxid) und Wasser mit Hilfe von Licht.
- Atmosphäre: Lufthülle der Erde
- Benzol: weit verbreitetes organisches Lösungsmittel, Bestandteil von Erdöl, und Benzin. Für den Menschen krebserregend. Grundstoff der meisten aromatischen Verbindungen.
- Biosphäre: die belebte Natur. Alle Vorgänge, die sich in Lebewesen abspielen, oder von diesen bewirkt werden.
- biotisch: lebend, der Biosphäre (dem Reich der Lebewesen) zugehörig.
- Biotop: Lebensort; Raum, der von einer Biozönose (Lebensgemeinschaft) eingenommen wird. Zum Unterschied: Lebensraum von Einzelwesen = Habitat.
- Biozid: (von griech.: bios = Leben, und ...zid, von lat.: caedere = töten). Sammelbegriff für Mittel, die eingesetzt werden, um Leben abzutöten, also beispielsweise Desinfektionsmittel, Insektizide, Fungizide, Herbizide usw. Im weiteren Sinne alle Stoffe, die lebensgefährdende Wirkung haben, auch wenn sie nicht zu diesem Zweck ausgebracht werden, wie etwa viele chlorierten Kohlenwasserstoffe und weitere Umweltgifte.
- Biozönose: Lebensgemeinschaft (meist aus Tieren und Pflanzen)
- Biphenyle: chemische Substanzen, die aus zwei zusammengehängten Benzolringen bestehen; enthalten unter anderem in Steinkohlenteer. Farblose, aromatisch riechende Plättchen, nicht wasserlöslich.

- Blei (Pb): giftiges Schwermetall. Bereits Spuren von chemischen Bleiverbindungen können bei ständiger Aufnahme zu Beeinträchtigung der Blutbildung und zu Schäden im Nervensystem führen.
- Bodenerosion: Abtragung des Bodens durch Wind und Wasser
- Bürokrat: Aktenmensch, der ein unpersönliches und formalistisches Verhalten an den Tag legt. Jemand der vom Büro oder vom „grünen Tisch" aus seine Herrschaft ausübt.
- C: chemisches Symbol für Kohlenstoff (engl.: carbon)
- Cadmium (Cd): Schwermetall, das z.B. zur Kunststoffherstellung und Oberflächenveredlung von Metallen benötigt wird. Cadmium ist hochgiftig und reichert sich in den Nieren und der Leber an.
- cancerogen: (carcinogen) krebserregend
- Chlorierung: Einführung von Chlor in eine chemische Verbindung durch Chlorierungsmittel. Wird oft verwechselt mit Chlorung, d.h. Behandlung von Trink- und Badewasser zu dessen Entkeimung mit Hilfe von elementarem Chlorgas oder oxidierend wirkenden Chlorverbindungen, die Chlor abgeben.
- Chlorierte Kohlenwasserstoffe (CKW): chemische Verbindungen, die als „Tri" (Trichlor-Äthylen) und „Per" (Perchlor-Äthylen) von der Industrie als Lösungsmittel eingesetzt werden. CKWs kommen in der Natur nicht vor. Sie sind krebserregend und erbschädigend und lagern sich im Fettgewebe des Menschen an.
- DDT: 1,1,1-Trichlor-2,2-bis (4-chlorphenyl)-ethan; Name: Dichlordiphenyl-Tricholorethan. Kontaktgift für Insekten aller Art, schädigt das zentrale Nervensystem. Beim Menschen erste Symptome nach Aufnahme von ca. 400 Milligramm, ernste Störungen nach Dosen von über 1 Gramm. Schwer abbaubar in der Umwelt, mittlere Beständigkeit (Persistenz) etwa 10 Jahre. DDT wurde bereits 1874 synthetisiert, aber dessen insektizide Eigenschaften wurden erst 1939 entdeckt.
- Dekadenz: Entartung, Verfall, Abartigkeit, selbstschädigendes Verhalten
- devastieren: zerstören, verwüsten
- Dieldrin: chlorhaltiges, sehr beständiges Insektizid; wirkt bei Mäusen nachgewiesenermaßen krebserregend. Inzwischen in vielen Ländern verboten.
- Dioxin: chemische Verbindung aus chlorierten Kohlenwasserstoffen von hoher Giftigkeit. Bekanntestes Dioxin: Seveso-Gift TCDD. Schon der millionste Teil eines Gramms genügt, um Mensch und Tier zu töten. Dioxine entstehen vor allem beim Verbrennen bestimmter Kunststoffe und entweichen somit aus Müllverbrennungsanlagen bei Temperaturen unter 1.200 Grad Celsius.
- Diversität: breite Streuung; Vielfalt

246

- Emission: Ausströmen, Freiwerden von verunreinigenden Stoffen (an der Quelle); Gegensatz.: Immission = Einwirkungen von   verunreinigenden Stoffen oder Geräuschen (Lärm)
- Emittent: wer Emissionen verursacht.
- empirisch: aus Beobachtung, Erfahrung erwachsen; aus Experimenten entnommen, im Gegensatz zur gedanklich abgeleiteten Theorie.
- essentiell: wesentlich. Essentielle Stoffe: Lebensnotwendige Stoffe, die der Organismus nicht selbst aufbauen kann und die ihm deshalb mit der Nahrung zugeführt werden müssen, z.B. gewisse Aminosäuren, Fettsäuren, Vitamine, Metalle und andere anorganische Spurenelemente.
- Eutrophierung: griech. Wohlgenährtheit. Bezeichnung für die Überdüngung von Oberflächengewässern oder Böden mit Pflanzennährstoffen und durch die dadurch bedingte Störung des biologischen Gleichgewichts bzw. die Verdrängung von Magerkeitszeigern.
- exponentiell: beschleunigt ansteigend. Beim exponentiellen Wachstum bleibt die Zunahme pro Zeiteinheit nicht konstant, sie nimmt lawinenartig zu. Beispiele für exponentielles Wachstum: die Zellteilung bei Bakterien, die Zinseszins-Rechnung. Exponentielles Wachstum kommt in der Natur wie auch in der Gesellschaft immer nur innerhalb bestimmter Grenzen vor (Verbrauch von Nährstoffen, Zunahme von Gift- und Hemmstoffen, Raumprobleme).
- Exposition: exponiert sein, ausgesetzt sein.
- FAO: Food and Agriculture Organization. Welternährungsorganisation, Teilorganisation der UNO mit Sitz in Rom.
- fatal: verhängnisvoll
- Fauna: das Tierreich. Gesamtheit der Tiere, die zu einem bestimmten Zeitpunkt in einem bestimmten Lebensraum lebt.
- FCKW = Fluorchlorkohlenwasserstoff: chemische Substanz, die die stratosphärische Ozonschicht angreift und zerstört. Enthalten z.B. im Treibgas von Spraydosen und in der Kühlmittelflüssigkeit von Kühlschränken.
- Fluoride: Salze der Flußsäure (Fluorwasserstoff). Höhere Konzentrationen rufen bei Mensch und Tier Knochen- und Hautveränderungen hervor.
- Formaldehyd: in vielen Kunststoffen enthaltenes, farbloses Gas. Zählt zu den 10 gefährlichsten Stoffen; verursacht Allergien und Krebs.
- fossil: vorweltlich, als Versteinerung erhalten. Fossile Brennstoffe: Erdöl, Kohle und deren Derivate.
- Fungizid: Pilzvernichtungsmittel
- Gen: Träger der Erb-Information bei Lebewesen.

- Genpool: Gesamtheit der verschiedenen Gene einer Population zu einer bestimmten Zeit.
- Gentechnik: gezielte Veränderung der Gene zur Erzeugung neuer Lebewesen, z.B. Bakterien mit der Fähigkeit, Medikamente wie etwa Insulin zu erzeugen.
- Geosphäre: Raum längs der Erdoberfläche, in dem sich Lithosphäre, Hydrosphäre und Atmosphäre berühren und wechselseitig beeinflussen und in dem sich das Leben (Biosphäre) entwickelt; keine feste Begrenzung
- grotesk: absonderlich, lächerlich, absurd
- Gigantomanie: Bestreben, alles ins Superlative zu übersteigern
- Hemisphäre: Erd-Halbkugel; Bezeichnung für die Erdoberfläche nördlich bzw. südlich des Äquators
- interdisziplinär: mehrere Disziplinen (Wissenschaftszweige) umfassend
- irreversibel: unumkehrbar, nicht mehr rückgängig zu machen
- Itai-Itai-Krankheiten: mit schweren Skelettveränderungen einhergehende, äußerst schmerzhafte, oft tödlich endende Krankheit durch Aufnahme zu hoher Dosen an Cadmium. Das Cadmium ersetzt den Kalk in den Knochen, welcher ausgeschieden wird; dies führt zu Schrumpfungen des menschlichen Knochengerüstes (bis zu 3o cm). Die Krankheit wurde erstmals in Japan am Jantsu-Fluß beobachtet, wo Cadmiumsulfat aus einer Deponie eines Zinkbergwerkes ausgeschwemmt und über Fischnahrung von der Bevölkerung aufgenommen wurde (Itai-Itai = Au, au.)
- Katalysator: Reaktionsbeschleuniger. Stoff, der chemische Reaktionen auslöst oder beschleunigt, ohne sich selbst dabei zu verändern. (z.B. Abgaskatalysatoren bei Autos zur Eliminierung von Schadstoffen).
- Kohlenhydrate: = Sacharide, Hydrate (Verbindungen des Wasser (H_2O) mit Kohlenstoffs (C). Es gibt aber auch Kohlenhydrate, die Stickstoff (= Amino-Zucker) oder Schwefel enthalten. Die niedermolekularen (d.h. wenige Atome enthaltenden), meist kristallinen, wasserlöslichen Kohlenhydrate nennt man Zucker (Traubenzucker – Glucose, Milchzucker – Laktose, Fruchtzucker-Fructose etc.). Höhermolekulare (= langkettige) Kohlenhydrate nennt man Polysacharide (z.B. Cellulose als Zellwandbestandteil, Chitin als Gerüstsubstanz von Insektenskeletten, Stärke als Zuckerdepot).
- Kohlenmonoxid (CO): farb- und geruchloses Gas, das die Sauerstoffaufnahme des Blutes unterbindet. Bei Smog gefährdet es besonders die Herz- und Kreislaufkranken.
- Kohlenwasserstoffe: ausschließlich aus Kohlenstoff (C) und Wasserstoff (H) zusammengesetzte Verbindungen. Die Kohlenwasserstoffe bilden als einfachste Klasse die Grundkörper aller organischen Verbindungen. Die Mannigfaltigkeit der möglichen Kohlenwasserstoffe ist unvorstellbar groß. Vorkommen: In fossi-

len Brennstoffen (und daraus isoliert: Ausgangsprodukte für die Herstellung vieler organischer Chemikalien), Pflanzeninhaltsstoffe, Stoffwechselprodukte mancher Mikroorganismen.

- letal: tödlich wirkend
- Maxime: allgemeine Lebensregel
- Mikroorganismen: Kleinstlebewesen. Mikroskopisch kleine (im allgemeinen unter 0,l mm große), einzellige, teils faden- oder kolonienbildende Organismen, also Bakterien, niedere Pilze und Algen, Protozoen. Viren werden im allgemeinen nicht zu den Mikroorganismen gezählt, da sie nicht zellulär organisiert sind.
- Melioration: technische Maßnahmen, die zur Ertragssteigerung land- und forstwirtschaftlich genutzter Böden führen, z.B. Urbarmachung von sog. „Ödland", Be- und Entwässerung, Grundstückszusammenlegungen.
- monetär: die Moneten (= Münzen), das Geld betreffend; geldlich
- Monokultur: Anbau von nur einer Nutzpflanzenart auf ausgedehnten land- oder forstwirtschaftlichen Produktionsflächen.
- N, N_2: Symbol für Stickstoff, welcher als Element stets in Form des zweiatomigen Moleküls N_2 vorkommt.
- Nitrate: Salze der Salpetersäure (HNO) der allgemeinen Formel MNO (M steht für ein Metall-Ion). Endprodukte des biologischen, aeroben Stickstoffabbaus, gut wasserlöslich; daher (ins Grundwasser) auswaschbar
- NOx = Stick(stoff)oxide, Verbindungen aus (Luft-) Stickstoff (N) und Sauerstoff (O) verschiedener Zusammensetzung (deshalb x; z.B. NO, NO_2, N_2O, N_2O_5), die bei Verbrennungsprozessen entstehen, abhängig von Temperatur und Verweildauer. Mit Wasser reagieren sie zu Säuren und bilden so einen wesentlichen Beitrag zum sauren Regen.
- O / O_2: Symbol für Sauerstoff, welcher elementar vorwiegend in Form zweiatomiger Moleküle (O_2) vorkommt.
- Ökologie: Wissenschaft von den Beziehungen (Wechselwirkungen) der Lebewesen zueinander und zu ihrer Umwelt; kurz: Die Lehre von den Umweltbeziehungen der Lebewesen.
- ökologische Nische: 1. Bezeichnung für das Wirkungsfeld, die Rolle, die Stellung einer Art in einem Ökosystem („ihr Beruf"); 2. Synonym zu Minimalumwelt einer Art, also unter Einschluß der räumlichen Komponente („ihre Adresse").
- Ökonomie: Wirtschaftslehre, Wirtschaftlichkeit.
- Ökosystem: Wirkungs- und Beziehungsgefüge von Lebewesen und deren anorganischen Umwelt, das zwar offen, aber bis zu einem gewissen Grade zur Selbstregulation befähigt ist. Jedes Ökosystem besitzt besondere Strukturen und Funktionen. Als „vollständig" wird ein Ökosystem nur dann bezeichnet, wenn

autotrophe Organismen (grüne Pflanzen) in genügender Menge vorhanden sind, um die im System verbrauchte Energie aus der Sonnenenergie zu gewinnen und zur Herstellung organischer Grundstoffe zu verwenden.

- Opportunismus: bedingungsloses Anpassen an die jeweilige Lage um der persönlichen Vorteile willen.

- organisch: ein Organ oder den Organismus betreffend; der belebten Natur angehörend; mit etwas eine harmonische Einheit bildend; gewachsen. Im chemischen Sinne: Zur organischen Chemie gehörend. „Organisch" heißt demnach soviel wie Kohlenstoff enthaltend und umfaßt auch alle synthetischen Stoffe wie Kunststoffe (PVC, Polystyrol etc.) und die meisten Pharmazeutika und Pestizide bis zu Kampfgasen und Sprengstoffen.

- Ozon (O_3): farbloses, äußerst giftiges Gas, gebildet aus 3 Atomen Sauerstoff (O_3) durch Energiezufuhr (UV-Strahlung) aus Sauerstoff (O_2) in 20 bis 50 Kilometer Höhe (Stratosphäre). Die Ozonschicht hat große Bedeutung für alles Leben auf der Erde. Zerstörung dieser Schicht durch menschliche Aktivitäten (Fluor-Chlor-Treibgase von Spraydosen, Überschallflugzeuge, Atombombenexplosionen). Ein geringer Teil gelangt aus dieser Ozonschicht in die Nähe der Erdoberfläche (Konzentration hier: 0,02 – 0,07 ppm). Erhöhte O_3-Konzentrationen finden sich in Gebieten mit starker Abgasentwicklung, wo es sich unter dem Einfluß des Sonnenlichts wahrscheinlich aus Stickoxyden (NO) und Schwefeloxyden bildet und zu gesundheitlichen Schäden bei Menschen, Tieren und Pflanzen führt. Ozon ist eines der stärksten Oxidationsmittel und findet Verwendung im Labor für Ozonisierungen, in der Technik zum Bleichen, Entkeimen von Trinkwasser und Brauhäusern, Kühlräumen etc. und Reinigen von Chemieabwässern.

- Parameter: variable Einflußgröße

- pathologisch: krankhaft verändert

- PCB = polychlorierte Biphenyle (= chlorierte Kohlenwasserstoffe mit hoher Persistenz). Sie reichern sich über die Nahrungskette im menschlichen oder tierischen Körper an; (erbgutschädigend)

- persistent: biologisch nicht oder nur sehr langsam abbaubare Substanzen (vor allem Pestizide, Biozide)

- pervers: andersartig veranlagt, von der Norm abweichend

- Pestizid: Schädlingsbekämpfungsmittel, für Tiere und vor allem Pflanzen (= Pflanzenschutzmittel). Je nach Art des zu bekämpfenden Schädlings verschiedene Benennungen, z.B. Insektizide gegen Insekten, Herbizide gegen (Un)-Kräuter, Fungizide gegen Pilze usw.

- pH: = pH-Wert (von potentia hydrogenii = Konzentration des Wasserstoffs, bzw. der Wasserstoff-Ionen (H+) in einer wäßrigen Lösung). Der pH-Wert ist eine

Maßzahl für den Säuregehalt einer Lösung: Je saurer wir eine Lösung empfinden, desto mehr Wasserstoff-Ionen enthält sie. Das Gegenteil von sauer (= H+ -Ionen) ist basisch (= alkalisch, seifiger Geschmack) und ist gekennzeichnet durch ein Überwiegen von OH-Ionen; dazwischen liegt neutral. Der pH-Wert ist gleich dem negativen (Zehner-) Logarithmus der Wasserstoffionen-Konzentration.

- Phenole: Derivate des Phenols, einer von Benzol abgeleiteten Verbindung mit einer OH-Gruppe (farblos, kristallin). Phenol findet man z.B. in Kiefernholz und -nadeln und in Steinkohlenteer. Es wird in großen Mengen zur Herstellung von Kunststoffen (sog. Phenolplaste, z.B. Bakelit), Farbstoffen, Pestiziden, Arzneimitteln, Weichmachern usw. benötigt. Phenol selbst ist ein starkes Zellgift und wird auch über die Haut aufgenommen.
- Photo-Oxidantien: Mittel, die (nur) mit Hilfe von Licht Oxidationen bewirken
- Plankton: Gesamtheit der im Wasser schwebenden tierischen (= Zooplankton) und pflanzlichen (= Phytoplankton) Lebewesen, die ganz oder überwiegend passiv durch die Strömungen verfrachtet werden. Zum Plankton zählen neben einzelligen Algen viele Hohltiere (vor allem Quallen, Medusen), Kleinkrebse, Räder- und Manteltiere sowie die Larvenstadien zahlreicher höherer Tiere. Plankton ist eine wichtige Grundnahrung für viele Fische und andere Wasserbewohner.
- Population: Kollektiv von Organismen
- Postulat: unbedingte Forderung
- ppm: = part per million, 1 Teil auf eine Million. Konzentrationsmaß: 1 ppm = 1 mg/kg (Milligramm pro Kilogramm) = 1 g/t (Gramm pro Tonne). 1 ppm = 1000 ppb (part per billion), 1 Teil auf eine Milliarde.
- PVC: Polyvinylchlorid, „Plastik". Enthält bis 5o Prozent Weichmacher. Weltproduktion 10 Millionen Tonnen. Biologisch praktisch nicht abbaubar. Bei Verbrennung entsteht Chlorwasserstoff.
- Quecksilber (Hg): Schwermetall, dessen Verbindungen sich in der Nahrungskette anreichert und Nerven- und Nierenschäden verursacht.
- Radioaktivität: Strahlung von hoher Energie, die von bestimmten Stoffen ausgeht. Verursacht durch Zerfall oder Spaltung von Radioaktiven Elementen wie Uran und Radium. Radioaktive Strahlung ist besonders krebsauslösend.
- Resistenz: Widerstandsfähigkeit. Bei der Resistenz gegen Pestizide und Antibiotika handelt es sich im allgemeinen nicht um Gewöhnung oder „Abhärtung", sondern um durch Mutationen und biologische Selektion herausgebildete, vererbbare, also angeborene Widerstandsfähigkeit.
- Ressourcen: natürliche Hilfsquellen; Reserven; z.B. Boden, Wasser, Klima, Tier- und Pflanzenwelt

- Saurer Regen: Regenwasser mit niedrigem pH-Wert durch Säure. pH 6 bis 5: sauberer Regen; unter pH 5: tödlich für Fische; unter pH 4: „saurer Regen"; pH 3: Essig;
- Schwefel (S): ein geruchloses, festes, gelbes Nichtmetall, das in verschiedenen Formen vorkommt. Schwefel kommt in der Natur sowohl rein als auch in Verbindungen vor.
- Schwefeldioxid (SO_2): farbloses, stechend riechendes Gas, entsteht bei der Verbrennung von Schwefel oder schwefelhaltigen Stoffen (Kohle, Erdöl und Derivate). Reizt die Schleimhäute, schädigt Atemorgane und Pflanzen. SO_2 bildet mit Wasser Säuren und ist einer der Hauptverursacher des sauren Regens.
- Schwermetalle: umfangreichste Gruppe der Metalle, mit einer Dichte größer als 4 g/ccm. Viele Schwermetalle sind problematische Umweltgifte, spielen aber auch in der Biologie als Spurenelemente eine Rolle. Die wichtigsten Schwermetalle sind Blei (Pb), Kupfer (Cn), Zink (Zn), Chrom (Cr) Cadmium (Cd), Kobalt (Co), und Nickel (Ni).
- Sevesogift (TCDD): 2,3,7,8- Tetrachlor-Dibenzol-Paradoxin (ein Dioxin)
- Status Quo: gegenwärtiger Zustand
- Stratosphäre: obere Schicht der irdischen Lufthülle in 20 bis 50 Kilometer Höhe.
- suggerieren: gefühlsmäßig beeinflussen
- Symbiose: Zusammenleben artverschiedener, aneinander angepaßter Organismen zu gegenseitigem Nutzen; z.B. Knöllchenbakterien in den Wurzeln von Leguminosen.
- Synergismus: Form des Zusammenwirkens von Substanzen oder Faktoren, die sich gegenseitig fördern. Die Gesamtwirkung ist daher größer als die Summe der Einzelwirkungen wäre.
- Technokrat: Jemand, der den Vorrang technischer Ideen und Errungenschaften vor anderen gesellschaftlichen Bedürfnissen fordert und betreibt. Technokratie: (griechisch = Herrschaft der Technik).
- toxisch: giftig
- tradieren: überliefern
- transzendent: übernatürlich
- Utilitarismus: Nützlichkeitsdenken
- WHO: World Health Organization, Weltgesundheitsorganisation mit Sitz in Genf
- Zooplankton: tierisches Plankton.

Rückseitentext der ersten Auflage

Nachdem über Jahrzehnte hinweg die Warnungen der
Ökologen und Naturphilosophen in der fieberhaften
Hektik nach noch mehr Wirtschaftswachstum,
Wohlstand und Genußsucht verhallten,
hat sich die globale Umweltsituation dramatisch verschlechtert.

Ozonloch und bevorstehende Klimakatastrophe sind
lediglich die Anzeichen für tiefgreifende
ökologische Veränderungen auf unserer Erde.

Was wir zum eigenen Überleben dringend brauchen,
ist eine radikale Änderung des herrschenden Welt-
und Menschenbildes, wie auch eine neue Ethik
gegenüber unseren Mitgeschöpfen. Wahrscheinlich
ist auch ein Übergang zu einer asketischen
Weltkultur erforderlich.

Nur so können wir künftigen Generationen eine
bewohnbare Erde hinterlassen.

Zum Autor

Dr. Gottfried Briemle, geboren am 14. Juli 1948 in Mengen / Baden-Württemberg. Nach Volksschule, Gymnasium, Gärtnerlehre und Wehrdienst Studium von Landschaftsökologie und Naturschutz zwischen 1970 und 1976 in Freising-Weihenstephan, Berlin und Hannover. Abschluß: Diplom-Ingenieur (FH & Univ.) für Landespflege. 1980 Promotion mit einem moor-ökologischen Thema an der Universität Stuttgart-Hohenheim. Beruflich seit 1982 als Landschaftsökologe mit dem Schwerpunkt Grünlandbotanik in Baden-Württemberg tätig. Verfasser von etwa 250 populärwissenschaftlichen Veröffentlichungen, Autor oder Mitautor von 12 Fachbücher zu Geobotanik, Landschafts- und Grünlandökologie. Publizistisches Anliegen ist stets die Erschließung komplizierter wissenschaftlicher Zusammenhänge für Nichtfachleute. Im Brotberuf Vertreter einer naturphilosophisch-holistischen Ökologie. Erkenntnis-Spruch für die erste Lebenshälfte: *Je mehr der Mensch der Natur und ihren Gesetzen treu bleibt, desto länger lebt er. Je weiter er sich davon entfernt, desto kürzer* (C.W. HUFELAND, 1762-1836).

Das sozio-ökologische Studium der menschlichen Gesellschaft führte mich zu der Erkenntnis, daß die Menschheit das 4. Jahrtausend n.Chr. wegen Zerstörung der eigenen Lebensgrundlagen nicht erleben wird. Dies liegt an der kritiklosen Akzeptanz von Gruppenzwängen, demokratischen Unmündigkeit, ökologischen Kurzsichtigkeit und psychologischen Manipulierbarkeit der Massen durch die Medien. Daher wandte ich mich ab Lebensmitte spirituell-geistigen Themen zu: Beschäftigung mit den bleibenden, göttlichen Wahrheiten unseres menschlichen Erdendaseins, nämlich Astro- und Theosophie, Mystik und Metaphysik. In der esoterischen Forschung Anhänger einer spirituellen Astrologie mit Buchtiteln wie „Wer Ohren hat, der höre", „Die Horoskopzahl" und „Das richtige Häusersystem aus astrologischer Sicht" sowie entsprechenden Zeitschriftenbeiträgen. Erkenntnis-Spruch für die zweite Lebenshälfte: *Die einzige Aufgabe die der Mensch auf Erden hat ist es, zwischen den Ablenkungen der Welt Gott zu suchen.*